3D ビジュアル DVD 付人体のしくみと病

U0012287

人體結構與疾病

透視聖經

看不到的身體構造與疾病，3D 立體完整呈現，
比 X 光片更真實、比醫生解說更詳實

內附日本獨家授權 3D 立體動畫

東京醫科齒科大學教授
奈良信雄——監修

大阪大學整型外科教授
菅本一臣（影片監修）

程永佳——譯

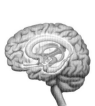
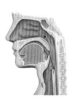
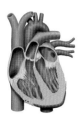

目次

第 1 章

運動系統 ……………… 15~37

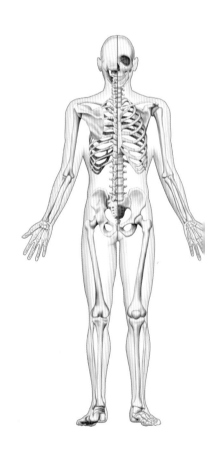

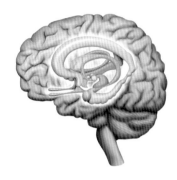

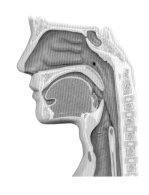

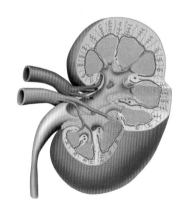

第 8 章　內分泌 ·········· 189~201

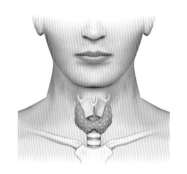

第 9 章　生殖系統與細胞 ····· 203~221

了解病理，讓身體強化取代惡化

　　隨著科技及儀器設備的發展，讓我們逐漸了解更多人體的奧祕，但也隨著環境品質、飲食習慣與生活方式的改變，讓人類面臨比過往更為劇烈的衝擊。舉凡過去未曾知曉的疾病，如今卻能逐漸了解罹病的病理機制，甚且透過流行病學的研究，掌握可能促使罹病的因素，擬定預防策略。

　　然而，當我們一再面臨威脅生命的新病毒或變種株時，如嚴重急性呼吸系統綜合症（SARS）、中東呼吸綜合症（MERS）或流感等，只能先行隔離，再研究醫療對策，如此周而復始，還真有「計畫趕不上變化」的類似感觸。

　　這也證實人類所能知曉而形之於文字的知識，在浩瀚的宇宙中微乎其微。就已知的知識範疇，也未必人人都能洞悉一二，因而促使各種知識領域的專書推陳出新，出版商百家爭鳴。同時，在無遠弗屆的網路世界裡，更是不乏教人如何養生、健身、抗老及醫療的訊息，甚至氾濫到足以讓我們不知該如何抉擇的境界。

　　個人以為，在多元資訊的世代裡，我們都該當一個聰明的消費者，遵循理論、知識與常識的發展軌跡，關注自己身體的健康，了解可能威脅身體健康狀態的因素，並做出正確因應的選擇。雖然我們不像醫師那麼了解病理、藥理及醫療程序，不過在保健、養生及照護方面，卻可以透過坊間出版的醫療專書，獲得正確及必要的知識，並身體力行。

　　教學上常告訴學生說：「百年前的人體與百年後的人體，在正常情境下，人體構造與生理功能不會有太大的改變。」所以我原本以為任何一家出版商或任何一種版本的專書，其實都差不多，深淺程度不同而已。直到審閱《人體結構與疾病透視聖經》一書之後，實有不同以往的觀感。

本書是結合人體解剖、生理及病理的醫學創新專書，內文運用精緻彩圖及拖曳方式來說明，同時搭配章節，列舉實用臨床小知識及解釋相關疾病形成的機制。特別是運用了3D立體動畫，闡述身體構造及生理運作，深入淺出，實用易懂，能滿足不同專業領域者的需求。

　　以現今繁忙緊湊的生活氛圍，本書足可提供居家養護、醫護診斷及專業教學等相當實用的資料，值得讀者們擁有，極力推薦，是為序。

國立清華大學運動科學系教授

林出福

一分鐘看懂人體構造

　　在了解「人體」時，最重要的是要了解人體的構造與機能。

　　一直以來，我們都是從「解剖學」教科書來學習人體構造。當然，從解剖學教科書絕對可以理解人體的構造，但不管哪一本教科書都很枯燥乏味，而且大多數都只是說明用語而已。目前幾乎找不到從人體構造連結到機能，都能讓人容易理解的書籍。

　　本書打破傳統解剖學教科書的框架，目標是編輯出一本可以直接連結人體構造與機能，而且清楚易懂的新型書籍。首先，為了盡量讓讀者容易理解，我們使用大量的立體插畫，且從構造到其各自的機能，都詳細的一一解說。不只是用文字說明，還使用臨床上常出現的 X 光片及 CT 影像等，讓讀者能更真實的理解。另外，我們還就各項目提出較為相關的疾病，說明其發病機制、症狀、治療方式等。

　　本書濃縮了許多重點，不只是初學者可以藉本書習得基礎知識，對於醫療從業人員來說，也是一個重新學習的好工具。即便只是拿在手上翻一翻，也能自然而然的學到知識。

東京醫科齒科大學教授
奈良信雄

本書使用方式

人體各器官解說頁

將人體依器官系統別分類，並由運動系統、腦部與神經系統、循環系統及血液等九個章節構成。

顯示各部位或臟器的大小、重量、數量等資訊。

在本文中解說各部位或臟器的構造及作用。重要關鍵詞以不同顏色表示。

挑出各器官系統的代表性部位或臟器來解說。

左邊的頁面顯示高精細度彩色插圖，各部位或臟器的形狀及構造一目瞭然。

實際大小　　約為實際大小的80%

為讓讀者有更實際的印象，會註明實際大小或是「約為實際大小的○○％」（以成人男性為基準）。

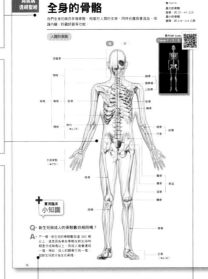

右邊的頁面說明該部位或臟器的代表性疾病之特徵、症狀、治療方法等。

介紹各種有用的相關知識。

書中收錄影像的部位，會標註這個QR Code。看影像可以更理解人體構造及動作。

疾病解說頁

在各章的最後，會為讀者解說各器官系統的代表性疾病。

說明各疾病的概要、特徵、症狀、治療方法等。

另外還刊載許多MRI影像、X光片、圖片、表格等。

3D影像影片

平面印刷難以理解的骨骼肌肉動作等，書中所附影片是以高真實度的3D影像來介紹。讀者可交互運用影片與書本，更深入、更確實的理解人體的構造。

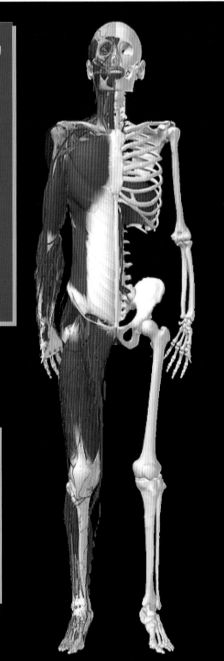

書面無法表現出來的真實人體動作及形態，3D動畫可以清楚呈現。

以CT或MRI拍攝活體人類的骨骼及肌肉動作，再以電腦程式解析。以此開發出來的高精度動畫，可以清楚呈現真實人體動作及形態。

本書所附之影片內容由應用程式「teamLabBody 3D Motion Human Anatomy」提供，該應用程式為世界第一個可重現活體人類動作及形態的3D人體解剖應用程式。

Chapter 1

從360度看我們的身體

1	骨骼
2	骨骼＋肌肉(1)
3	骨骼＋肌肉(2)
4	骨骼＋肌肉(3)
5	骨骼＋肌肉(4)
6	骨骼＋肌肉(5)
7	骨骼＋肌肉(6)
8	骨骼＋肌肉(7)
9	骨骼＋肌肉(8)
10	骨骼＋肌肉(9)
11	骨骼＋肌肉(10)
12	骨骼＋韌帶
13	骨骼＋血管
14	骨骼＋神經

※肌肉1～10各自表示由淺層(1)至深層(10)的肌肉。

Chapter 2

骨骼、血管、神經、肌肉的位置

1	全身
2	頭部
3	胸部
4	腹部及腰部
5	大腿部位
6	小腿部位

Chapter 3

骨骼的動作

1	顎
2	頸
3	肩
4	手
5	臂
6	脊椎
7	腰部
8	腿
9	膝
10	腳

從360度看我們的身體

從360度看我們的身體，先從全身的骨骼開始看起，接著看骨骼和肌肉（淺層到深層）、血管、神經等。不只是正面或背面，還可以從側面或其他角度觀察，讓各位讀者能夠正確的理解各部位的形態及位置。

骨骼 → Preview

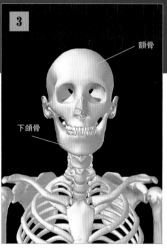

額骨

下頜骨

從全身切換至頭部近照，介紹主要部位。

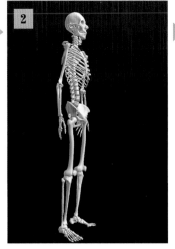

從正面的靜止畫面開始。

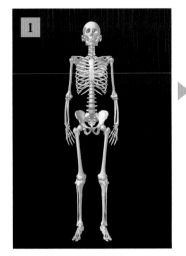

慢慢的旋轉。

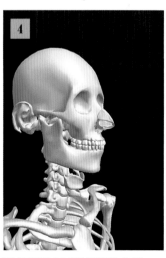

頭部近照也同樣慢慢的旋轉。

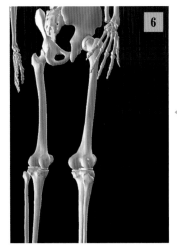

拉近至下肢，旋轉。

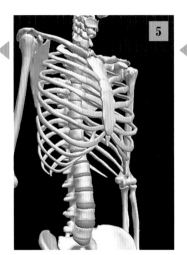

拉近至上肢，旋轉。

Chapter 2

骨骼、血管、
神經、肌肉的位置

重點顯示骨骼、血管、神經、肌肉,不只是正面,還可以從側面或背面觀察,所以可以正確的理解血管、神經、肌肉等的相關位置。

全身 → Preview

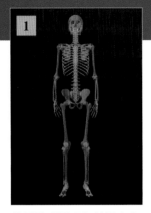

1

從骨骼(透明)的靜止畫面開始。

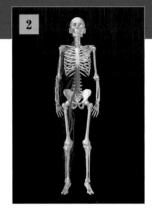

2

顯示血管。

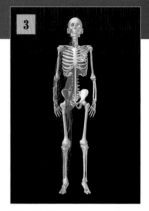

3

顯示神經。

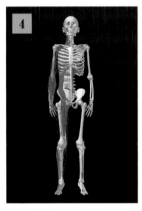

4

顯示韌帶。

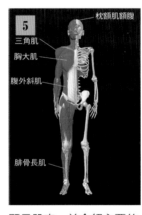

5

枕額肌額腹
三角肌
胸大肌
腹外斜肌

腓骨長肌

顯示肌肉,並介紹主要的部位。

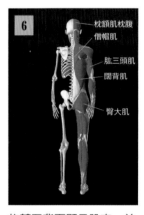

6

枕額肌枕腹
僧帽肌
肱三頭肌
闊背肌

臀大肌

旋轉至背面顯示肌肉,並介紹主要的部位。

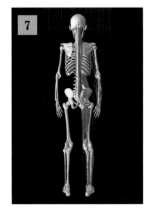

7

顯示血管、神經、肌肉。

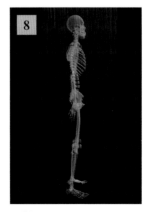

8

旋轉顯示側面。

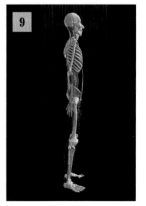

9

顯示骨骼、血管、神經、肌肉。

藉由觀察顎、頸、肩、脊椎、髖骨等骨骼的實際動作,來了解其動作的特徵。除了正面以外,還可從360度角觀察各個骨骼的整體動作。

顎 → Preview

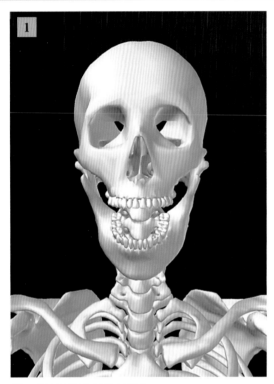

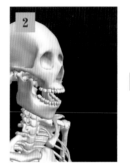

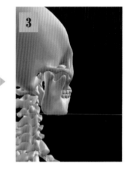

維持動作的狀態,
旋轉。

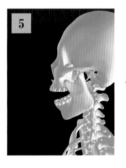

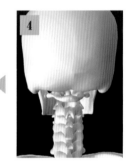

從正面開始觀察骨骼的動作。

影片的使用方法

掃描書中所附
的QR code。

選擇想看
的動畫。

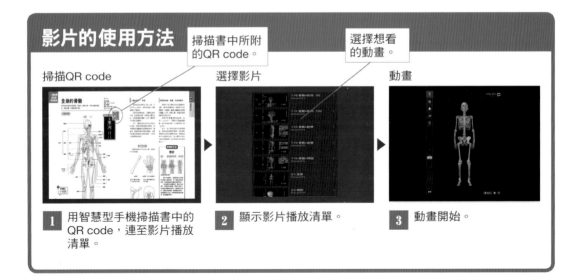

掃描QR code

選擇影片

動畫

1 用智慧型手機掃描書中的
QR code,連至影片播放
清單。

2 顯示影片播放清單。

3 動畫開始。

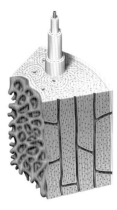

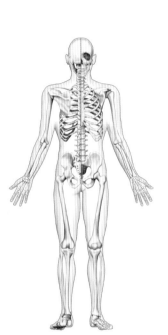

第1章

運動系統

所謂運動系統，是指身體動作所需要的骨
骼、關節、肌肉，人類生活中的動作都與
運動系統有關。另外，運動系統也擔負了
保護胸部、腹部內臟及生產血球等功能。

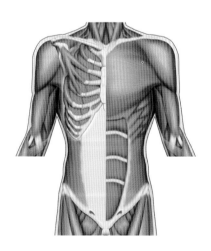

全身的骨骼

我們全身的兩百多塊骨骼，相當於人類的支架，同時也擔負著造血、保護內臟、貯藏鈣質等功能。

● DATA
最大的骨骼
股骨：約 37～41 公分
最小的骨骼
鐙骨（位於中耳內，p.68）：
約 2.6～3.4 公厘

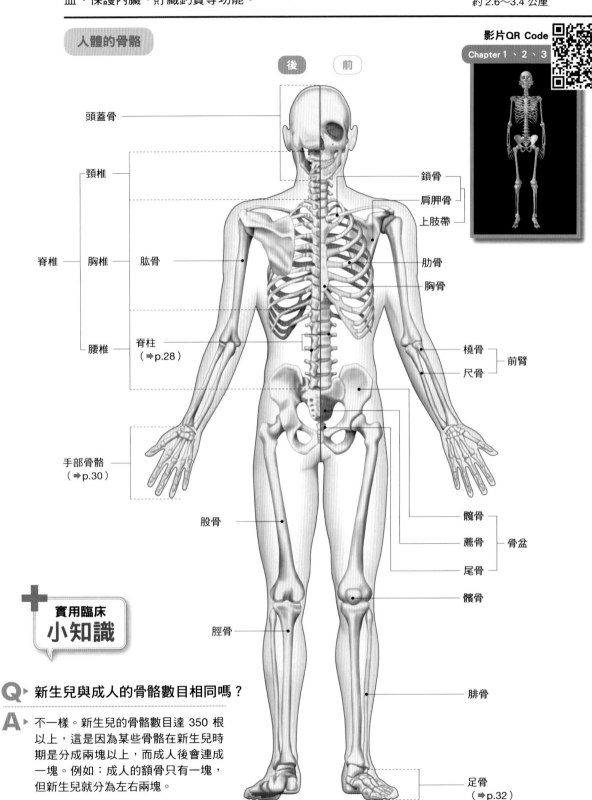

人體的骨骼

後　　前

影片QR Code
Chapter 1、2、3

- 頭蓋骨
- 頸椎
- 脊椎
- 胸椎
- 肱骨
- 腰椎
- 脊柱（➡p.28）
- 手部骨骼（➡p.30）
- 股骨
- 脛骨
- 鎖骨
- 肩胛骨
- 上肢帶
- 肋骨
- 胸骨
- 橈骨
- 尺骨
- 前臂
- 髖骨
- 薦骨
- 尾骨
- 骨盆
- 髕骨
- 腓骨
- 足骨（➡p.32）

實用臨床 小知識

Q ▶ 新生兒與成人的骨骼數目相同嗎？

A ▶ 不一樣。新生兒的骨骼數目達 350 根以上，這是因為某些骨骼在新生兒時期是分成兩塊以上，而成人後會連成一塊。例如：成人的額骨只有一塊，但新生兒就分為左右兩塊。

人體的支柱——骨骼

我們全身的骨骼有 206+α 個，之所以用+α 來表示，是因為每個人的尾骨數目不盡相同。

如果沒有骨骼的話，人體無法保持外型，也沒辦法活動。骨骼是人體的支柱，而連接骨骼的關節（p.20）讓我們可以做出各種動作。

另外，骨骼的形狀也符合它們各自的功能，手腳的骨骼是細長的棒狀，而保護腦部的頭蓋骨則是薄薄的板狀。脊柱由一塊塊積木般的骨骼所疊起，這種形狀讓它能夠保有支柱的強度，又具有可柔軟彎曲的特性。

骨骼的形狀

骨骼的形狀大小可分成 4 種，形狀和尺寸各不相同。

▲長骨

組成手腳的長骨骼，中心部位是中空的。

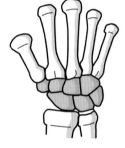

▲短骨（有上色的部分）

形成手腕與腳踝的短方形骨骼。

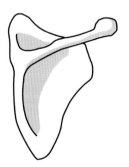

▲扁平骨

頭蓋骨、肩胛骨、胸骨等扁平狀的骨骼。

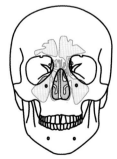

▲含氣骨

顏面的額骨及上頜骨等中間有空洞的骨骼。

骨骼的功能：保護、生成和儲存

骨骼不只是人體的支柱和運動時的支點，還具有保護功能：頭蓋骨可以保護腦部；由肋骨、胸骨及胸椎組成的籠狀胸腔（p.26）保護心臟；骨盆則保護膀胱和女性的子宮。

骨骼中的骨髓會製造血液（血球）（p.131），骨髓中有造血幹細胞，會分化為紅血球、白血球與血小板（p.128）。

此外，為了保持血液中的鈣質濃度，骨骼可說是鈣質貯藏庫。對於神經傳導與止血等生理機能來說，鈣質扮演著不可或缺的角色，而人體內大約有1000公克的鈣質，其中約99％保存於骨骼之中。

疾病的形成

骨折

| 骨痂 | 變成海綿狀的骨骼 | 新的骨骼 |

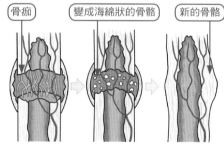

▲骨骼修復的樣子

骨折分為兩種：一種是因意外或受傷而引起的外傷性骨折，另一種是因骨癌等疾病，而使骨骼容易折斷的病理性骨折。

只有裂痕而沒有變形者，稱為不完全骨折；骨骼完全折斷者，稱為完全骨折。若折斷的骨骼成粉塊狀，稱為粉碎性骨折；受壓力而折斷者，稱為壓迫性骨折；因肌腱被用力拉扯，而使骨骼連接處分離者，稱為剝離性骨折。

症狀：疼痛、腫脹、皮下出血，如果是完全骨折，患部會變形或呈現鬆垮垮的狀態，有時斷骨甚至會穿破皮膚。

治療：以手術或保守性治療，修復骨骼形狀並固定。骨折部位會生成骨痂組織，並慢慢的替換為新的骨骼。

骨骼的構造與代謝

● DATA
推定骨量（乾燥重量）
男性：約 2.5 公斤
女性：約 2.0 公斤

骨骼由緻密骨、海綿骨、骨膜等構成，雖然外表看來沒什麼變化，但是骨骼一直都在進行新陳代謝，產生出新的骨骼來代替舊的骨骼。

長骨的構造

骨質的構造

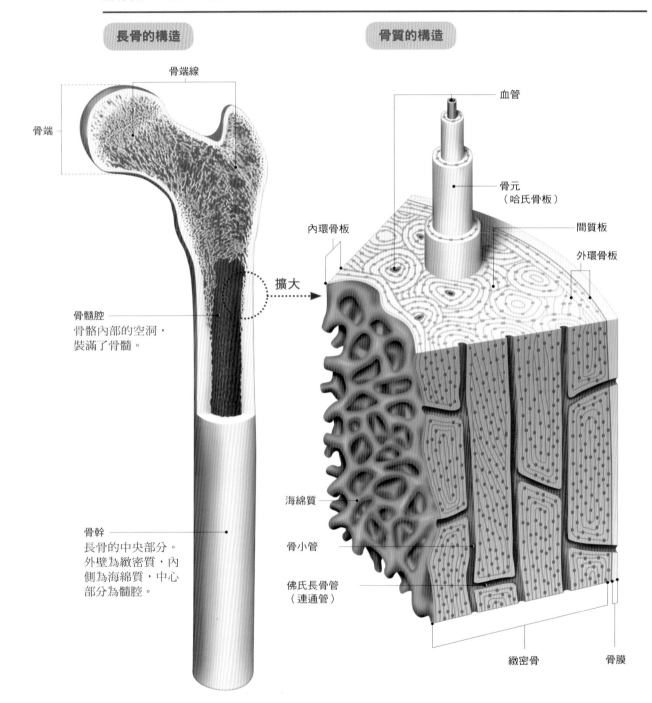

骨端線

骨端

血管

內環骨板

骨元（哈氏骨板）

間質板

外環骨板

擴大

骨髓腔
骨骼內部的空洞，裝滿了骨髓。

海綿質

骨小管

佛氏長骨管（連通管）

骨幹
長骨的中央部分。外壁為緻密質，內側為海綿質，中心部分為髓腔。

緻密骨

骨膜

實用臨床小知識

Q▶ 骨髓位於骨骼中的哪個地方？

A▶ 骨髓位於長骨骨端或扁平骨等海綿骨的縫隙之間，以及長骨骨幹部位。幼兒全身的骨髓都具備造血機能，為紅骨髓；隨著年齡增加，四肢的骨髓會失去造血機能，變為脂肪化的黃骨髓。

骨骼內的結構

長骨的兩端為**骨端**，中間的細直部分為**骨幹**。

骨端中間看起來很像海綿，叫做**海綿骨**，為強化施力方向的強度，細梁狀的骨骼會在其中交叉。

骨幹中間呈中空狀，有如一根管子，如果與密實的棒子相較，同樣的粗細程度下，管子較輕，強度也較強。

骨骼周圍由堅硬的**緻密骨**構成，將緻密骨放大來看，可看到內部由具有血管的骨小管組成同心圓構造，這種圓柱部位稱為**骨元**，這是由**成骨細胞**沿著骨小管造骨而形成的構造。

分布於骨骼中的血管與神經

骨髓的功能是製造血球（p.130、p.132、P.136）及負責骨骼的新陳代謝等，由於需要很多氧氣及營養，所以骨骼中分布著許多血管。

覆於骨骼外側的骨膜上分布著血管，這些血管會經由橫貫緻密骨的**佛氏長骨管**通至骨髓。另外，佛氏長骨管連接著縱向連通於緻密骨中的骨小管，其中亦有血管流過，骨髓製造的血球經由這些血管送到骨骼外面。

骨骼本身雖無神經，但骨膜裡有許多可感受到痛覺和壓迫感的神經。骨折與骨癌病人所感受到的激烈疼痛，都是因為骨膜受到刺激所致。

骨骼的吸收與形成

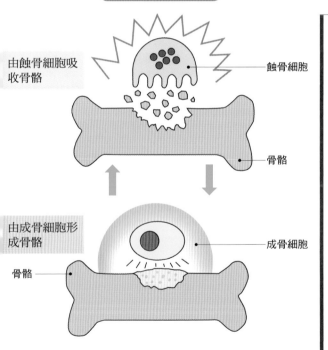

由蝕骨細胞吸收骨骼 — 蝕骨細胞

骨骼

由成骨細胞形成骨骼 — 成骨細胞

骨骼

我們常以為過了生長期後，骨骼就不再有變化，但事實並非如此。雖然它的形狀和大小，一直都維持在差不多一樣的程度，但是也一直在進行新陳代謝，大概每 2～3 年就會將骨骼全部換新一次。

骨骼內有成骨細胞與蝕骨細胞，蝕骨細胞會將骨骼的一部分溶解（骨骼吸收），然後成骨細胞就會過來，帶著鈣質等物質一起黏在骨骼上，變成新的骨骼（骨骼形成），這種新陳代謝稱為骨骼重組。

疾病的形成

骨質疏鬆症

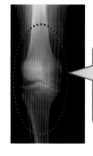

患有骨質疏鬆症的骨骼，在X光影像中呈現黑色略透明狀態。

原本具有充分厚度及強度的骨骼，彷彿空洞化一般，變得容易骨折。主要的原因是隨著年齡增加，骨骼吸收與骨骼形成失去平衡，造成骨質密度下降。

男性的骨質密度會隨著年齡增加而漸漸下降，但女性的骨質密度卻會在過了更年期後，急遽的下降。這是因為與骨骼代謝有關的女性荷爾蒙，在更年期後分泌減少的緣故。

症狀：容易骨折。股骨骨折是使人臥病在床的原因，如果脊椎部位發生壓迫性骨折，則會造成背部彎曲、身高縮水。

治療：需攝取豐富的鈣質與維他命D，並配合適度的運動以維持骨量。此外，再補充鈣片和可增加骨量的藥劑。

關節的構造

連接骨骼的部位稱為關節，正因為關節可動，人類才能動作，而關節
也是適於該部位移動方式及負荷的構造。

● DATA
關節可活動的範圍
前臂上舉：180°
肘屈曲：145°
膝屈曲：130°

主要的關節種類

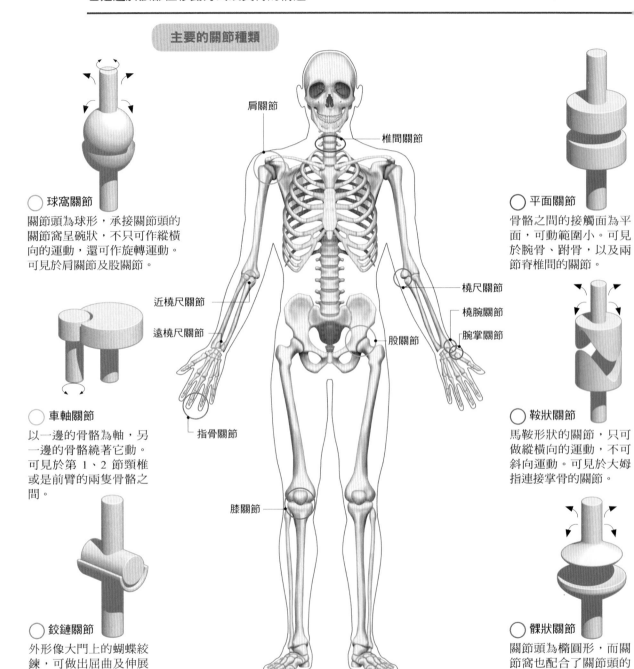

○ 球窩關節
關節頭為球形，承接關節頭的
關節窩呈碗狀，不只可作縱橫
向的運動，還可作旋轉運動。
可見於肩關節及股關節。

○ 車軸關節
以一邊的骨骼為軸，另
一邊的骨骼繞著它動。
可見於第 1、2 節頸椎
或是前臂的兩隻骨骼之
間。

○ 鉸鏈關節
外形像大門上的蝴蝶鉸
鍊，可做出屈曲及伸展
動作。可見於膝關節及
指關節。

○ 平面關節
骨骼之間的接觸面為平
面，可動範圍小。可見
於腕骨、跗骨，以及兩
節脊椎間的關節。

○ 鞍狀關節
馬鞍形狀的關節，只可
做縱橫向的運動，不可
斜向運動。可見於大姆
指連接掌骨的關節。

○ 髁狀關節
關節頭為橢圓形，而關
節窩也配合了關節頭的
形狀。此關節只可做縱
橫向的運動，可見於手
腕。

肩關節
椎間關節
近橈尺關節
遠橈尺關節
指骨關節
膝關節
橈尺關節
橈腕關節
腕掌關節
股關節

實用臨床 小知識

Q ▸ 骨骼的連接部位一定能動嗎？

A ▸ 骨骼的連接部位分為可動關節與不動關節，廣義來說，兩者皆為
關節。具代表性的不動關節，就是組成頭蓋骨和連接骨骼的骨
縫，而頭蓋骨等骨骼，彼此以細微凹凸互相嚴密的組合在一起，
不會移動。

關節的形態

人類能夠自由的動作，是因為組成人體的兩百多塊骨骼都連著關節，而關節種類可依其所連接的骨骼來分類。

關節頭呈球形者為**球窩關節**、橢圓形者為**髁狀關節**、平面者為**平面關節**。而承受關節頭的另一方，與球形相接的呈碗狀、與平面相接的呈平面，會依對方的形狀而有所不同。

有的關節形狀類似於我們身邊可見的東西，例如**鉸鏈關節**的構造就像大門上的鉸鏈；而**車軸關節**的構造，則是一邊的骨骼可繞著另一邊的骨骼旋轉；**鞍狀關節**則像是我們乘坐的馬鞍。

依關節構造決定動作的方式

關節的動作，依組成該關節的形狀及連結結構而定。

肩關節及**股關節**等球窩關節，不只可作縱橫向的運動，還可作斜向的旋轉運動。但是**手腕關節**等髁狀關節，雖然很像球窩關節，卻只能作縱橫向的運動，不能作斜向或旋轉運動。

椎間關節及**腕骨關節**等平面關節，可動範圍則是只能稍稍滑動而已。膝關節等鉸鏈關節只能朝單一方向屈伸；**遠橈尺關節**及**近橈尺關節**等車軸關節，只能作相對於軸的旋轉運動。鞍狀關節見於大姆指連接掌骨的關節，可作縱橫向的運動。

關節的基本構造

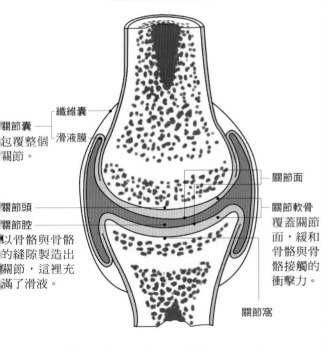

繊維囊
滑液膜

關節囊
包覆整個
關節。

關節頭

關節腔
以骨骼與骨骼
的縫隙製造出
關節，這裡充
滿了滑液。

關節面

關節軟骨
覆蓋關節
面，緩和
骨骼與骨
骼接觸的
衝擊力。

關節窩

在關節處，有 2 個以上的骨骼相接，為了減少摩擦，骨骼相接的表面會包覆著關節軟骨；整個關節又會被繊維性的關節囊包住，其中間為關節腔。關節囊內部有滑液膜，為了讓關節活動順暢，會分泌滑液；關節囊外側連接有強勁的韌帶以支撐關節。

某些關節的韌帶會延伸進關節內，用來緩和骨骼相接觸的衝擊力。

疾病的形成

類風溼性關節炎

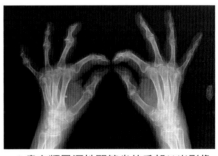

▲患有類風溼性關節炎的手部X光影像

此為全身關節發生非感染性的炎症，由於包覆關節的滑液膜細胞異常增生，最終破壞骨骼，關節開始變形，屬於膠原病（全身結締組織所發生之疾病→p.139）的一種，原因不明，但醫界認為這是一種「免疫系統攻擊自己細胞」的自體免疫系統疾病。

好發於30至49歲的女性，及早治療是最重要的。

症狀 | 早上起床時手指關節僵硬，會出現關節腫脹、疼痛、變形，伴隨低燒及食慾不振。

治療 | 目前還沒有完全治癒的治療法。會投以抗風溼藥物或類固醇藥物，以抑制炎症對骨骼的破壞。

肌肉的構造

肌肉組織分為讓身體活動的骨骼肌、分布於血管及消化管的平滑肌，
以及構成心臟的心肌，而我們一般說的肌肉，指的是骨骼肌。

● DATA

肌肉量
占體重比例：20%

一根骨骼肌纖維（肌細胞
直徑：10～100微米（μ
長度：數公分～20公分以

全身主要的肌肉

影片QR Code

Chapter 1 、 2 、 3

後　　前

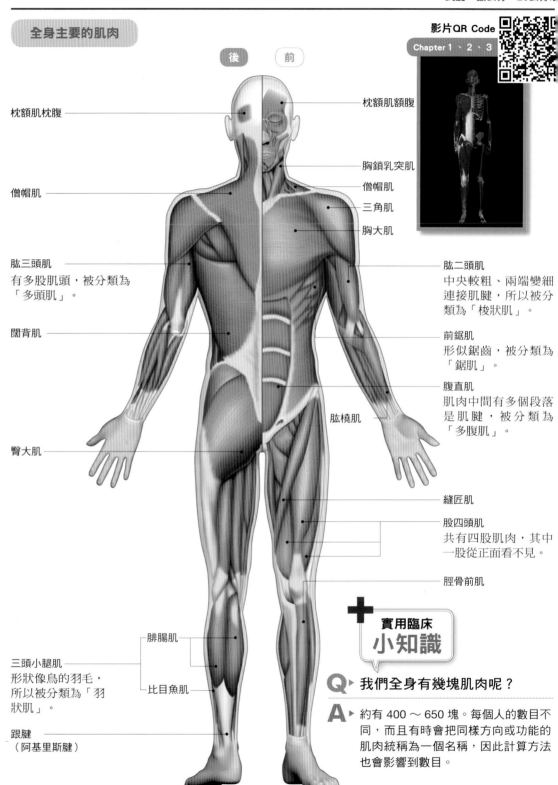

枕額肌枕腹

僧帽肌

肱三頭肌
有多股肌頭，被分類為
「多頭肌」。

闊背肌

臀大肌

枕額肌額腹

胸鎖乳突肌

僧帽肌

三角肌

胸大肌

肱二頭肌
中央較粗、兩端變細
連接肌腱，所以被分
類為「梭狀肌」。

前鋸肌
形似鋸齒，被分類為
「鋸肌」。

腹直肌
肌肉中間有多個段落
是肌腱，被分類為
「多腹肌」。

肱橈肌

縫匠肌

股四頭肌
共有四股肌肉，其中
一股從正面看不見。

脛骨前肌

腓腸肌

三頭小腿肌
形狀像鳥的羽毛，
所以被分類為「羽
狀肌」。

比目魚肌

跟腱
（阿基里斯腱）

實用臨床 小知識

Q▶ 我們全身有幾塊肌肉呢？

A▶ 約有 400 ～ 650 塊。每個人的數目不
同，而且有時會把同樣方向或功能的
肌肉統稱為一個名稱，因此計算方法
也會影響到數目。

肌肉的種類

我們一般所稱的肌肉，是集中纖維狀肌肉細胞的**骨骼肌**，它是連接骨骼的肌肉，之間有關節（p.20）。

骨骼肌的作用，是藉由收縮和放鬆來運動，它還會保護身體不受外來衝擊所傷、幫助血液循環（p.106）、產生熱能及消耗熱量等。

除了骨骼肌以外，人體還有其他肌肉：鼓動心臟的**心肌**（p.109）、形成內臟壁的**平滑肌**（p.149），但這些肌肉與運動沒有直接的關係。

關於肌肉的形態

最簡單的肌肉形態是中央粗、兩端變細並與肌腱相連接的**梭狀肌**，可見於肱二頭肌。

肌肉的位置開始於「與骨骼相連、不太會移動的部位」（多為中樞側），結束於另一邊常常動的部位（多為末稍側）。開始部位稱為肌頭，結束部位稱為肌尾。

有多股肌頭的肌肉，稱為**多頭肌**，可見於肱三頭肌及股四頭肌；肌肉中間多次變為肌腱者，稱為**多腹肌**，腹直肌為其代表；形似鳥羽的叫**羽狀肌**，常見於三頭小腿肌等下肢肌肉；還有形狀像鋸齒的**鋸肌**，可見於胸部的前鋸肌。

分布於肌肉中的運動神經與感覺神經的肌纖維

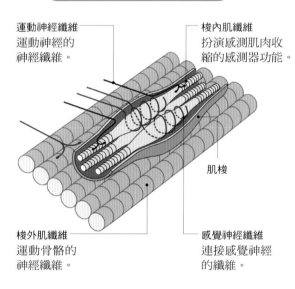

運動神經纖維
運動神經的神經纖維。

梭內肌纖維
扮演感測肌肉收縮的感測器功能。

肌梭

梭外肌纖維
運動骨骼的神經纖維。

感覺神經纖維
連接感覺神經的纖維。

運動神經（p.52）負責將運動指令從大腦（p.40）傳達到肌肉，其末端連接著肌纖維。

執行手指動作等較精密行為的肌肉中，每根神經所負責的肌纖維較少。相對的，如果是執行較大動作的肌肉中，每根神經負責的肌纖維則較多。

肌肉中分布著將肌肉資訊傳達到腦部的感覺神經（p.52）。肌梭是肌肉中的受體，會感測肌肉的伸縮，並將其傳達到腦部。

肌纖維中沒有痛覺神經，這些神經都分布在包裹著肌肉的筋膜裡。

疾病的形成

肌肉斷裂

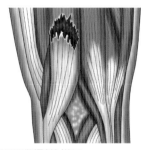

▲股二頭肌斷裂的樣子

就是肌肉組織斷裂，較嚴謹的定義是肌肉完全斷裂，但一般來說，部分或較輕微的斷裂也包含在內。輕微的肌肉斷裂一般稱為「肌肉拉傷」。

一般認為，肌肉強烈收縮時，若突然施予拉開的力量，肌肉就會斷裂，大多數發生於從事短跑、足球、橄欖球及網球等需要瞬間收縮肌肉的激烈運動時。

症狀 會突然感受到強烈的疼痛，與該肌肉相關的關節會無法動彈，患部可能出現內出血和腫脹。

治療 緊急基本處置是冷卻、壓迫及固定患部，之後再慢慢進行復健。若是肌肉完全斷裂，則可能需要動手術。

頭頸部的骨骼與肌肉

集中了生命中樞的腦部及感覺系統，頭頸部位具有一邊會話、一邊做出複雜表情的重要機能，因此其骨骼與肌肉也極具特徵。

● DATA

組成頭蓋骨的骨骼
腦顱：共 8 塊
咽顱：共 15 塊

頭蓋骨與表情肌

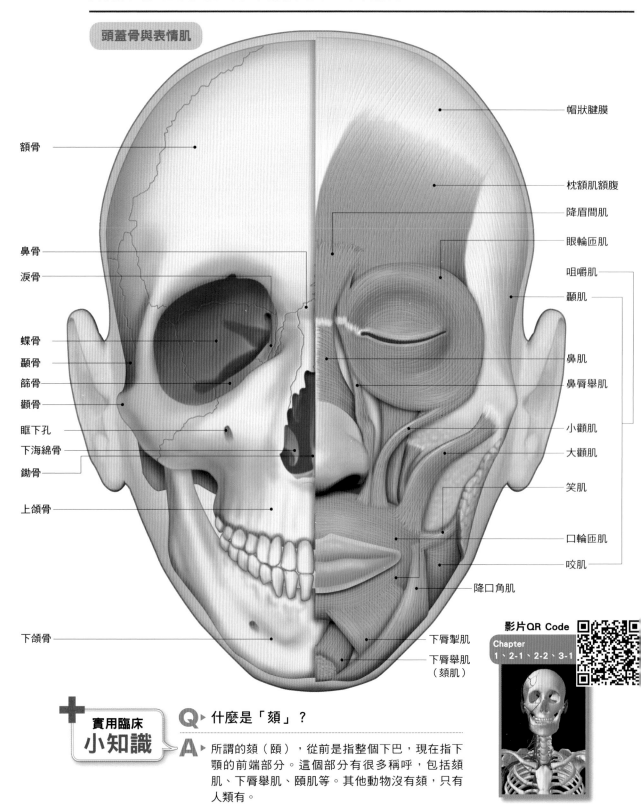

額骨
鼻骨
淚骨
蝶骨
顳骨
篩骨
顴骨
眶下孔
下海綿骨
鋤骨
上頜骨
下頜骨

帽狀腱膜
枕額肌額腹
降眉間肌
眼輪匝肌
咀嚼肌
顳肌
鼻肌
鼻唇舉肌
小顴肌
大顴肌
笑肌
口輪匝肌
咬肌
降口角肌
下唇掣肌
下唇舉肌
（頦肌）

影片QR Code
Chapter
1、2-1、2-2、3-1

實用臨床 小知識

Q ▶ 什麼是「頦」？

A ▶ 所謂的頦（頤），從前是指整個下巴，現在指下頜的前端部分。這個部分有很多稱呼，包括頦肌、下唇舉肌、頤肌等。其他動物沒有頦，只有人類有。

頭部與頸部的骨骼

頭蓋骨分為包住腦部的腦顱與雕塑出面部的咽顱。

頭蓋骨包含額骨、頂骨（2塊）、顳骨（2塊）和枕骨，腦部下方有蝶骨及篩骨。咽顱包括淚骨、鼻骨、上頜骨、顴骨、下海綿骨、口蓋骨（以上各2塊）、鋤骨、下頜骨和舌骨。

左右中耳裡面各有 3 塊耳小骨，是人體最小的骨骼，負責傳導聲音跟其他骨骼不同。

頸部有 7 個頸椎（p.28），第一頸椎與第二頸椎的形狀較特別，名稱各為寰椎骨與樞椎骨。

表情肌與咀嚼肌

頭部與面部的肌肉，可分為表情肌與咀嚼肌。

表情肌是做出面部表情的肌肉，所以有很多皮膚附著，因此也被稱為皮肌。眼睛與嘴巴周圍有輪狀肌肉，而眉周與嘴角則有許多將其上下拉動的肌肉，人類因此可以作出複雜的表情。頭部附有數片薄薄的肌肉，本來是動物為了探查周圍環境而用來轉動耳朵的肌肉，但在人類身上幾乎沒派上用場。

頭蓋骨唯一可動的關節是顳顎關節，而咀嚼肌是移動顳顎關節、執行咀嚼動作的肌肉，位於臉頰、顳顎及下巴裡面，使下頜骨可以上下左右運動。

頸部前方的肌肉

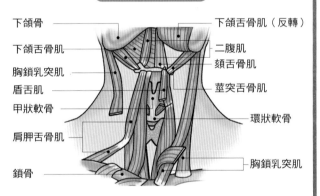

下頜骨
下頜舌骨肌
胸鎖乳突肌
盾舌肌
甲狀軟骨
肩胛舌骨肌
鎖骨

下頜舌骨肌（反轉）
二腹肌
頦舌骨肌
莖突舌骨肌
環狀軟骨
胸鎖乳突肌

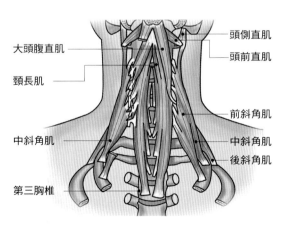

大頭腹直肌
頸長肌
中斜角肌
第三胸椎

頭側直肌
頭前直肌
前斜角肌
中斜角肌
後斜角肌

頸部前方肌群包括讓頸部前彎、及讓頭左右轉動的肌群，以及用於張口及吞嚥等與進食相關的肌群。位於喉部的舌骨並未與其他骨骼相接，而是由上下方的肌群支撐。

疾病的形成

斜頸症

種類	成因	特徵
肌性斜頸	胸鎖乳突肌縮短	• 發生於嬰兒 • 先天性，常見於臀位分娩（分娩時，胎兒臀部先產出）、頭胎、難產兒
眼球性斜頸	斜視	看東西時，會不自覺的歪頸子
炎症性斜頸	淋巴節腫大	因為疼痛與僵硬而斜頸

頸子歪斜多半是由於胸鎖乳突肌縮短僵硬，而引起的肌性斜頸。胸鎖乳突肌的腫瘤是其成因，多見於臀位分娩或是頭胎的新生兒，因此一般認為是在分娩時受到損傷之故，但真正的理由目前仍不明確。

其他還有因斜視，造成看東西時歪頸子的眼球性斜頸，以及因頸部淋巴節腫大的疼痛與僵硬，所造成的炎症性斜頸。

症狀 如果是肌性斜頸，則出生後即頸子歪斜，而胸鎖乳突肌的腫瘤最後會縮小，但仍會留下肌肉攣縮的痕跡。

治療 多半會自然痊癒，所以不妨暫時觀望，若經過一段時間仍未改善，才需考慮動手術。

胸部及腹部的骨骼與肌肉

● DATA
胸椎：12 塊
胸骨：1 塊
肋骨：24 塊

由於大部分的臟器都在胸部及腹部，因此這裡具備了保護臟器的構造，以及進行呼吸運動的肌肉。

胸部及腹部的骨骼

鎖骨
肩關節
肱骨
肋骨
肋軟骨
脊椎
胸腔

頸椎
胸骨柄
胸骨體 — 胸骨
劍突
椎間盤

影片QR Code

Chapter
1、2、3-3

胸部及腹部的肌肉

深層　　淺層

僧帽肌
胸鎖乳突肌
胸小肌
內肋間肌
外肋間肌
腹內斜肌

肩胛舌骨肌
三角肌
胸大肌
前鋸肌
腹直肌
腹外斜肌

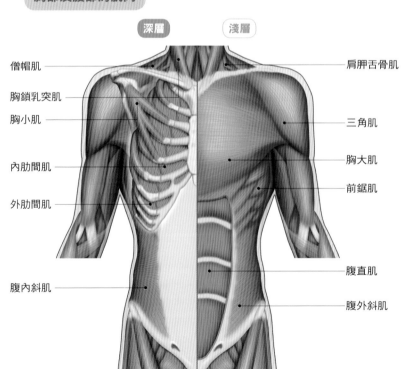

✚ 實用臨床
小知識

Q▶ 鎖骨是屬於胸部的骨骼嗎？

A▶ 鎖骨雖然位於胸部，但不屬於胸部的骨骼，而是被分類成上肢的骨骼（p.30）。因為鎖骨的工作是將肩胛骨與連接肩胛骨的上肢，連結至體幹，主要與上肢的運動有關。鎖骨與肩胛骨兩者合稱肩帶。

胸腔由胸部的骨骼構成

胸部中央有短劍狀的**胸骨**，從上往下分別由三個部分構成：**胸骨柄、胸骨體、劍突**。

背部有 12 塊胸椎（p.28）連在一起，每塊胸椎左右各連著一根肋骨，從身體後方往前環繞。第 1 至第 7 對肋骨，在身體前方各連著一根肋軟骨，由此連著胸骨。第 8 至第 10 對肋骨共用一根肋軟骨，由此連著胸骨。第 11 及第 12 對肋骨則較短，所以沒有連接到胸骨。

胸骨、肋骨、胸椎構成的籠狀構造為**胸腔**，能保護心臟、肺臟及大血管不受外力衝擊。

胸部與腹部的肌肉

胸部有行上肢運動與行肋骨運動的肌肉，但是與上肢運動有關的肌肉不屬於胸部，而是分類為上肢肌肉。埋於上下肋骨間的**內肋間肌、外肋間肌**，以及肋骨之間或肋骨與胸骨間的肌肉，會提升和拉低胸腔，幫助呼吸運動。

分隔胸部與腹部的**橫膈膜**（p.97）也是肌肉，橫膈膜收縮時，肺部就會吸入空氣。

腹部有數層廣範圍的肌肉，腹部中央是連結肋骨與恥骨的**腹直肌**，其兩側從表層往裡層依序為**腹外斜肌、腹內斜肌、腹橫肌**，包覆著側腹。

腹部肌肉在運動以外所扮演的角色

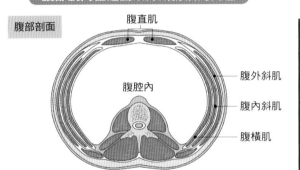

腹部剖面

腹直肌
腹腔內
腹外斜肌
腹內斜肌
腹橫肌

保護腹部的臟器

腹部並沒有像胸腔一樣的骨骼，這是因應女性懷孕所需，但也因為如此，相較於胸部的臟器，腹部臟器較沒有防備功能，所以由腹部的肌肉分層形成障壁，以保護腹部臟器。

升高腹壓

腹壓即腹腔內的壓力，適度的腹壓可使腹部臟器保持在正確的位置。如果腹部肌肉力量太弱，會無法保持腹壓，使腹部臟器往前下方墜，造成下腹部突出。另外，腹壓也是分娩時的原動力。

幫助呼吸

腹式呼吸時就是腹部肌群在作用，一般來說，男性較有腹式呼吸的傾向。另外，用力吐氣、將氣吐盡時，腹肌會把肋骨往下拉，並升高腹壓，幫助胸腔及橫膈膜呼氣。

疾病的形成

腰痛

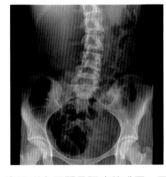

◀腰痛患者的 X 光影像

腹肌群力量弱是腰痛的成因，而肋骨與恥骨間拉伸、骨盆向前方傾，導致腰部呈現出與正常方向相反的姿態，所以平時必須注意姿勢與鍛練腹肌。

腰痛成因還有腰部肌肉疲勞、姿勢不良、俗稱的「閃到腰」、腰部椎間盤突出（p.29），以及脊椎的疾病、骨質疏鬆症（p.19）或感染症狀等。長期腰痛時，需要請醫師診治。

症狀 何時痛、怎麼痛，因人而異，也有可能會出現下肢麻痺，造成走路有礙的情況。

治療 找出病因，對症治療。除了腰部休養及固定、復健、鎮痛藥之外，也可能需要動手術。

背部及腰部的骨骼與肌肉

背部及腰部貫穿著人體的支柱,是對站立、走路都很重要的脊柱,其兩側則有支撐脊柱的肌群。

● DATA

頸椎:7 塊
胸椎:12 塊
腰椎:5 塊
薦骨:1 塊
尾骨:1 塊(＋α)

背部及腰部的骨骼

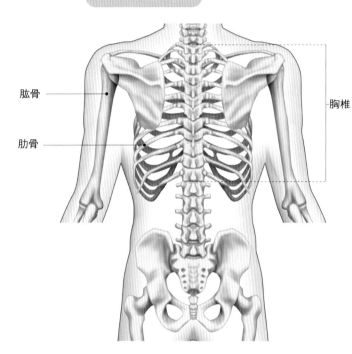

肱骨
肋骨
胸椎

影片QR Code
Chapter 1、2、3

脊椎的構造

頸椎
胸椎
腰椎
薦骨
尾骨

背部及腰部的骨骼與肌肉

淺層　深層

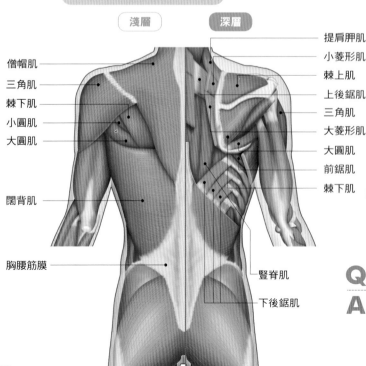

僧帽肌
三角肌
棘下肌
小圓肌
大圓肌
闊背肌
胸腰筋膜

提肩胛肌
小菱形肌
棘上肌
上後鋸肌
三角肌
大菱形肌
大圓肌
前鋸肌
棘下肌
豎脊肌
下後鋸肌

＋ 實用臨床 小知識

Q ▶ 為什麼脊髓液要從腰椎採集呢?

A ▶ 採集脊髓液及施打麻醉之所以從腰椎施行,是因為棘突的形狀很適合穿刺。胸椎的棘突向下方生長且長度較長,而腰椎的棘突卻是水平方向生長且較短,所以腰椎較適合穿刺針頭。

支撐背部和腰部的脊柱

　　從背後看得見的肋骨分類為胸部，肩胛骨則分類為上肢帶（p.30）。

　　位於背部及腰部的脊柱是由 7 塊頸椎、12 塊胸椎、5 塊腰椎、1 塊薦骨和 1 塊尾骨（每個人的尾骨數目不同）構成，為分散上方頭部的重量，脊柱呈現微微前後彎曲的弧度。

　　脊椎骨依其所在的位置而有不同的形狀，但基本構造是一樣的，即圓柱狀的椎體、背側的椎弓以及中間的椎孔。

　　上下椎體之間夾有緩衝作用的椎間盤，椎孔上下相連，就形成內有脊髓的椎管。從椎弓伸出來的數個突起，會連接上下方的脊椎骨或肋骨。

背部和腰部的肌肉

　　背部及腰部的肌肉分為淺層與深層肌肉。

　　淺層肌肉有最表層的僧帽肌與闊背肌，其下層是大小菱形肌及提肩胛肌等，但是這些肌肉因為與上肢運動相關，所以被分類為上肢肌肉。

　　深層肌肉則有很多種，如脊椎兩側連結上下脊椎骨的突起及肋骨之間的小肌肉或細長型的肌肉，這些起始及結束皆位於腰背處的肌肉，被稱為背部內在肌群。

　　支撐脊柱並進行體幹運動的肌群，特別是髂肋肌、最長肌和棘肌，合稱為豎脊肌。

腰椎與椎間盤

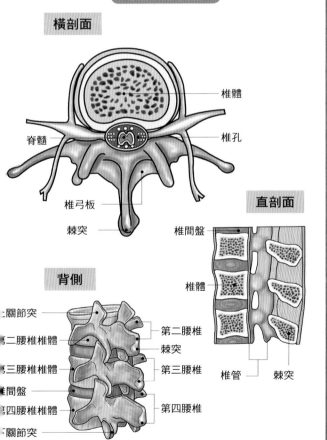

橫剖面

椎體・椎孔・脊髓・椎弓板・棘突

直剖面

椎間盤・椎體・椎管・棘突

背側

上關節突・第二腰椎椎體・第三腰椎椎體・椎間盤・第四腰椎椎體・下關節突・第二腰椎・棘突・第三腰椎・第四腰椎

　　腰椎是脊柱中負擔最大的部分，所以構造既大又堅固。其中，上關節突與上方的脊椎骨連結，下關節突與下方的脊椎骨連結，上下椎體間有椎間盤。

疾病的形成

椎間盤突出

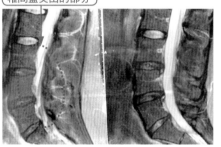

椎間盤突出的部分

▲椎間盤突出（左）與正常（右）的MRI影像

　　椎間盤位於脊椎骨與脊椎骨之間，構造為中心有髓核，周圍環繞著纖維環。因年齡增長或外力等因素，使髓核脫離纖維環或纖維環偏移，壓迫到脊髓神經，進而引起麻痺，即為椎間盤突出。

　　人體中負擔最大的脊椎為腰椎，其次為頸椎，胸椎負擔最少。

症狀：引起下肢麻痺、疼痛、感覺異常和運動麻痺等症狀，若是上位腰椎的椎間盤突出，會出現腰痛現象。

治療：依症狀程度及生活習慣，決定是要施以固定、牽引或鎮痛藥等保守性治療，或是施行手術。

上肢的骨骼與肌肉

上肢包含肩部、上臂、前臂及手部，它是人體中可動範圍最大、能夠做出最纖細動作的部位。

● DATA
單邊的骨骼數量
上肢帶骨：2塊
上臂：1塊
前臂：2塊
手部：27塊

上肢的骨骼與肌肉構造

影片QR Code

Chapter 1、2、3

上肢的肌肉（淺層）

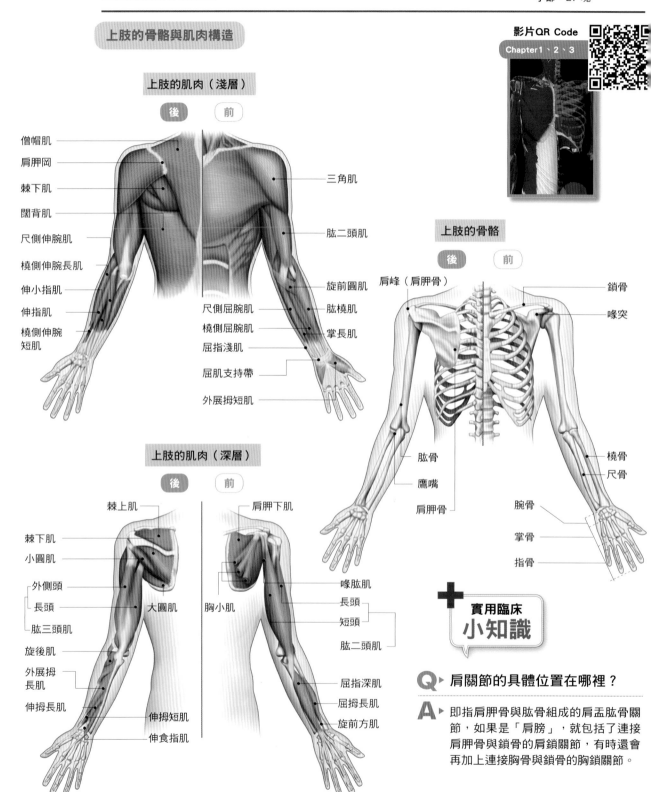

後　前

僧帽肌
肩胛岡
棘下肌
闊背肌
尺側伸腕肌
橈側伸腕長肌
伸小指肌
伸指肌
橈側伸腕短肌

三角肌
肱二頭肌

旋前圓肌
尺側屈腕肌
橈側屈腕肌
屈指淺肌
屈肌支持帶
外展拇短肌

肱橈肌
掌長肌

上肢的肌肉（深層）

後　前

棘上肌
棘下肌
小圓肌
外側頭
長頭
肱三頭肌
旋後肌
外展拇長肌
伸拇長肌
伸拇短肌
伸食指肌

大圓肌

肩胛下肌
喙肱肌
長頭
短頭
肱二頭肌
胸小肌
屈指深肌
屈拇長肌
旋前方肌

上肢的骨骼

後　前

肩峰（肩胛骨）
肱骨
鷹嘴
肩胛骨

鎖骨
喙突
橈骨
尺骨
腕骨
掌骨
指骨

實用臨床 小知識

Q▶ 肩關節的具體位置在哪裡？

A▶ 即指肩胛骨與肱骨組成的肩盂肱骨關節，如果是「肩膀」，就包括了連接肩胛骨與鎖骨的肩鎖關節，有時還會再加上連接胸骨與鎖骨的胸鎖關節。

上肢帶與自由上肢骨

　　上肢骨骼分為**上肢帶**與**自由上肢**。上肢帶是上肢與體幹連接的部分，也就是**鎖骨**與**肩胛骨**。肱骨與連接著肱骨的肩胛骨，並沒有直接連接體幹。肩胛骨在肩部與鎖骨相連，鎖骨與胸骨的上半部相連，肩胛骨是這樣連接體幹的。因此，雖然肩部的可動範圍很大，但是另一方面來說也不穩定。

　　肩關節再往前，叫做自由上肢。自由上肢的上臂是肱骨，前臂有**橈骨**與**尺骨**。手掌根部有 8 塊腕骨並排，連接 5 塊掌骨，掌骨再連接**指骨**，拇指有 2 塊指骨、其他手指則是各 3 塊。

上肢肌肉的角色

　　運動肩關節、肘關節、前臂、腕關節、手掌及手指的肌肉，屬上肢肌肉。

　　上肢骨動作由包住肩部的三角肌、背上的闊背肌及胸部的胸大肌來進行。由於扭動肩膀也包含上肢帶帶動體幹周圍的動作，所以與其相關的**僧帽肌、菱形肌、胸小肌**，也屬於上肢肌肉。

　　曲起手肘作大力士狀用力的話，突起的是肱二頭肌，與之抗衡的是位於上臂後方的肱三頭肌。前臂則有運動手肘、前臂、手腕的肌肉，還有運動手指的肌肉，肌腱延伸至指尖。在手部，有許多運動手掌及手指的小肌肉。

前臂的旋前與旋後（右前臂）

旋後 （掌心朝上）	旋前 （掌心朝下）

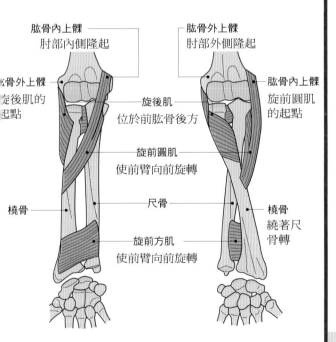

肱骨內上髁
肘部內側隆起

肱骨外上髁
肘部外側隆起

肱骨外上髁
旋後肌的起點

肱骨內上髁
旋前圓肌的起點

旋後肌
位於前肱骨後方

旋前圓肌
使前臂向前旋轉

橈骨

尺骨

橈骨繞著尺骨轉

旋前方肌
使前臂向前旋轉

　　從「向前看齊」的姿勢轉為掌心朝上，此動作稱為旋後；將掌心轉向朝下稱為旋前。位於前臂的旋前圓肌與旋前方肌，負責前臂的旋前，而旋後肌負責旋後。

　　旋前的動作會使橈骨與尺骨朝向最大旋前的位置，兩根骨骼會呈交叉狀。

疾病的形成

脫臼

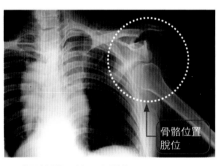

▲肩關節脫臼的X光影像

骨骼位置脫位

　　構成關節的骨骼喪失對合關係。完全脫位者稱為完全脫臼，部分脫位者稱為不完全脫臼（半脫臼）。脫臼主要是因外傷所導致，如果因腦中風引起肌肉麻痺，使支撐關節的力量變弱，也有可能引起脫臼；另外，還有先天的髖關節脫臼。

　　脫臼在所有關節上都有可能發生，但是較容易發生於構造較弱的上肢。

症狀	會導致患部變形、疼痛、腫脹，而且自己無法移動關節，若由他人移動的話，會有被勾到的感覺。
治療	整復關節，固定關節直到其穩定下來。可能會有關節變形、可動範圍異常、再度脫臼的後遺症。

下肢的骨骼與肌肉

下肢是指構成骨盆的髖骨、大腿、小腿與足部，用來支撐全身的體重、進行步行等運動，特徵是擁有較多大塊且強勁的肌肉。

● DATA
單邊的骨骼數量
下肢帶：1 塊
大腿：1 ＋ 1 塊（髕骨）
小腿：2 塊
足部：26 塊

影片QR Code
Chapter1、2、3

下肢的骨骼與肌肉構造

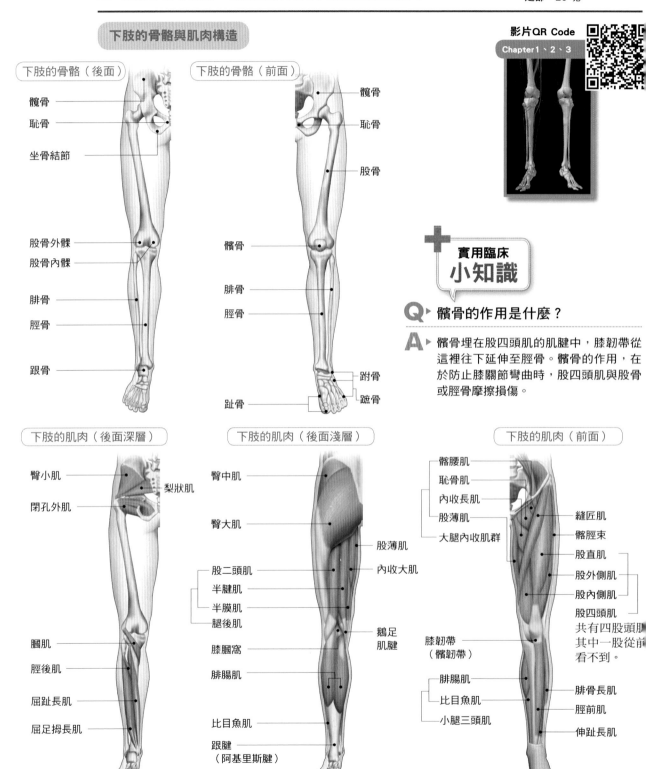

下肢的骨骼（後面）

- 髖骨
- 恥骨
- 坐骨結節
- 股骨外髁
- 股骨內髁
- 腓骨
- 脛骨
- 跟骨

下肢的骨骼（前面）

- 髖骨
- 恥骨
- 股骨
- 髕骨
- 腓骨
- 脛骨
- 跗骨
- 蹠骨
- 趾骨

實用臨床 小知識

Q▶ 髕骨的作用是什麼？

A▶ 髕骨埋在股四頭肌的肌腱中，膝韌帶從這裡往下延伸至脛骨。髕骨的作用，在於防止膝關節彎曲時，股四頭肌與股骨或脛骨摩擦損傷。

下肢的肌肉（後面深層）

- 臀小肌
- 梨狀肌
- 閉孔外肌
- 膕肌
- 脛後肌
- 屈趾長肌
- 屈足拇長肌

下肢的肌肉（後面淺層）

- 臀中肌
- 臀大肌
- 股薄肌
- 內收大肌
- 股二頭肌
- 半腱肌
- 半膜肌
- 腿後肌
- 鵝足肌腱
- 膝膕窩
- 腓腸肌
- 比目魚肌
- 跟腱（阿基里斯腱）

下肢的肌肉（前面）

- 髂腰肌
- 恥骨肌
- 內收長肌
- 股薄肌
- 大腿內收肌群
- 縫匠肌
- 髂脛束
- 股直肌
- 股外側肌
- 股內側肌
- 股四頭肌
  共有四股頭肌
  其中一股從前
  看不到。
- 膝韌帶（髕韌帶）
- 腓腸肌
- 比目魚肌
- 小腿三頭肌
- 腓骨長肌
- 脛前肌
- 伸趾長肌

下肢帶與自由下肢的骨骼

下肢的骨骼分為下肢帶與自由下肢。所謂下肢帶是指下肢與體幹（脊柱）連接的部分，也就是髖骨；而髖骨即是由薦骨兩側的骨盆構成的骨骼，連接腸骨、恥骨、坐骨。髖骨外側有髖臼，股骨會嵌進這裡，構成股關節。

股關節往下是自由下肢。大腿有股骨，小腿有脛骨和腓骨；腳跟處有 7 塊跗骨，往前有 5 塊蹠骨，再往前有趾骨，大姆趾有 2 塊，其他腳趾各有 3 塊。膝關節有人體最大的種子骨（包在手腳韌帶或肌腱中的骨骼）。

下肢肌肉的角色

運動股關節的肌肉包括臀大肌、股直肌和內收大肌等，特徵是肌肉較大塊。位於腹腔中的髂腰肌（腰大肌與髂肌的總稱），是走路時提起大腿的重要肌肉。

運動膝關節的肌肉包括大腿前面的股四頭肌、大腿後面的股二頭肌、半腱肌及半膜肌等，其中大腿後面的肌肉又被稱為腿後肌。

運動足關節的肌肉主要位於小腿，足關節的足背屈（足部上抬）由脛骨處的脛前肌進行，足底屈（足部下壓）由小腿肚的小腿三頭肌進行。

運動腳趾的肌肉構造與手部的肌肉相似，但不如手部的構造般纖細。

足部的骨骼與肌肉

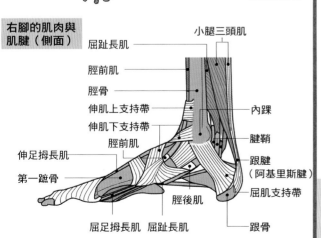

右腳的肌肉與肌腱

腓骨長肌
伸趾長肌
伸足拇長肌
伸肌上支持帶
外踝
伸足母短肌
伸趾長肌

脛前肌
脛骨
內踝
伸趾短肌
伸足拇長肌

右腳的骨骼

跗骨
骰骨
蹠骨

跟骨
踝骨
舟狀骨
外側楔骨
內側楔骨
中楔骨
近側趾節骨
中段趾節骨
遠側趾節骨

右腳的肌肉與肌腱（側面）

屈趾長肌
脛前肌
脛骨
伸肌上支持帶
伸肌下支持帶
脛前肌
伸足拇長肌
第一蹠骨
屈足拇長肌　屈趾長肌

小腿三頭肌
內踝
腱鞘
跟腱（阿基里斯腱）
屈肌支持帶
脛後肌
跟骨

足部支撐著全身的體重，承受走路、跑步等運動的衝擊，因此構造十分強韌堅固，由許多韌帶與骨骼組合而成。

疾病的形成

阿基里斯腱斷裂

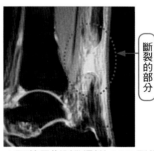

斷裂的部分

▲阿基里斯腱斷裂的 MRI 影像

阿基里斯腱為小腿三頭肌的肌腱，因為與跟骨相連，也稱跟腱。小腿三頭肌的作用是踮腳尖及跑步時用力蹬地面，當小腿三頭肌強烈收縮時，其反作用力反應在足關節的背屈方向，就有可能造成阿基里斯腱斷裂。

這種情況常發生於突然急速起跑或用力跳躍等動作，並且分為部分斷裂與完全斷裂。

 斷裂時會發出「啪」的一聲，伴隨腳跟被強力擊打的感覺，不只對行走造成障礙，也會疼痛。

 斷裂較嚴重時，需要以手術連接，並固定住腳部，等待阿基里斯腱連接起來，再緩緩的進行復健。

運動障礙症候群

運動系統包含骨骼、肌肉和關節，以及指揮它們的神經。而運動障礙症候群的定義是因運動系統的障礙，造成患者需要看護，或是處於需要看護的高風險狀態。

我們多半認為高齡者發生腦中風或失智症時，才需要看護，但是因關節障礙所造成的步行困難、跌倒及骨折，導致患者需要看護的案例數目，卻與失智症相去不遠。

此症候群包含骨質疏鬆症、變形性脊椎症、退化性膝關節炎、脊椎狹窄症、類風溼性關節炎等疾病，還有骨折等外傷。因年齡增長與活動量降低而造成的「廢用症候群」（disuse syndrome），也是其一。運動障礙症候群會因肌力與平衡能力下降，導致關節變形、疼痛或麻痺，進而造成步行困難。

自我檢測

1. 無法單腳站立穿襪子。
2. 會在家裡絆倒、滑跤。
3. 上樓梯時需要扶手。
4. 無法在綠燈時間內過完馬路。
5. 無法連續走路 15 分鐘。
6. 買了約 2 公斤的東西，要拿回家有困難（約 2 盒 1 公升牛奶的重量）。
7. 就算進行只有一點點負重的工作也感到困難（使用吸塵器、搬棉被等）。

只要有一個項目符合，你就有運動障礙症候群的可能。

（來源：日本整形外科學會「運動障礙症候群宣導手冊2010年版本」。）

關於自我檢測

步行是生活中不可或缺的基本動作，若連走路都有困難，那麼上廁所和入浴等日常生活動作就需要看護。如此一來，包含本人在內，全家的生活品質都會明顯下降，所以需要早期發現、早期處理。

日本整形外科學會提出了自我檢測表，只要符合任何一個項目，就有運動障礙症候群的可能性。

運動系統的問題也有不少是從 40 ～ 59 歲就開始出現，而膝關節或腰部的疼痛、足部麻痺等，有時也並不單純只是運動不足或年紀大了，反而可能是運動障礙的徵兆。

鍛練方法

對於符合自我檢測中任何一項的人，日本整形外科學會建議進行「運動障礙症候群鍛練法」。這是一種高齡者也能安全進行的簡單鍛練法，基本上是扶著桌子等物體並以單腳站立，或是緩慢的深蹲運動、做國民健康操和健走，也可以進行自己熟悉或喜歡的運動，不限種類。

如果膝關節或腰部有疼痛、麻痺等現象，先請專門醫生診治改善。若輕忽症狀而導致疼痛惡化，就沒辦法繼續鍛練，導致患者更不願意外出或運動，陷入肌力更加衰弱的惡性循環。

另外，要小心突然的激烈運動，不只可能傷到肌肉或關節，還可能發生跌倒或引發重大心血管疾病。

骨肉瘤

　　骨肉瘤是骨腫瘤的一種，分為從骨頭發生的原發性骨腫瘤，以及從其他部位癌症轉移過來的轉移性骨腫瘤。另外，原發性還分為良性（骨軟骨外生性骨疣）及惡性（肉瘤），而原發性惡性骨腫瘤中最多的就是骨肉瘤。患者年齡層多半為 10 ～ 29 歲，但近年也出現中高年患者；男性患者比女性稍多，比例約為 3：2。

　　與其他癌症相比，此症發病率不高，但原因目前仍不明。

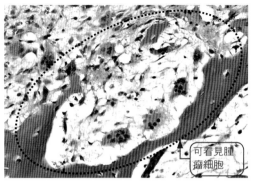

▲骨肉瘤的顯微鏡照片

可看見腫瘤細胞

症狀

　　多發生於股骨下半部或脛骨上半部。初期症狀是局部疼痛，由於好發於年輕人，常被誤認為運動後的肌肉酸痛，進而不去理會。若發生於孩童，孩童可能不會說痛，但出現討厭步行或討厭被觸碰特定部位的狀況。

　　病情加劇會出現局部腫脹、步行困難、病理性骨折，可能經血行轉移（經由血液轉移）至肺部。

治療

　　以前會把發生骨肉瘤的部位截肢，但近年手術盡量選擇留下四肢。原則上，切除範圍多屬最低限度必須切除的部分，但如果骨肉瘤擴散，也可能截肢，並在術前、術後進行化療。

　　過去這是一種預後（根據經驗預測的疾病發展情況）不良的疾病，但現今已經開發出有效的抗癌藥物，大幅提升 5 年存活率。

顳顎關節症候群

　　顳顎關節由顳骨的下頜窩與下頜骨的下頜頭組成。顳顎關節症候群是一種慢性病，因為這個關節的骨骼、韌帶、關節囊、以及在兩個骨頭間起緩衝作用的關節盤或咀嚼肌發生問題，造成疼痛或嘴巴張不開等症狀。

　　原因可能來自於咬合不正、磨牙、壓力、只以左或右其中一邊咀嚼、經常手托下巴等。好發於年輕女性，最近案例有增加的趨勢。

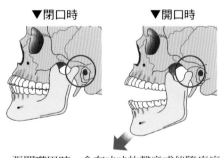

▼閉口時　　▼開口時

張開嘴巴時，會有咔咔的聲音或伴隨疼痛

症狀

　　咀嚼時，下巴與其周邊的臉頰、太陽穴等會疼痛，或是嘴巴因疼痛或關節問題而張不開。

　　不只如此，只要活動下巴就會發出咔咔喀喀的聲音，症狀有時會突然發生，有時則會慢慢出現。也可能伴隨肩膀僵硬、頭痛、暈眩或耳塞感。

治療

　　無確切療法，只能根據症狀制定治療方法（對症療法）。藥物療法包括針對疼痛給止痛藥、針對壓力或失眠給安眠藥；對於咬合或磨牙，需要裝咬合板等牙科治療；針對壞習慣或壓力，則需導入心理或精神治療。

　　顳顎關節本身出現沾黏或炎症時，就可能要動手術。

扯肘症

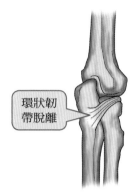

環狀韌帶脫離

▲正常（左）與扯肘症（右）的肘關節

因手被用力拉扯而生的病症，俗稱「扯肘症」。

肘關節中，上肱骨與尺骨組合得很牢固，但橈骨卻只是以環狀韌帶輕輕的綁在旁邊的尺骨上。如果手被用力拉扯，橈骨就會從環狀韌帶脫離，這就是扯肘症，與肘關節脫臼是不一樣的病症。

此症多發於關節構造尚未成熟的孩童（2～4歲最多），有時成人也會發生。

症狀

患者為嬰兒時，手被拉扯後會立刻激烈哭泣，手肘呈稍微扭曲的狀態，手臂下垂，痛得不能動。稍微一動就會非常疼痛，但不會腫脹或變形。如果重複發生，會變成慣性而很容易就會脫離。

由於是受到強烈外力而引起，所以可能伴隨骨折，應儘早就醫。

治療

與其他病症相比，此症由醫師以手整復的方式較易施行（徒手整復），應儘早接受治療；越晚治療，需要花費的回復時間越長。

治療方式是一邊摸著橈骨部位，一邊輕扭前臂，就會發出咔唧的聲音，使橈骨進入環狀韌帶，大多數的病例都是這樣即可治好。只要讓關節恢復原狀，疼痛會馬上消失，生活方式也可以與從前的生活無異。

治療方式看似簡單，但是弄錯的話，病症會惡化，必須注意。

筆記

肌肉萎縮症

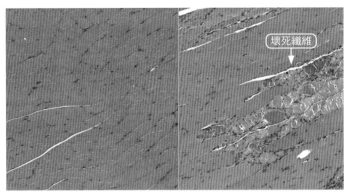

壞死纖維

▲正常肌肉（左）與肌肉萎縮症（右）的肌肉纖維

　　肌肉萎縮症的定義為：肌肉纖維的變性、壞死，導致肌力逐漸衰弱的遺傳性疾病。此症的肌肉纖維會漸漸損壞，且再生速度趕不上損壞速度，使肌肉漸進式的萎縮，造成肌力衰弱，是一種進行性疾病。

　　依病狀分為數種類型，最常見的是裘馨型肌肉萎縮症，因為是X染色體隱性遺傳，所以只見於男孩；其他還有貝克氏肌肉萎縮症、肢帶型進行性肌肉萎縮症等。

症狀

　　裘馨型肌肉萎縮症會因兒童出現學步較慢、易跌倒、不會跑等現象而發現。患者因肌力衰弱而無法順暢的從地板上站起，其動作特徵是先伸膝、抬起屁股，再將手放在膝上，以手的力量撐起身體；另一項特徵則是大腿肌肉萎縮，小腿肚卻肥大。

　　患者從 10 歲開始步行困難，最後只能躺在床上，隨著病情加重，呼吸肌肌力衰弱，需要使用人工呼吸器。

治療

　　目前尚無有效療法。可以用類固醇藥物減緩進行速度，而且為了防止肌力衰弱與關節攣縮，會配合病狀進行步行訓練及關節按摩等復健。

　　因呼吸肌肌力衰弱而出現呼吸障礙時，需使用人工呼吸器。從前大部分的病例，皆因呼吸障礙而在 20 歲左右死於呼吸衰竭，但最近因人工呼吸器等醫療器材的發展，有不少病例活到 40 歲左右。

筆記

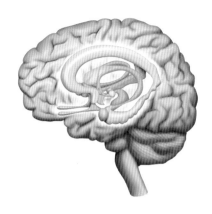

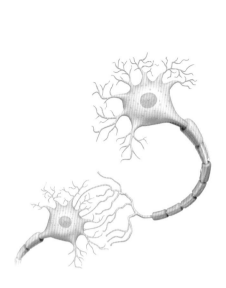

第 2 章

腦部與神經系統

所謂的神經系統，包含了大腦與脊髓組成
的中樞神經，以及腦神經和脊髓神經組成
的末梢神經。神經系統具備認知、記憶、
思考、判斷等高級機能，也是控制全身生
理機能的資訊網絡。

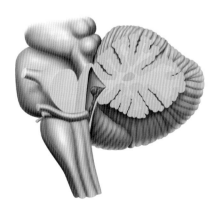

大腦

人類的大腦，具備最尖端的電腦也遠遠不及的資訊處理能力，但是直到目前為止，我們還沒有解開大腦的全部謎團。

● DATA
腦的重量：
1300 ～ 1400 公克
大腦皮質的神經細胞數：
約 140 億個
腦脊髓液：約 150 毫升

大腦各部位

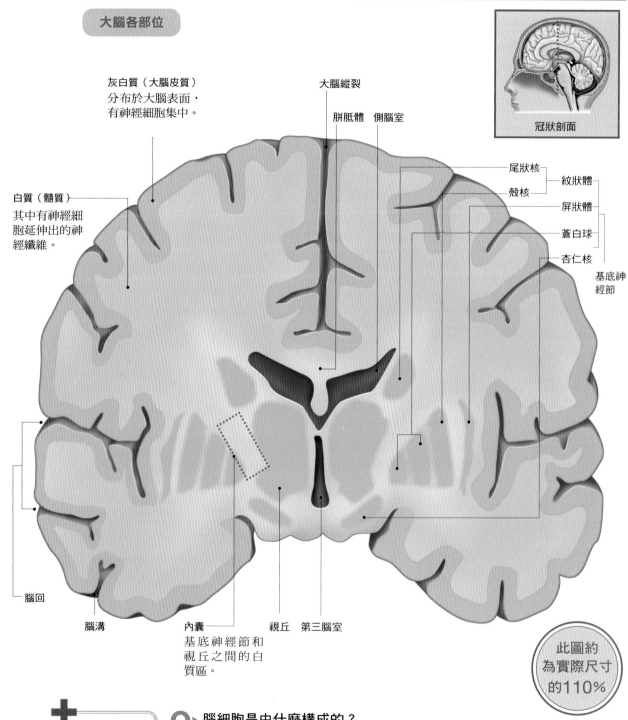

灰白質（大腦皮質）
分布於大腦表面，
有神經細胞集中。

大腦縱裂

胼胝體　側腦室

冠狀剖面

白質（髓質）
其中有神經細
胞延伸出的神
經纖維。

尾狀核
殼核
紋狀體
屏狀體
蒼白球
杏仁核
基底神
經節

腦回

腦溝

內囊
基底神經節和
視丘之間的白
質區。

視丘　第三腦室

此圖約
為實際尺寸
的110%

**實用臨床
小知識**

Q 腦細胞是由什麼構成的？

A 腦細胞由神經細胞與神經膠細胞構成。神經膠細胞也叫神經膠質細胞，分為小神經膠質細胞、星狀神經膠質細胞、神經鞘細胞、室管膜細胞及衛星細胞等，而腦部的 90% 皆為神經膠細胞。

由左右大腦半球組成

大腦分為左、右大腦半球，中間以胼胝體相接，整個大腦皆有大型的皺褶（腦溝），用來增加表面積。從大腦剖面圖中，可以看見表面有一層顏色較深的部分，這裡被稱為灰白質（大腦皮質），有神經細胞集中。內部顏色較淺的部分叫白質（髓質），其中分布著神經細胞延伸出的神經纖維（p.56）。

從內側依序算起，大腦一共被三層膜（腦脊髓膜，p.43）所覆蓋，分別為軟膜、蛛網膜、硬膜。蛛網膜下有四個腦室：左右腦半球裡各一個側腦室，以及第三腦室和第四腦室，腦脊髓液在其內循環。

做出人類的行動

神經系統由中樞神經系統與末梢神經系統組成。中樞神經系統由腦與脊髓組成；末梢神經系統由出入腦的腦神經與出入脊髓的脊髓神經組成。腦由大腦、小腦（p.46）、間腦、中腦、橋腦及延髓組成，大腦為中樞。

大腦的神經細胞從出生後就不會增加，但是就算如此，出生時人類不會的走路、說話及解決複雜的問題等，卻能隨著成長而漸漸做到，就是因為神經細胞間網絡高度發達所致。

邁入中高齡後，神經細胞會漸漸損壞，但裡面的網絡發達程度卻不會跟著下降，只要不生病，智能就不會降低。

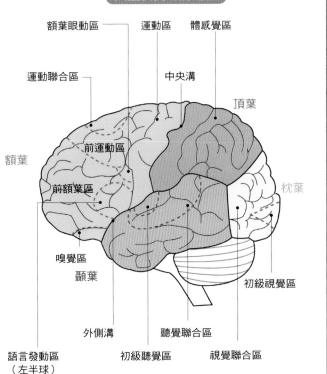

大腦皮質功能定位

- 額葉眼動區
- 運動區
- 體感覺區
- 運動聯合區
- 中央溝
- 頂葉
- 前運動區
- 額葉
- 前額葉區
- 枕葉
- 嗅覺區
- 顳葉
- 初級視覺區
- 外側溝
- 聽覺聯合區
- 語言發動區（左半球）
- 初級聽覺區
- 視覺聯合區

大腦皮質依不同部位負擔著不同機能，叫做「大腦皮質功能定位」，大多數的功能中樞分布在左右兩個大腦半球。其中，多數人的語言中樞（語言區）位於左腦，只有極少數慣用右手者和一至四成的左撇子之中，其右腦有語言區。

疾病的形成

失智症

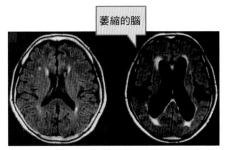

萎縮的腦

▲正常的腦（左）與失智症的腦（右）的 MRI 光影像

成長過程中，正常發展的智能因後天性腦損傷，而造成的智能低下狀態。

失智症在腦中累積特殊蛋白質，形成老化斑塊的阿茲海默型失智症，也有因腦梗塞而造成的腦血管性失智症。

症狀 產生記憶障礙（忘記東西放哪、家人是誰）、定位困難（今天是幾號、現在在哪裡），還有判斷力低下、說不出話、無法以正確程序做事等症狀。

治療 目前沒有治本的失智症療法，只能給予延緩或抑制症狀的藥物。對於腦血管性失智症，則給予預防腦梗塞再發生、或改善血脂異常的藥物。

大腦邊緣系統

大腦邊緣系統位於大腦中心裡間腦和腦室所圍繞的位置，主要功能為負責身為動物的本能行動、情感、記憶等機能。

● DATA
短期記憶：
約 10 ～ 20 秒
短期記憶可記住的位數：
約 7 位數

大腦邊緣系統

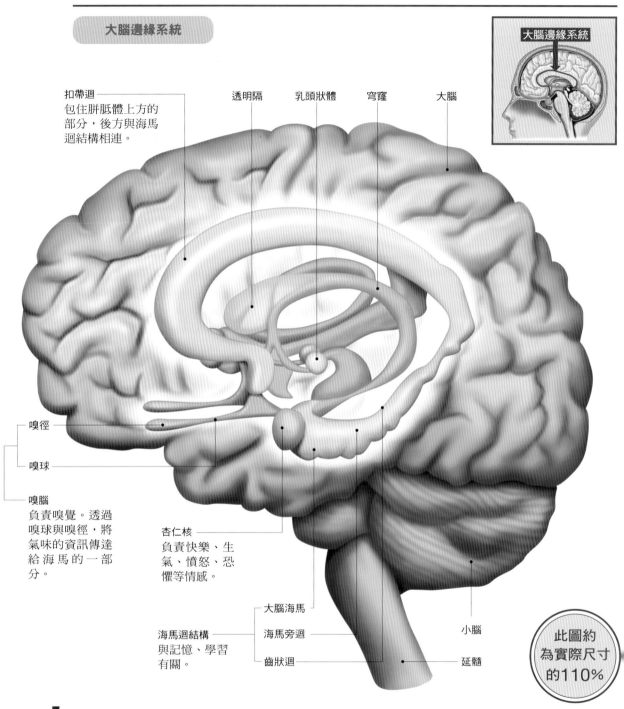

扣帶迴
包住胼胝體上方的部分，後方與海馬迴結構相連。

透明隔

乳頭狀體

穹窿

大腦

大腦邊緣系統

嗅徑

嗅球

嗅腦
負責嗅覺。透過嗅球與嗅徑，將氣味的資訊傳達給海馬的一部分。

杏仁核
負責快樂、生氣、憤怒、恐懼等情感。

大腦海馬

海馬旁迴

齒狀迴

海馬迴結構
與記憶、學習有關。

小腦

延髓

此圖約為實際尺寸的110%

**實用臨床
小知識**

Q▸ 人類的「記憶」有幾種？

A▸ 一般認為，我們的記憶包括：看到、聽到、瞬間記得但馬上就忘記的感官記憶；可以記得約 10 ～ 20 秒的短期記憶，如電話號碼；以及要深度理解、不斷重複才能記住的長期記憶。

包住胼胝體的大腦邊緣系統

胼胝體連接左右大腦半球，大腦邊緣系統則包住胼胝體，包含嗅腦、扣帶迴、海馬迴結構、杏仁核及乳頭狀體等部分。

嗅腦負責嗅覺，由嗅球和嗅徑構成，關於氣味的資訊會由鼻腔上部的嗅覺上皮（p.72）感知，通過顱底進入嗅球，再經由嗅徑傳達給海馬。

扣帶迴從前方開始圈住胼胝體（見下圖）上方的部分，後方與海馬迴結構相連；海馬迴結構則由海馬旁迴、齒狀迴、大腦海馬組成，埋在顳葉內側，其前方內側有杏仁核。

本能與情感中樞

大腦邊緣系統被認為是本能與情感的中樞，支配著出於生殖及飲食等本能所採取的行動，以及快樂、生氣、憤怒和恐懼等情感，還有被這些情感所驅使而採取的反應或行動。

另外，海馬與記憶有相當緊密的關係，我們的見聞會進入大腦海馬，經過整理後，再將必要資訊送進大腦皮質（p.40），被保存為確實的記憶（長期記憶）。

有時候我們聞到某種味道，心情會為之改變，是因為味道喚起了舊時記憶，而這可能是由於嗅覺屬於構成大腦邊緣系統的一部分。

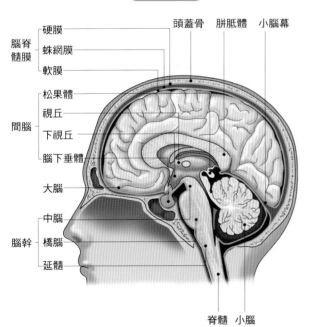

腦的構造

硬膜
蛛網膜
軟膜
腦脊髓膜
頭蓋骨　胼胝體　小腦幕
松果體
視丘
下視丘
腦下垂體
間腦
大腦
中腦
橋腦
延髓
腦幹
脊髓　小腦

腦占了顱腔的大部分空間，大致上由大腦、間腦、小腦、腦幹構成。

位於上半部較大的部分是大腦，處理視覺及觸覺等資訊；大腦後下方有小腦，小腦進行運動的調整。

至於間腦與腦幹，位於腦中央被小腦及大腦包起來的位置。間腦是發動感情的部分，包含松果體、視丘、下視丘、腦下垂體。腦幹與呼吸及血液循環等生命活動相關，由中腦、橋腦、延髓組成。

疾病的形成

精神分裂症

明明什麼事情都沒發生，卻會產生幻覺或幻聽、思考混亂、過度的杞人憂天、以為自己腦中想法被偷窺等被害妄想精神症狀。原因不明，此症狀多半發生在年輕人身上。

症狀　出現幻聽，且照著幻聽內容而行動。看見不存在的東西、認為自己被監視的被害妄想、認為自己被某人所愛的戀愛妄想等，情緒時而興奮、時而消沉、感情變得平板或蝸居不出等。

治療　施予抗精神病的藥物療法，對於幻覺及妄想特別有效，並且由精神科醫生進行精神療法和社會生活技能訓練，目標是讓患者回歸社會。

腦幹

● DATA
出入腦幹的腦神經：
10對

腦幹控制呼吸及血液循環等基本生命活動，它是腦中較原始的部分，
具有與許多動物共通的機能。

腦幹的外部構造 屬於末梢神經的12對腦神經中，除了視神經與嗅神經
之外，其他皆經由腦幹。

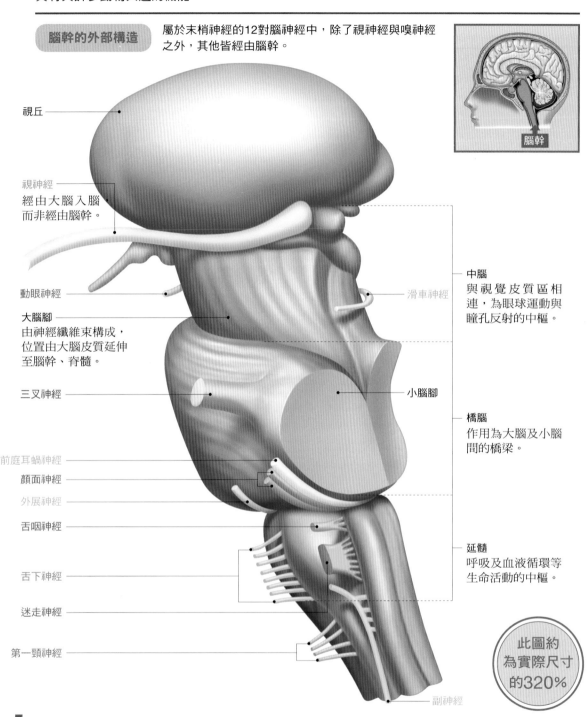

視丘

視神經
經由大腦入腦
而非經由腦幹。

動眼神經

大腦腳
由神經纖維束構成，
位置由大腦皮質延伸
至腦幹、脊髓。

三叉神經

前庭耳蝸神經

顏面神經

外展神經

舌咽神經

舌下神經

迷走神經

第一頸神經

滑車神經

中腦
與視覺皮質區相
連，為眼球運動與
瞳孔反射的中樞。

小腦腳

橋腦
作用為大腦及小腦
間的橋梁。

延髓
呼吸及血液循環等
生命活動的中樞。

副神經

此圖約
為實際尺寸
的320%

**實用臨床
小知識**

Q ▶ 腦幹的內部構造有什麼特徵？

A ▶ 腦幹也像大腦及脊髓，具備布有神經纖維的白質，以及神經細胞
集中的灰白質。但是腦幹中的神經纖維有時會左右交叉，又有集
中神經細胞的神經核，因此其內部構造依部位有相當大的不同。

連接大腦與脊髓的腦幹

　　腦幹指的是從大腦（p.40）連接到脊髓的部分，包含中腦、橋腦和延髓，有時候中腦之上的間腦（p.43）也包含在腦幹之內。

　　間腦是指左右大腦半球內側的視丘、其下的下視丘（p.190），還有位於更下面的腦下垂體（p.192）。

　　中腦是間腦下方變細的部分，其中的大腦腳位於腹側，由神經纖維束構成，並由大腦皮質延伸至腦幹與脊髓。

　　中腦下方的橋腦變粗，連接後方的小腦（p.46）。橋腦下方的延髓與脊髓相連，所以上半部稍粗一點。

中樞與末梢的中繼、生命機能的中樞

　　末梢神經的 12 對腦神經（p.50）之中，除了視神經與嗅神經以外，其他 10 對腦神經皆出入於腦幹。

　　腦神經中的動眼神經與滑車神經由中腦伸出，與背側上半部大腦的視覺皮質區（p.41）連結，為眼球運動、眼瞼、瞳孔反射的中樞。

　　橋腦負責連接大腦、小腦、脊髓和末梢神經，特別是傳遞沒有直接連結的大腦與小腦之間的資訊，非常重要。

　　延髓是人體呼吸（p.96）、血液循環（p.106）、體溫調節和吞嚥等生命活動的中樞，一旦延髓的機能停止，人體就無法維持生命。

腦死與植物人狀態的不同

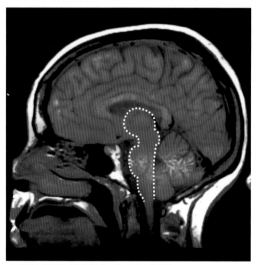

▲腦幹剖面（正常）的 MRI 影像

　　白虛線的部分為腦幹，包含腦幹在內，整個腦部的機能停止叫做「腦死」；腦幹機能仍在運作者，稱為「植物人狀態」。

　　「腦死」與「植物人狀態」的差別與腦幹有相當大的關係。腦幹負責呼吸、血液循環、體溫調節、意識傳達等，包含腦幹在內，整個腦（大腦、小腦、腦幹）的機能完全停止稱為腦死。被判定為腦死時，不會有瞳孔反射，腦波也是平坦的，最終呼吸及心臟也會停止，進而死亡。

　　另一方面，植物人狀態是指失去大腦皮質機能、沒有意識，但是腦幹機能仍在運作。人體可以自行呼吸，也保有血液循環等機能，也可能脫離植物人狀態。

疾病的形成

帕金森氏症

▲帕金森氏症特有的症狀

　　中腦的黑質（神經核）退化，分泌出的多巴胺變少所導致的疾病。多巴胺與運動有關，若是分泌變少，就會造成手腳動作和步行的問題，但減少的原因不明。

| 症狀 | 靜止時，手部等部位會小幅度的震顫，而且開始走路的第一步是細碎步行，如果被推的話會突然加速，停不下來。移動關節時帶有僵直感，像是齒輪咔咔咔的轉動一樣，面部的表情呆滯。 |

| 治療 | 因為原因不明，所以無法進行根本性的治療，基本上是給予藥物療法，補充不足的多巴胺。當藥物療法無法改善症狀時，就可能要動腦部手術。 |

小腦

小腦位於枕骨部，負責調整人體的運動，可以讓反覆的動作變得更加順手。

● DATA
小腦重量：
約 130 公克
小腦神經細胞：
約 1000 億個

小腦各部位

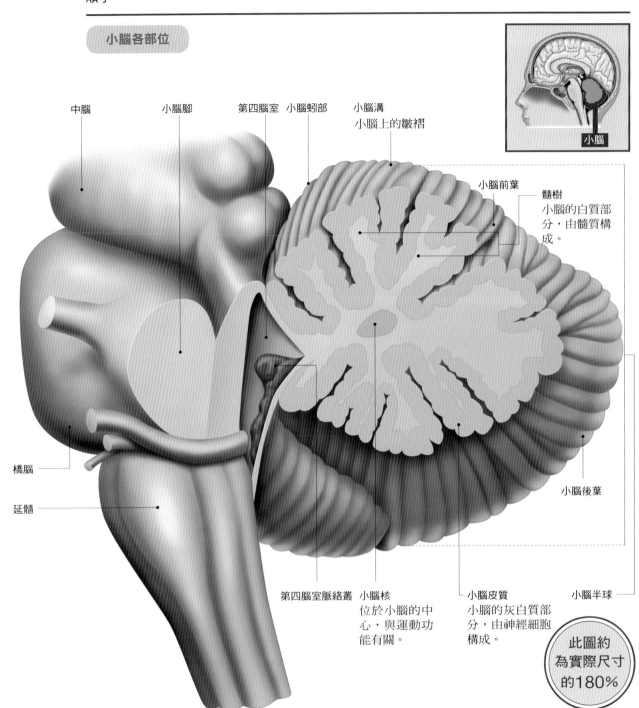

中腦

小腦腳

第四腦室

小腦蚓部

小腦溝
小腦上的皺褶

小腦前葉

髓樹
小腦的白質部
分，由髓質構
成。

橋腦

延髓

第四腦室脈絡叢

小腦核
位於小腦的中
心，與運動功
能有關。

小腦皮質
小腦的灰白質部
分，由神經細胞
構成。

小腦後葉

小腦半球

此圖約
為實際尺寸
的180%

**實用臨床
小知識**

Q ▶ 小腦也跟大腦一樣有功能定位嗎？

A ▶ 小腦半球的側面部分叫新小腦，負責做動作計畫和決定動作時機；蚓部及其周圍叫脊髓小腦，功能是調整四肢與體幹的運動。

小腦與腦幹相連

小腦位於大腦後下方和橋腦後方，與大腦之間介有小腦幕（p.43），小腦幕屬於包覆腦部的硬膜一部分。

小腦以小腦腳與中腦、橋腦和延髓（p.44）相連；小腦與橋腦之間則有第四腦室。

小腦的構造為左右有鼓起的小腦半球，其中間以小腦蚓部相連。小腦表面的皺褶與大腦不同，朝橫向變細，稱為小腦溝；表面有屬於灰白質的小腦皮質，內部有屬於白質的髓樹，其中，灰白質的神經細胞數，比大腦的神經細胞數多很多。

調整運動動作

小腦的功能是調整動作。大腦皮質的運動區（p.41）發出身體如何動作的指令，送至目標肌肉；而小腦一方面接收指令，一方面從感覺器官蒐集資訊，以決定如何運動。

這些感覺器官包括眼睛（p.64）、內耳的三半規管（p.70）、四肢的位置感覺受體、肌肉的肌梭與肌腱的腱梭等，會對照運動的指令，分析是否按照指令的目的達成運動。

若指令與運動結果相違，小腦會調整運動的輸出。經由這種調整，只要重複練習，動作就會進步。

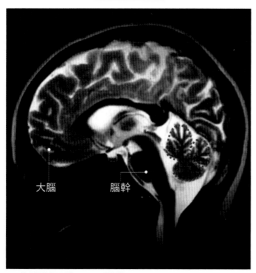

小腦的剖面

▲小腦剖面的 MRI 影像

紅色虛線圈出的部分是小腦，由 MRI 影像可以看到小腦位於大腦的後下方、以及橋腦的後方，這個部位專門管理運動機能。

由小腦剖面圖可看到漂亮的樹狀花紋，這是因為內有表層的灰白質與內部的白質分層，而且小腦表面的皺褶（小腦溝）比大腦表面的皺褶細緻且更深入內部，所以看起來如此。

小腦的大小約為大腦的 10%，但是就神經細胞的數量來說，大腦有約 140 億個，小腦則約有 1000 億個。為了排列這麼多神經細胞，當然需要更細緻的皺褶，以增加表面積。

圖中標示：大腦　腦幹

疾病的形成

脊髓小腦共濟失調症

▲走路時會晃　　▲說不出話

啊……

小腦萎縮造成身體無法順利動作而運動失調，是一種漸漸惡化的疾病。發生原因不明，有時病變會蔓延至腦幹或脊髓。又分為遺傳性及非遺傳性的脊髓小腦共濟失調症。

症狀 症狀依脊髓小腦共濟失調症的種類而不同，主要是起立或走路時會搖晃，手腳無法順利動作，出現顫抖、話說不清楚等運動失調情況。也會出現類似帕金森氏症（p.45）的症狀，而症狀會緩慢的惡化。

治療 主要施予緩和運動失調與暈眩症狀的藥物療法。由於此症原因尚不明，所以仍在開發根本性的治療方式。

脊髓與脊髓神經

連接腦幹下方，從椎管中間往下走的脊髓為中樞神經；出入脊髓，
傳達指令及蒐集資訊的脊髓神經是末梢神經。

● DATA
脊髓的粗細：約 1 ～ 1.2 公分
脊髓的長度：約 40 ～ 45 公分
脊髓的重量：約 25 ～ 27 公克
脊髓神經的數目：31 對

脊髓與脊髓神經

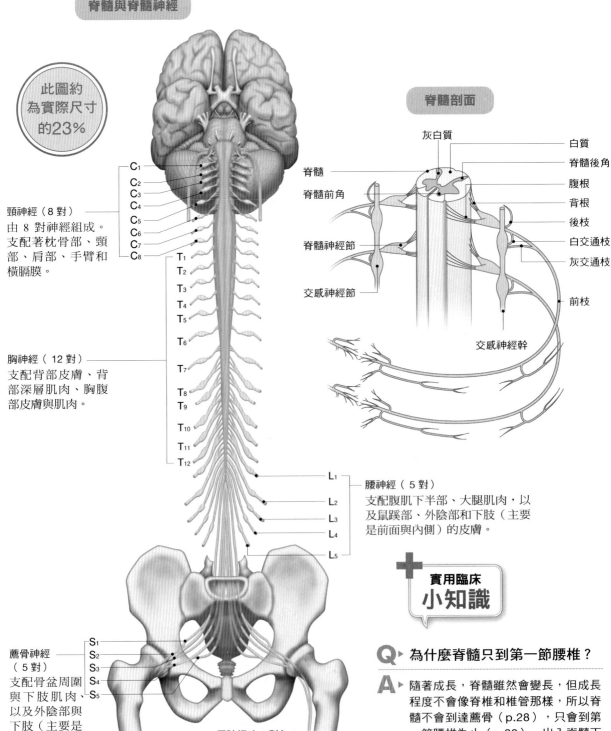

此圖約
為實際尺寸
的23%

脊髓剖面

灰白質
白質
脊髓
脊髓後角
脊髓前角
腹根
背根
脊髓神經節
後枝
白交通枝
交感神經節
灰交通枝
前枝
交感神經幹

頸神經（8 對）
由 8 對神經組成。
支配著枕骨部、頸
部、肩部、手臂和
橫膈膜。

胸神經（12 對）
支配背部皮膚、背
部深層肌肉、胸腹
部皮膚與肌肉。

腰神經（5 對）
支配腹肌下半部、大腿肌肉，以
及鼠蹊部、外陰部和下肢（主要
是前面與內側）的皮膚。

薦骨神經
（5 對）
支配骨盆周圍
與下肢肌肉、
以及外陰部與
下肢（主要是
背面）的皮膚。

尾神經（1 對）C_0
支配尾骨周圍
的皮膚。

**實用臨床
小知識**

Q ▶ 為什麼脊髓只到第一節腰椎？

A ▶ 隨著成長，脊髓雖然會變長，但成長
程度不會像脊椎和椎管那樣，所以脊
髓不會到達薦骨（p.28），只會到第
一節腰椎為止（p.28）。出入脊髓下
方的脊髓神經向下成束，稱為脊尾。

身為中樞神經的脊髓與身為末梢神經的脊髓神經

脊髓延續延髓下方,由椎管向下生長至第一節腰椎附近。脊髓與大腦(p.40)、腦幹(p.44)及小腦(p.46)同為中樞神經。

脊髓的形狀,為前後稍微不規則形的圓柱體,從脊髓剖面圖可看出其中呈「H」字形,或有人說是蝴蝶展翅形狀的灰白質,其外側被白質包圍住。灰白質是神經細胞的集合,白質則由神經纖維構成。

31 對脊髓神經由上下兩節椎骨之間的椎間孔出入,與腦神經同樣為末梢神經。

指令從前方來,資訊從後方來

脊髓負責將腦部發出的指令傳達給末梢,將末梢蒐集到的資訊傳達給腦部,是一個中繼角色。

從腦部向末梢走的運動神經由脊髓的灰白質前角出來,而從脊髓前方伸出的腹根,是運動神經與交感神經的神經纖維束。

至於負責從末梢將資訊傳達給腦部的感覺神經,從脊髓後方的後角進入,這部分稱為背根,是感覺神經的神經纖維束。背根上有稍微鼓起的脊髓神經節,具有感覺神經的神經細胞體。

腹根與背根合流後,在身體前方延伸出前枝,身體後方延伸出後枝。

脊髓反射的構造

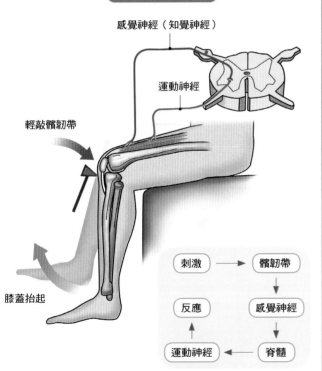

感覺神經(知覺神經)

運動神經

輕敲髕韌帶

膝蓋抬起

刺激	→	髕韌帶
反應		感覺神經
運動神經	←	脊髓

脊髓反射是人體躲避危險的功能,輕敲膝關節下方的髕韌帶,膝關節就會伸展,這種「髕韌帶反射」也是脊髓反射之一。

輕敲髕韌帶,肌腱感測到突然的拉直,會先將這個資訊傳給脊髓;由於不能讓肌腱或肌肉被拉斷,所以在把資訊傳給腦部之前,脊髓會先對運動神經下達「收縮股四頭肌」的指令,於是膝關節就會伸展。

疾病的形成

脊髓損傷

	完全型	不完全型
狀態	脊髓橫向斷裂,神經傳導功能完全停止的狀態。	脊髓一部分損傷,或受到壓迫,殘留一部分機能的狀態。
症狀	• 損傷部位以下失去運動機能。 • 失去感覺及知覺機能。 • 異常感覺。 • 幻肢痛。	從保有運動機能的輕微症狀,到只殘留感覺及知覺機能的嚴重症狀都有。

因事故或激烈運動而造成的脊髓損傷,也包含脊椎骨骨折或椎間盤突出等。嚴重的損傷狀態時,會失去損傷部分以下的脊髓,以及脊髓神經所負責的知覺或運動等機能。

症狀 依哪裡的脊髓受到損傷、是完全型或是不完全型損傷,而有不同的症狀。頸部脊髓完全斷離時,頸部以下無法動彈,也沒有感覺;因為對自律神經也有影響,所以無法調節體溫。

治療 脊髓斷離等完全損傷的狀態下,是無法復原的;但如果是輕度的不完全損傷時,可藉由復健等方式恢復機能。近年來,利用幹細胞進行脊髓再生的研究,也正在進行中。

腦神經

● DATA
腦神經的數量：12 對

直接出入腦的末梢神經為腦神經，主要支配頭部和顏面的感覺，以及
運動、視覺、嗅覺、聽覺、味覺等各感覺器官。

腦神經與各部位的連結

腦神經有 12 對，由腦的底部出入，主要負責頭頸部
的運動機能及感覺機能。

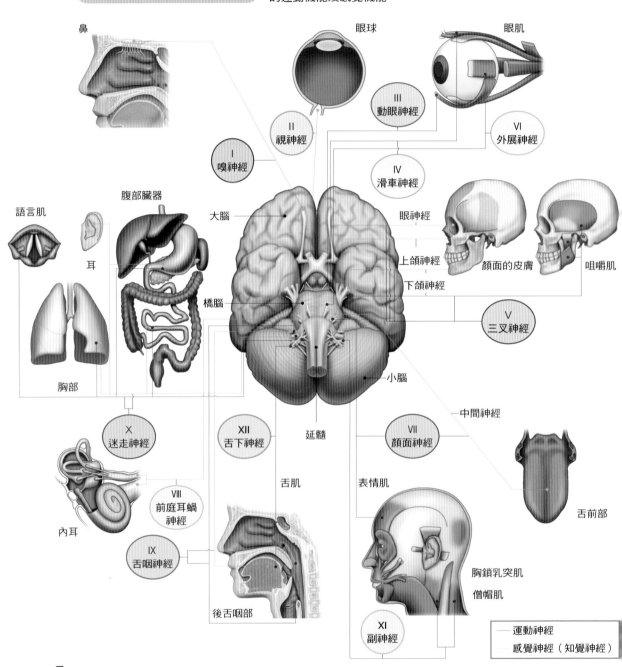

鼻　眼球　眼肌

III 動眼神經
II 視神經
VI 外展神經
I 嗅神經
IV 滑車神經

語言肌　腹部臟器　大腦　眼神經

耳　上頜神經
下頜神經
顏面的皮膚　咀嚼肌
橋腦
V 三叉神經

胸部　小腦

中間神經

X 迷走神經
XII 舌下神經
延髓
VII 顏面神經

VIII 前庭耳蝸神經
舌肌　表情肌
舌前部

內耳

IX 舌咽神經

胸鎖乳突肌
僧帽肌

後舌咽部

XI 副神經

—— 運動神經
—— 感覺神經（知覺神經）

實用臨床 小知識

Q ▶ 出入腦部的神經只有以上12對嗎？

A ▶ 除了有 12 對腦神經以外，動物身上還有被稱為「終末神經」和
「鋤鼻神經」的神經，和費洛蒙（可提高荷爾蒙作用的傳導物
質）有關係。人類在胎兒時期被認為有這些神經，但成人是否擁
有則尚未確認，現在正在研究這些神經的存在與機能。

支配頸部以上的運動與感覺

腦神經有 12 對，從前方開始依出入腦的順序編號。嗅神經與視神經出入的是大腦（p.40），其他神經則出入腦幹（p.44）。

腦神經主要控制位於頭部、顏面、頸部的各項器官機能，而腦神經包括了運動神經及感覺神經。運動神經是傳達運動指令的神經，包含表情肌、咀嚼肌、舌肌、動眼神經；感覺神經則是將頭和顏面皮膚的感覺、視覺、嗅覺、聽覺、味覺等資訊，傳達給腦部的神經。

另外，還有運動神經與感覺神經的神經纖維混合在一起的腦神經（見下表）。

擁有自律神經機能的腦神經

腦神經中除了感覺神經與運動神經之外，還有與自我意志無關，負責調整內臟及器官的自律神經纖維。它們負責調整瞳孔大小、腮腺、舌下腺等唾液腺分泌、淚腺分泌等。

具有自律神經機能的腦神經中，迷走神經相當重要，它從腦幹出來，經過頸部，然後有許多分支伸向胸部及腹部的臟器。心臟、支氣管、食道、胃、結腸的上半部等，除了骨盆內的臟器及器官，都由迷走神經負責調整。

因此，就算因頸髓損傷而造成手腳運動障礙與感覺障礙，人體也還能維持大部分的胸腹部內臟機能。

腦神經的作用

I	嗅神經	傳達嗅覺（感覺）
II	視神經	傳達視覺（感覺）
III	動眼神經	運動眼球（運動） 與瞳孔的動作相關（自律）
IV	滑車神經	運動眼球（運動）
V	三叉神經	顏面的感覺（感覺） 咀嚼肌的運動（運動）
VI	外展神經	運動眼球（運動）
VII	顏面神經	運動表情肌（運動） 傳達味覺（感覺） 淚腺及唾腺機能（自律）
VIII	前庭耳蝸神經	傳達聽覺及平衡感（感覺）
IX	舌咽神經	與喉嚨的動作相關（運動） 傳達味覺及嘴巴的感覺（感覺） 與血壓調整相關（自律）
X	迷走神經	頸部、胸部、腹部的臟器機能調整（自律） 其中一部分混合了運動神經及感覺神經
XI	副神經	運動喉嚨及頸部的肌肉（運動）
XII	舌下神經	運動舌頭（運動）

疾病的形成

顏面神經麻痺

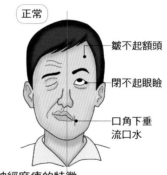

正常

皺不起額頭

閉不起眼瞼

口角下垂
流口水

▲顏面神經麻痺的特徵

支配表情肌的顏面神經出現麻痺的疾病，分為大腦皮質等上位部分的中樞性異常，及下位的末稍性異常，最常見的是末稍性的「貝爾氏麻痺」。

症狀 顏面肌肉無法動彈，閉不起眼睛、口角下垂、流口水，嘴巴會向未麻痺的一邊歪，以上症狀會出現在左臉或右臉中的一邊。另外，末稍性麻痺會出現皺不起臉的症狀。

治療 若是因外傷、腫瘤、帶狀疱疹、外耳炎等疾病而引起顏面神經麻痺，就治療該病因；原因不明者，需儘早請醫師診治。除了類固醇等藥物療法之外，有時也會以漢方療法治療。

運動與感覺神經的傳導路徑

● DATA
下行傳導路徑的神經細胞：
2個（有例外）
上行傳導路徑的神經細胞：
3個（有例外）

傳導路徑是指神經纖維通過的道路，而運動神經與感覺神經的傳導路徑依其目的地而有所不同，就像鐵路線道一樣分岔。

上行傳導路徑（感覺神經） 將感覺的資訊傳達給腦部的傳導路徑。刺激流動的方向為由下往上，所以叫「上行傳導路徑」。

下行傳導路徑（運動神經） 將運動指令由大腦皮質，傳達給目標骨骼肌的傳導路徑。刺激流動的方向為由上往下，稱作「下行傳導路徑」。

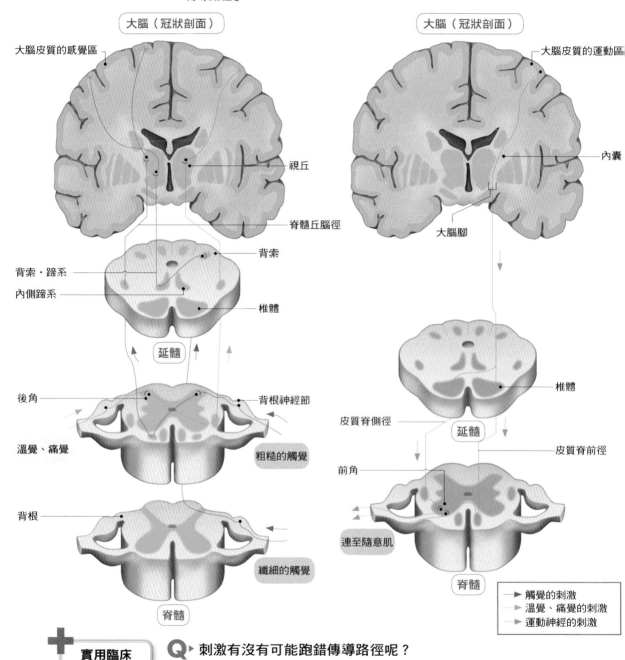

大腦（冠狀剖面）

- 大腦皮質的感覺區
- 視丘
- 脊髓丘腦徑
- 背索
- 背索・蹄系
- 內側蹄系
- 椎體
- 延髓
- 後角
- 背根神經節
- 溫覺、痛覺
- 粗糙的觸覺
- 背根
- 纖細的觸覺
- 脊髓

大腦（冠狀剖面）

- 大腦皮質的運動區
- 內囊
- 大腦腳
- 椎體
- 皮質脊側徑
- 延髓
- 皮質脊前徑
- 前角
- 連至隨意肌
- 脊髓

➤ 觸覺的刺激
➤ 溫覺、痛覺的刺激
➤ 運動神經的刺激

實用臨床 小知識

Q ▶ 刺激有沒有可能跑錯傳導路徑呢？

A ▶ 運動神經與感覺神經傳導路徑的軌道與方向都不同，而且就算是在同樣的傳導路徑中，依其目的地不同，軌道也是分開的，所以不會中途跑錯。

感覺神經的傳導路徑

感覺神經傳導路徑是將資訊傳導至大腦（p.40）的路徑，因為刺激流動的方向只有上行，所以叫**上行傳導路徑**。

傳導路徑有許多種，圖中畫出的是較具代表性的**脊髓丘腦徑與背索蹄系**。部位不明確的粗糙觸覺、溫覺以及痛覺，會進入脊髓的後角，傳達給脊髓的神經細胞，在反側交叉，經由前脊髓丘腦徑或**外側脊髓丘腦徑**上行，在視丘轉乘神經細胞，最後抵達大腦皮質。

部位明確的纖細觸覺是由脊髓的背根進入，由脊髓的後方上行，在延髓轉乘神經細胞，經背索交叉至對側的蹄系，繼續上行，在視丘轉乘神經細胞，最後抵達大腦皮質。

運動神經的傳導路徑

運動指令由大腦皮質的運動區（p.41）發出，經脊髓下行，在脊髓的前角傳達給末梢神經的神經細胞，最後抵達目標骨骼肌。因傳達的方向為中樞至末梢的下行，所以叫**下行傳導路徑**。

下行傳導的主要路徑叫**皮質脊徑**，從大腦皮質出發的神經纖維經過大腦內囊、大腦腳，在延髓（p.44）前方到達椎體；接著橫越椎體中央，交叉至反側，由脊髓的**皮質脊側徑**下行，傳達至前角的末梢神經神經細胞。其中一部分不會在延髓交叉，而經由**皮質脊前徑**下行，在即將傳達給末梢神經之前，才在反側交叉。

末梢神經功能分類

末梢神經分為軀體神經與自律神經，下圖依其功能分類。末梢神經中的感覺神經傳導路徑為上行，其他神經的傳導路徑為下行。

末梢神經

將腦與脊髓所形成的中樞神經與末梢組織或臟器連接起來的神經。

軀體神經
主司身體的知覺與運動的神經。

- **運動神經**
  將運動的指令傳達至骨骼肌。
- **感覺神經**
  負責傳達皮膚感覺、肌肉及內臟的深感覺、視覺、聽覺等特定感覺。

自律神經
調整內臟與血管功能的神經。

- **交感神經**
  作用於活動時。
- **副交感神經**
  作用於放鬆時。

疾病的形成

麻痺（運動麻痺、感覺麻痺）

運動麻痺
不能動

感覺麻痺
感覺不到痛覺、觸覺

所謂麻痺是指因神經問題，而使身體無法動彈（運動麻痺）、無法感覺到痛覺、觸覺（感覺麻痺）等問題，原因有腦中風、腦瘤、脊髓損傷等中樞問題，也有末梢神經損傷的問題。

症狀 因受損傷的部位不同，症狀也不同。運動麻痺會造成身體無法隨意運動，有肌肉弛緩型，也有肌肉緊張型；感覺麻痺則分為完全沒有感覺、感覺遲鈍或感覺異常等類型。

治療 首先要治療造成麻痺的原因。腦中風等疾病會留下麻痺的後遺症，為了恢復身體機能、緩和肌肉緊張及預防攣縮等，會進行積極性的復健。

自律神經系統

● DATA
與交感神經相關之脊髓數：
15 個
與副交感神經相關之脊髓數：
3 個

自律神經系統與自我意志無關，是調整內臟或血管機能的系統，分為交感神經與副交感神經，大部分的臟器和器官同時受兩者的支配。

自律神經系統與各部位的連結

交感神經由胸髓及腰髓的其中 3 節伸出，進入交感神經幹，達到目標臟器。副交感神經由腦幹及薦髓的其中 3 節伸出，混合腦神經及脊髓神經，達到目標臟器。

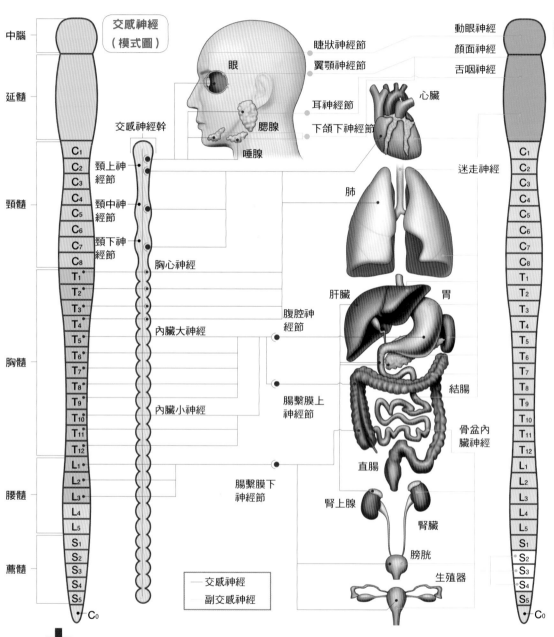

交感神經（模式圖）

副交感神經（模式圖）

中腦　延髓　頸髓　胸髓　腰髓　薦髓

動眼神經　顏面神經　舌咽神經

眼　睫狀神經節　翼顎神經節　耳神經節　腮腺　下頜下神經節　唾腺

心臟

交感神經幹

C_1 C_2 頸上神經節 C_3 C_4 頸中神經節 C_5 C_6 C_7 頸下神經節 C_8

胸心神經

T_1 T_2 T_3 T_4 T_5 T_6 T_7 T_8 T_9 T_{10} T_{11} T_{12}

內臟大神經

內臟小神經

L_1 L_2 L_3 L_4 L_5

腸繫膜下神經節

S_1 S_2 S_3 S_4 S_5

C_0

迷走神經

肺

肝臟　胃

腹腔神經節

腸繫膜上神經節

結腸

骨盆內臟神經

直腸

腎上腺　腎臟　膀胱　生殖器

C_1 C_2 C_3 C_4 C_5 C_6 C_7 C_8 T_1 T_2 T_3 T_4 T_5 T_6 T_7 T_8 T_9 T_{10} T_{11} T_{12} L_1 L_2 L_3 L_4 L_5 S_1 S_2 S_3 S_4 S_5 C_0

— 交感神經
— 副交感神經

實用臨床 小知識

Q▶ 自律神經系統的中樞是腦幹和脊髓嗎？

A▶ 自律神經系統的最上位中樞是下視丘，而腦幹和脊髓是接受下視丘的指令後，向全身發出指令的下位中樞。但是關於下視丘的哪一個部位是交感神經與副交感神經的中樞，目前還不明。

興奮的交感神經與安靜的副交感神經

自律神經系統被分類為末梢神經系統，是調整身體臟器或器官的神經系統，與自我意志無關。自律神經系統分為交感神經與副交感神經。

當身體處於可能引起興奮或緊張的狀況時，交感神經會處於優位，身體機能會被調整為活躍或臨戰體制。

如果身體處於可以放鬆的狀況，則換成副交感神經處於優位，身體機能會被調整為安靜狀態，是可以蓄積能量的模式。

大部分的臟器或器官，同時受到具備相反功能的交感神經與副交感神經的支配時，稱為**雙重支配**。

自律神經系統的神經走向

交感神經從第 1 節胸髓、第 3 節腰髓的灰白質的脊髓側柱開始，從脊髓（p.48）腹根伸出，沿脊柱兩側縱走，進入交感神經幹。大多數在這裡轉乘神經細胞，另一部分在腹腔內的神經節轉乘神經細胞，然後再伸出向全身的臟器或器官傳達指令的神經纖維。

副交感神經是從腦幹（p.44）、第 2 ～第 4 節薦髓開始伸出神經纖維，在附近支配臟器等的神經節轉乘神經細胞，由該神經纖維伸向臟器或器官。

也就是說，交感神經與副交感神經就算分布在同一個臟器或器官，其走向也完全不同。

自律神經系統的作用

	交感神經	副交感神經
瞳孔	擴大	縮小
淚腺	富含鹽分的淚	鹽分稀薄的淚
心搏數	增加	減少
肌肉的血管	擴張	收縮
皮膚的血管	擴張或收縮	—
支氣管	擴張	收縮
消化腺	收縮其中分布的血管	胃液分泌亢進
腸道蠕動	抑制	亢進
血糖值	上升	—
膀胱壁	弛緩	收縮
膀胱括約肌	收縮	弛緩
代謝	亢進	—

疾病的形成

自律神經失調

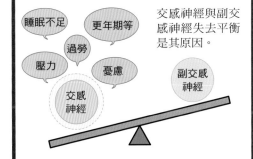

睡眠不足　更年期等　過勞　壓力　憂慮　交感神經　副交感神經

交感神經與副交感神經失去平衡是其原因。

與自律神經系統相關的各種症狀，且沒有炎症或腫瘤等器質性疾病。目前認為壓力或睡眠不足等，是造成交感神經與副交感神經失去平衡的原因之一。

症狀　出現頭痛、暈眩、喘不過氣、心悸、胸痛、食慾不振、胃脹、疲勞感、便祕、拉肚子、失眠及月經不順等，也有憂鬱傾向、過度換氣症候群或情緒不安定等精神症狀。

治療　改善生活習慣，如充足睡眠、均衡飲食、減輕壓力等；除此之外，還會投以抗焦慮劑及漢方藥等藥物療法。依症狀可能會進行自律訓練法、行為療法及心理諮商等治療。

神經元突觸的神經傳導

神經系統的基本單位是神經細胞（神經元），神經細胞彼此之間構成複雜的神經網，以超高速處理龐大的資訊。

● DATA
神經元突觸的大小：
直徑約 1～2 微米（μm）
神經元突觸的間隙：
約 20～40 奈米（nm）

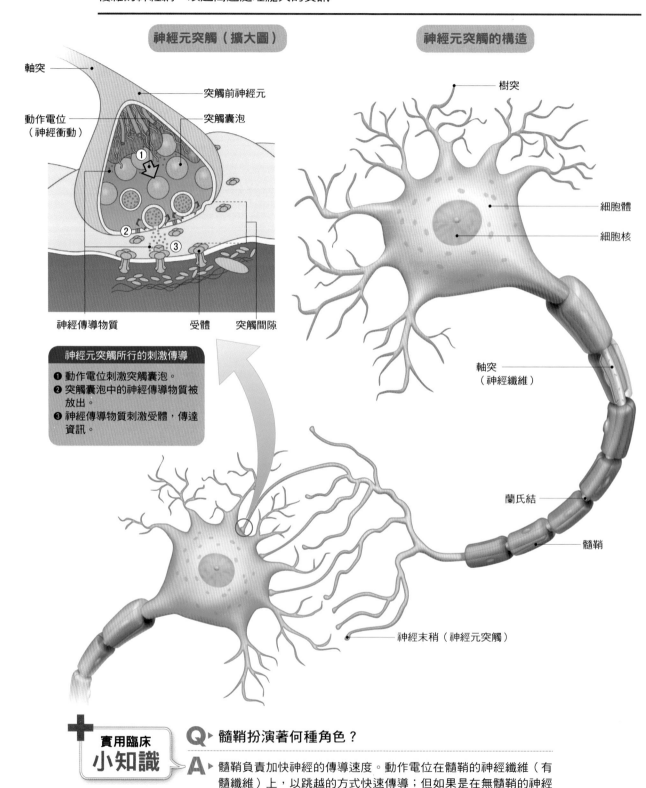

神經元突觸（擴大圖）

軸突
突觸前神經元
動作電位
（神經衝動）
突觸囊泡
① ② ③
神經傳導物質　受體　突觸間隙

神經元突觸所行的刺激傳導

❶ 動作電位刺激突觸囊泡。
❷ 突觸囊泡中的神經傳導物質被放出。
❸ 神經傳導物質刺激受體，傳達資訊。

神經元突觸的構造

樹突
細胞體
細胞核
軸突
（神經纖維）
蘭氏結
髓鞘
神經末梢（神經元突觸）

實用臨床 小知識

Q ▶ 髓鞘扮演著何種角色？

A ▶ 髓鞘負責加快神經的傳導速度。動作電位在髓鞘的神經纖維（有髓纖維）上，以跳越的方式快速傳導；但如果是在無髓鞘的神經纖維（無髓纖維）上，傳導速度會慢很多。

神經細胞（神經元）的基本構造

神經細胞（神經元）負責傳達身體資訊，由樹突、細胞體、軸突構成。

軸突及樹突為伸長的神經纖維，其中，樹突是負責將資訊輸入到神經細胞的突起，相對於此，軸突則是將資訊再輸出到下個神經細胞的突起。軸突分為兩種，一種外面包覆有神經膠細胞構成的髓鞘，另一種沒有。

肉眼可見的粗大「神經」是由許多這種軸突束在一起的東西。另外，腦部或脊髓上，神經纖維集中的部分稱為白質，是因為髓鞘是白色的緣故。

傳送動作電位

神經細胞受到刺激後，就會產生動作電位（神經衝動），稱為「興奮」。把這個興奮一個接一個的經由細胞傳下去，就是資訊的傳導。

神經元突觸位於軸突前端與下一個細胞接續的部位，那裡有被稱為突觸間隙的微小間隙。也就是說，實際上神經元突觸（神經末稍）並沒有與下一個細胞連接著，但即使如此，它還是能透過神經傳導物質傳達資訊。

動作電位刺激神經元突觸中的突觸囊泡後，其中的神經傳導物質就會被放出至突觸間隙，並刺激下一個細胞膜的受體，產生動作電位。

主要的神經傳導物質

分類	名稱	特徵
乙醯膽鹼	乙醯膽鹼	與副交感神經及運動神經有關，影響記憶、學習、快速眼球轉動睡眠。
胺基酸	麩胺酸	具有興奮作用，與記憶、學習有關。
	γ-氨基丁酸	被稱為GABA，具抑制性質，能鎮靜不安、緊張、痙攣。
單胺類	多巴胺	負責運動調節，引起行動機，帶來快樂、愉悅的感覺。
	去甲腎上腺素	由交感神經的末端分泌，具有壓力荷爾蒙的功能，會引起不安、恐懼等感覺，影響記憶、集中、清醒。
	羥色胺	維持清醒狀態，具精神安定作用。
	褪黑激素	調節睡眠和日常生理時鐘。
	組織胺	具清醒、興奮作用。
肽	腦內啡	也被稱為腦內麻藥，帶來幸福感、快感，具強力的鎮靜作用。
	催產素	具減輕壓力、學習、耐痛作用。

疾病的形成

藥物依賴

經常攝取酒精、大麻、海洛因、興奮劑、有機溶劑等藥物，導致無論如何都想要再度攝取的精神依賴；以及譫妄（急性發作的症狀，病人會突然對人、時、地有所混淆並且產生幻覺）、痙攣等戒斷症狀之身體依賴。

症狀　依藥物種類，攝取時會出現酒醉貌、興奮感、幻覺等症狀。有機溶劑藥物依賴者的髓鞘及神經細胞會被破壞，大腦皮質會萎縮，腦室會變大，出現妄想及幻覺等精神障礙。

治療　停止攝取藥物。另外還可以依藥物的特性，讓病患攝取效用較弱的藥物，使病患在攝取該藥物時會感覺不舒服，藉以漸漸脫離藥物依賴；也可能進行團體精神療法。

腦與神經系統的疾病

腦部與神經系統的疾病中，病情變化特別快速，威脅生命的危險度也高，依不同情況而留下後遺症。以下分別介紹腦中風（腦出血、蛛網膜下腔出血、腦梗塞）及神經痛。

腦中風

腦部血管（主要是動脈）突然破裂或塞住，導致正常血液流動被截斷，身體缺乏氧氣而出現組織損傷，造成麻痺或意識障礙，嚴重時造成死亡，這些疾病統稱「腦中風」。包含腦出血、蛛網膜下腔出血及腦梗塞（腦血栓、腦栓塞）等。

與高血壓、血脂異常、肥胖及糖尿病等疾病有相當深的關係，多發生於中高年齡以後，但有時也會發生和生活作息無關，年紀輕輕就發病的情況。

此症多為突然發病，所以將腦損傷控制在最低限度的緊急治療非常重要；但就算能救得一命，視腦損傷程度，也可能留下重大後遺症，導致日常生活中需要照護。

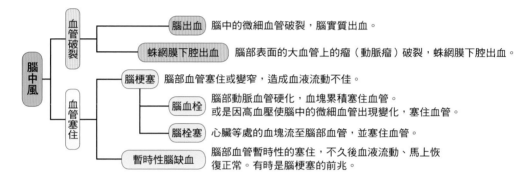

腦中風
- 血管破裂
  - 腦出血　腦中的微細血管破裂，腦實質出血。
  - 蛛網膜下腔出血　腦部表面的大血管上的瘤（動脈瘤）破裂，蛛網膜下腔出血。
- 血管塞住
  - 腦梗塞　腦部血管塞住或變窄，造成血液流動不佳。
    - 腦血栓　腦部動脈血管硬化，血塊累積塞住血管。或是因高血壓使腦中的微細血管出現變化，塞住血管。
    - 腦栓塞　心臟等處的血塊流至腦部血管，並塞住血管。
  - 暫時性腦缺血　腦部血管暫時性的塞住，不久後血液流動、馬上恢復正常。有時是腦梗塞的前兆。

腦出血

腦部血管破裂造成的腦實質出血或是顱內出血，報告中最常出現的原因是因高血壓或動脈硬化，造成脆弱的血管破裂（此疾病被稱為高血壓腦出血）。

另外，還有腦血管先天性異常的腦動靜脈畸形、血液本身異常（血小板異常或凝固機能異常）等原因，其他因素則包括年老、吸菸、飲酒或糖尿病。多發於 50～60 幾歲。

一旦出血壓迫腦組織，就會產生腦水腫，引起腦部機能障礙；血量太多還會壓迫生命中樞腦幹而死亡。出血部位多位於視丘或旁邊基底神經節中的殼核處，也會出現在皮質下、橋腦、小腦。

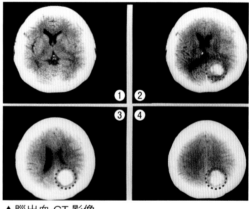

▲腦出血 CT 影像
由左上（正常）至右下，腦出血範圍依序擴大。

症狀

進行日常活動時，會突然頭痛、嘔吐、意識障礙、單邊臉部或手腳麻痺，依出血部位及程度而不同。

殼核、視丘及小腦出血時，瞳孔會向一邊或內下方偏移；小腦出血時，頭痛及暈眩則特別嚴重。受損的腦組織不會恢復，會留下運動麻痺、感覺障礙或語言障礙等後遺症。

治療

發作後的急性期救命治療最優先。先確保氣管暢通，給予止血藥，並以降血壓藥控制血壓。依出血部位而定，可進行手術取出血塊；但視丘及腦幹出血或出血量極少時，不適用手術治療。

脫離急性期後，需儘早開始復健。

蛛網膜下腔出血

　　包覆腦部的三層膜中，中間的蛛網膜與最裡層軟膜之間的出血，即蛛網膜下腔出血；這裡因為有腦脊髓液，所以血液會與腦脊髓液混合而不會凝固。此病主因是腦動脈分歧點產生的瘤（腦動脈瘤）破裂所引起，也可能是因為先天性腦動靜脈畸形破裂出血。

　　在日本，每年於一萬人之中會發生2個病例，其中以 40 ～ 60 幾歲的病患較多。吸菸、高血壓、大量飲酒也是發病因素，而且死亡率高，就算能救得一命，多數也會留下重大後遺症。

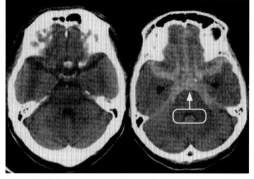

▲正常（左）與蛛網膜下腔出血（右）CT 影像

症狀

　　特徵是突然出現激烈頭痛，而且是有如被鐵鎚敲到般的激烈疼痛。
　　有時出現枕項部（後頸部）僵硬而無法前屈（枕項部僵硬）、意識障礙，偶爾會有麻痺或語言障礙。

治療

　　急性期救命治療為最優先，需控制血壓與顱內壓，預防再次出血。腦動脈瘤破裂出血時，可能進行開顱手術，將破裂的動脈瘤夾住，或是從血管中放入彈簧圈止血。

腦梗塞

　　腦部血管被塞住，缺乏氧氣造成腦組織壞死，大致可分為腦血栓與腦栓塞。發病背景多為動脈硬化，高血壓、肥胖、抽菸、飲酒、糖尿病、血脂異常、脫水、心臟疾病也是原因。

　　出現腦梗塞症狀，經數分鐘或最長24 小時以內症狀消失者，稱為暫時性腦缺血，被視為腦梗塞的前兆，部分患者之後即會發生腦梗塞。

腦血栓　　　　　　　　　　血栓　　　血管

腦栓塞

▲腦血栓與腦栓塞的不同

腦血栓

症狀

　　動脈硬化造成血管內腔變窄，血管被血塊（血栓）塞住。症狀惡化緩慢，會出現話說不清楚、失語症等語言障礙，也會出現手腳麻痺症狀，嚴重時會陷入昏睡狀態。

治療

　　急性期的重症救命治療為最優先。會施予溶化血栓或使血液不易凝固的藥，有時在會陰處插入導管除去血栓，或是直接投以溶化血栓的藥。

腦栓塞

症狀

　　心臟等其他地方產生的血塊（血栓）隨著血液流至腦部血管，並塞住血管。突然發作後，數分鐘出現與腦血栓同樣的症狀，特徵是症狀出現的比腦血栓快，且為重症。

治療

　　塞住腦部血管者為血栓時，施予溶化血栓的藥，再用改善高度腦水腫、保護腦的藥。為預防再發，使用抗凝血藥控制產生血栓的源頭疾病，如心肌梗塞、瓣膜性心臟病等。

神經痛

神經痛是因為某些原因刺激到末梢神經，而產生痛覺的症狀，並非一種疾病的名稱。患者會突然疼痛後恢復正常，接著又突然疼痛，反覆發作，此症狀有三叉神經痛、肋間神經痛和坐骨神經痛。

產生原因有外傷、感染，還有因骨頭變形、腫瘤、椎間盤突出等壓迫或拉伸末梢神經，也有原因不明者。

三叉神經痛

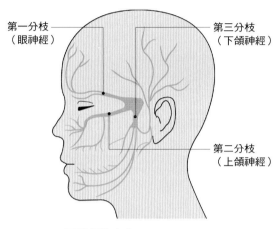

第一分枝
（眼神經）

第三分枝
（下頜神經）

第二分枝
（上頜神經）

▲三叉神經的走向

症狀

即顏面神經痛。三叉神經為感覺神經，由腦神經的顏面神經中分出，當三叉神經受刺激而產生痛覺時，即三叉神經痛。

顏面的半邊會突然劇烈疼痛，有時牙槽脊或耳朵也會痛，其中又以女性患者較多。

治療

會投以抗癲癇藥或鎮痛劑等藥物療法，如果藥物療法沒有效果，可能改成將麻醉藥注入神經，進行神經阻斷術，或是將壓迫神經的血管切除。

筆記

坐骨神經痛

症狀

坐骨神經通過的臀部、大腿後側以及小腿肚產生劇烈疼痛。原因是位於坐骨神經根部的腰椎椎間盤突出，或坐骨神經通過處的肌肉等壓迫到神經，也有原因不明者。

治療

因腫瘤或椎間盤突出等病因明確者，會治療其原因疾病。除了投以鎮痛劑之藥物療法外，還可能會進行神經阻斷術、穿著護腰、利用熱敷等溫熱療法，或是針灸等治療。

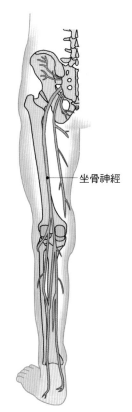

坐骨神經

▲坐骨神經的走向

肋間神經痛

症狀

沿肋骨通過的肋間神經產生劇烈疼痛，大部分發生在身體的某半邊，此症因呼吸、咳嗽、怒罵或姿勢變更而引起，也可能是帶狀疱疹或癌狀轉移；症狀與狹心症相似，不可輕忽。

治療

基本治療法是施予鎮痛劑，也有可能進行神經阻斷術、藥物貼布、固定肋骨、溫熱療法或針灸等療法。

症狀輕微時，會請病患注意不要做出可能引發症狀的行為，並且等待自然痊癒。

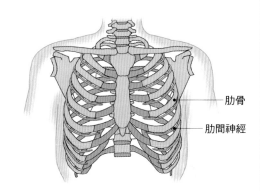

肋骨

肋間神經

▲肋間神經的走向

筆記

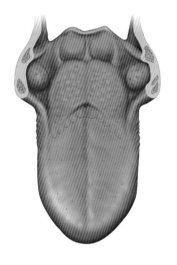

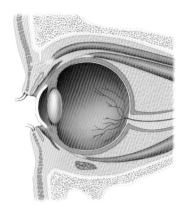

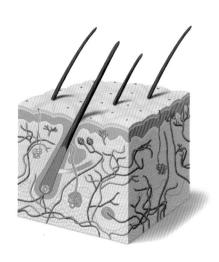

第 3 章

感覺系統

感覺系統感測視覺、聽覺、嗅覺、平衡覺、味覺及皮膚感覺等資訊,並且將這些資訊傳達至腦部。其中,皮膚感覺的受體為全身皮膚,其他的感覺受體則在頭部。

眼球的構造

眼球為感測視覺資訊的感覺器官，眼球中的網膜有可以感測顏色的視桿細胞、可以感測明暗的視桿細胞等視覺細胞。

● DATA

眼球直徑：約 2.5 公分
眼球體積：約 8 立方公分
視覺細胞的數量
視桿細胞：1 億個以上
視錐細胞：400～700 萬個

眼球與其周邊的構造（右眼球）

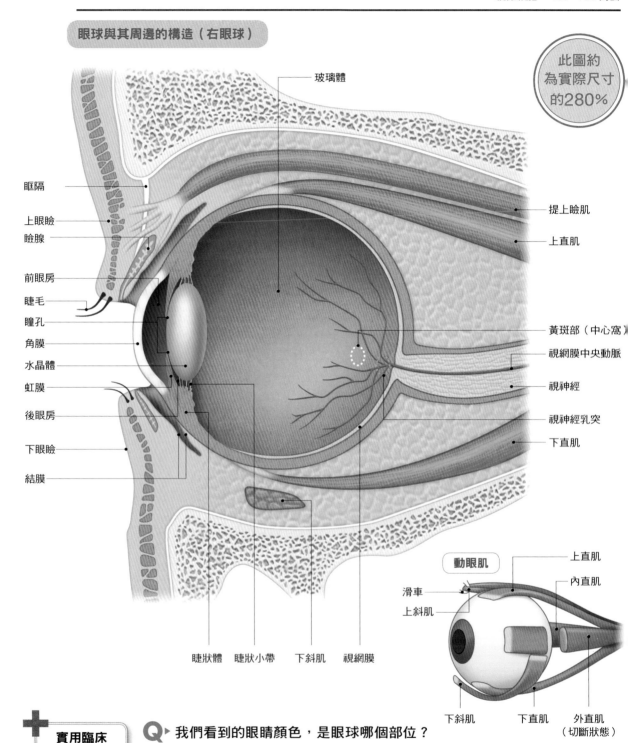

此圖約
為實際尺寸
的280%

玻璃體
眶隔
上眼瞼
瞼腺
前眼房
睫毛
瞳孔
角膜
水晶體
虹膜
後眼房
下眼瞼
結膜

提上瞼肌
上直肌
黃斑部（中心窩）
視網膜中央動脈
視神經
視神經乳突
下直肌

睫狀體　睫狀小帶　下斜肌　視網膜

動眼肌

滑車
上斜肌

上直肌
內直肌

下斜肌　　下直肌　　外直肌
（切斷狀態）

**實用臨床
小知識**

Q▸ 我們看到的眼睛顏色，是眼球哪個部位？

A▸ 眼睛顏色是虹膜的顏色，東方人的眼睛多數是深褐色似黑色；西方人則有淡褐色、琥珀色、灰色、綠色、藍色等多種顏色。這些顏色由虹膜中的黑色素而來，由遺傳因子所決定。

眼眶裡的眼球

眼球位於眼眶裡，眼眶由頭蓋骨的額骨、顴骨及蝶骨等構成。

眼珠的黑色部分，表面為**角膜**覆蓋，其中有**虹膜**，中央開的孔就是**瞳孔**。虹膜後面是**水晶體**，由睫狀小帶與周圍的睫狀體連在一起。角膜與虹膜間的空間為前眼房，虹膜與水晶體間的狹窄空間是後眼房。

水晶體後方較廣闊的空間是果凍狀的玻璃體。眼球的後方有視網膜，血管伸至此處；眼球後方的中央靠內側處，有視神經乳突，是讓視神經及血管進出的地方。

感測光線的細胞—— 視桿細胞與視錐細胞

眼球的外側有 6 根動眼肌，這些肌肉讓眼球能夠上下左右轉動，由動眼肌神經與滑車神經控制（p.50）。

進入眼睛的光線首先會經過角膜，再由水晶體折射，送至視網膜。視網膜上排列著可以感測光線的細胞。視覺細胞分為可感測明暗的視桿細胞，與可感測顏色的視錐細胞。視錐細胞還分為可感測紅、綠、藍等光線的細胞。

把進入眼睛的光線結合成為影像的視網膜中央，有一處稍微凹陷之處，稱為中心窩，而中心窩的周圍是黃斑部，視錐細胞集中在這裡。相對於此，視桿細胞則多數分布在周邊部位。

流涙的機制

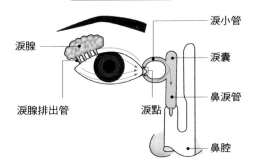

涙腺
涙腺排出管
涙小管
涙囊
鼻涙管
涙點
鼻腔

眼涙是眼睛的潤滑劑，可以保護眼睛不受灰塵、細菌、紫外線等侵害。

上眼瞼靠外側的涙腺負責分泌眼涙，除了平常為了讓眼睛保持溼潤，而一直分泌少許眼涙之外，哭泣或歡笑時會分泌更多的眼涙。而這些眼涙，會經由眼頭的涙點進入涙小管，再從涙囊經過鼻涙管流入鼻腔。

眼睛表面的液體層（模式圖）

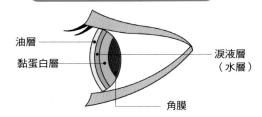

油層
黏蛋白層
涙液層（水層）
角膜

覆蓋於眼睛表面的液體層有三層：表面是由睫毛根部的腺體分泌的油層；其下是涙腺分泌的涙液層；最下面則是結膜細胞分泌的黏蛋白層。

疾病的形成

青光眼

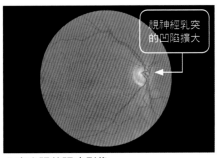

視神經乳突的凹陷擴大

▲青光眼的眼底影像

青光眼的眼壓會上升，而眼球深處伸出來的視神經乳突凹陷處會擴大，嚴重者會失明。原因可能是年老或遺傳因素，但真正的原因不明。

症狀 包括眼睛易疲勞、視力降低、視線模糊等，也可能有視野周圍模糊或是缺損的症狀。會有急遽的眼壓上升、頭痛及噁心等症狀出現。

治療 為了降低眼壓，會給予內服藥或是眼藥。出現急遽的眼壓上升時，其原因是眼房液，為排出眼房液，可能會動手術，以雷射開孔或是切開一部分的虹膜。

視覺的構造

「看見東西」指的是以眼睛感測到資訊，並以大腦統整分析該資訊，認知看到了什麼。

● DATA

網膜的厚度：
約 0.1 ～ 0.5 公厘
網膜的直徑：
約 4 公分

「看見東西」的機制

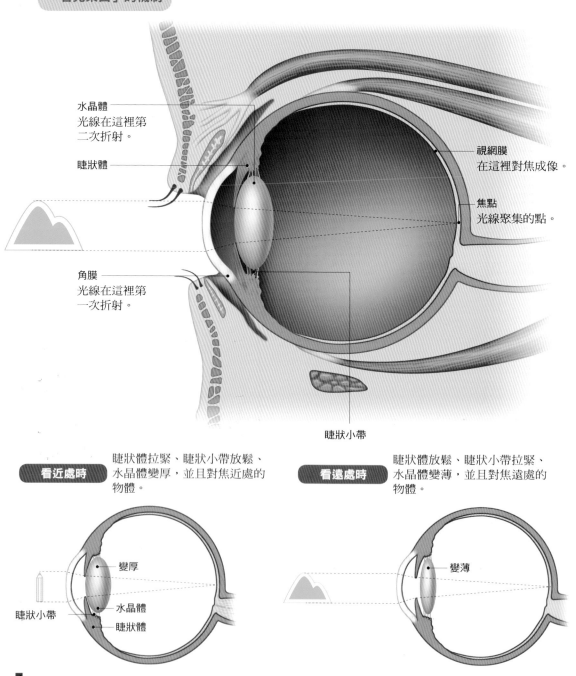

水晶體
光線在這裡第二次折射。

睫狀體

角膜
光線在這裡第一次折射。

視網膜
在這裡對焦成像。

焦點
光線聚集的點。

睫狀小帶

看近處時 睫狀體拉緊、睫狀小帶放鬆、水晶體變厚，並且對焦近處的物體。

變厚

睫狀小帶
水晶體
睫狀體

看遠處時 睫狀體放鬆、睫狀小帶拉緊、水晶體變薄，並且對焦遠處的物體。

變薄

實用臨床 小知識

Q ▶ 近視與遠視有什麼不同？

A ▶ 近視的角膜折射率太高或眼球深度太深，導致視網膜無法對焦近處；而遠視則是角膜折射率太低或眼球深度太短，導致視網膜無法對焦遠處。

對焦於視網膜

進入眼睛的光線由**角膜**與**水晶體**折射，在視網膜對焦後，才可以看清楚物體，但如果想看的東西的距離改變時，用同樣的折射率就無法在視網膜對焦。

因為角膜與水晶體的位置無法改變，所以改變水晶體厚度來對焦。而水晶體厚度由**睫狀體**（平滑肌）來調整。

睫狀體將水晶體的厚度變厚以對焦近處，變薄以對焦遠處。上了年紀後就看不清楚近處的老花眼，就是因為水晶體彈性低落，導致難以調整厚度。

看東西的機制

單純靠視網膜感測進入眼睛的光線，是無法「看見東西」的。視網膜感測到的資訊，會經由伸至眼球後方的**視神經**傳達至**大腦枕部**的**視覺皮質區**（p.41），大腦將該資訊與記憶或其他資訊相對照，分析它是什麼後，才會有「看見了○○」的認知。

人類的兩隻眼睛位於稍微分開的位置，因此映入兩隻眼睛的影像稍有不同。這些稍有不同的資訊進入大腦，由大腦重新組合分析後，我們才能看見立體的東西，或是判斷遠近，這種機制稱為**雙目視覺**（binocular vision）。

視神經交叉的結構

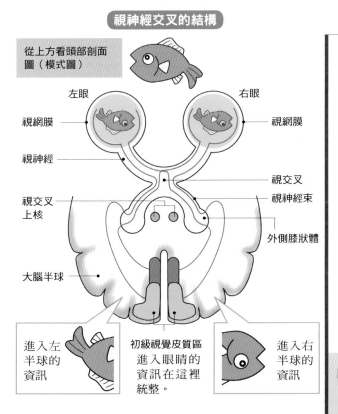

從上方看頭部剖面圖（模式圖）

左眼　　右眼

視網膜　　視網膜

視神經

視交叉

視交叉上核　　視神經束

外側膝狀體

大腦半球

進入左半球的資訊　　初級視覺皮質區進入眼睛的資訊在這裡統整。　　進入右半球的資訊

視神經在腦底部交叉，稱之為視神經交叉或視交叉。

視網膜感測到的是上下左右顛倒的影像，左右兩眼感測到的靠外側資訊，會送到跟該眼球同一邊的大腦半球；而感測到的靠內側資訊會送到另一邊的大腦半球，接著再由左右的視覺皮質區統整結合，這樣我們才會看見正確位置上的東西。

疾病的形成

視網膜剝離

症狀	特徵
飛蚊症	感覺視野中有黑色小點或是蟲在飛
閃光	視野中有像閃電般的光在閃爍
視野缺損	視野中，正在看的東西有一部分缺損
視力減弱	無法清楚看見想看的東西

▲此症的主要初期症狀

視網膜脫離眼球壁而造成視力疾病。分為兩種類型，一種是網膜破孔，從破孔處開始剝離；一種是網膜被拉扯而剝離。前者是因高度近視或老化，後者是炎症或腫瘤。

症狀 不會疼痛。初期症狀是感覺眼前有許多小蟲在飛的飛蚊症，或是明明沒有閃光、卻看見光在閃爍的眼前閃光現象；此外，視野的一部分缺損或視力減弱也會發生。

治療 以雷射凝固網膜破孔、或動手術從外部貼東西進去，讓視網膜與眼球壁密合；或是將氣體噴入眼睛，讓視網膜回到原來的位置。若致病原因是腫瘤等疾病，則會治療該疾病。

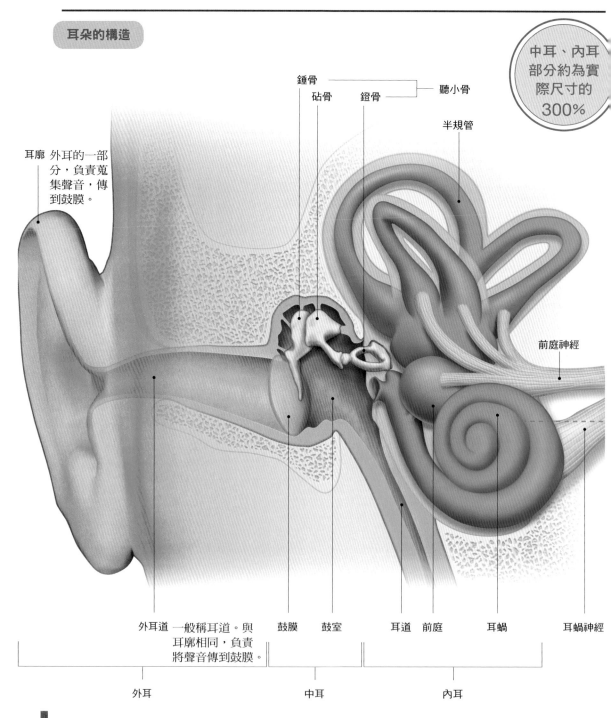

耳朵與聽覺的構造

耳朵是感測聽覺與平衡的感覺器官，可以感測聲音的振動波長和大小，藉以分辨各種聲音。

● DATA
外耳道長度：約 2～3 公分
鼓膜長度：約 8～10 公厘
鼓膜厚度：約 0.1 公厘
蝸管全長：約 30 公厘

耳朵的構造

中耳、內耳部分約為實際尺寸的300%

錘骨
砧骨
鐙骨
聽小骨
半規管

耳廓 外耳的一部分，負責蒐集聲音，傳到鼓膜。

前庭神經

外耳道 一般稱耳道。與耳廓相同，負責將聲音傳到鼓膜。

鼓膜　鼓室

耳道　前庭

耳蝸

耳蝸神經

外耳

中耳

內耳

實用臨床
小知識

Q ▶ 耳聾又分為哪些類型？

A ▶ 耳聾分為：因外耳、鼓膜、中耳的聽小骨等傳導處異常，而造成的傳導性耳聾；因內耳耳蝸或將聲音傳到大腦的神經異常，造成的感音神經性耳聾；還有混合兩者特徵的混合性耳聾。

由外耳、中耳、內耳構成

耳朵分為**外耳**、**中耳**、**內耳**。外耳由伸出臉部左右兩邊的**耳廓**與形成耳孔的**外耳道**構成，深處有鼓膜；鼓膜中的空間為中耳，內有錘骨、砧骨和鐙骨等**聽小骨**。聽小骨是人體最小的骨頭，每一個都只有約 3 厘米大小。中耳以**耳道**與咽部相連，連接部分叫咽鼓管咽口（p.90）。

中耳再往內是內耳，內耳埋在顳骨（p.24）的椎體部分。內耳中央的前庭與中耳的鐙骨相連，而前庭的前方有漩渦狀的**耳蝸**，後方連著 3 根半規管。

聽聲音的機制

耳廓捕捉到的聲音，經由外耳道震動鼓膜，鼓膜的震動再由三個聽小骨傳達到內耳的前庭。傳達到內耳耳蝸的震動送到被稱為柯蒂氏器的裝置，由神經細胞感測。

感測到的資訊經內耳神經傳達到大腦顳部的**聽覺區**（p.41），在大腦與記憶或其他資訊比對分析後，才會有「聽到○○」的認知。

耳朵分別在臉的左右兩邊，聲音進入左右兩邊的耳朵時，會因為音源位置的不同，使得進入耳朵的時間也不同。大腦分析這種時間差後，可以判斷出音源的方向。

耳蝸的內部構造

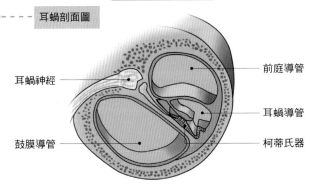

耳蝸是蝸管捲成圈狀的器官，蝸管分為前庭導管、耳蝸導管和鼓膜導管，裡面充滿了淋巴液。

疾病的形成

突發性耳聾

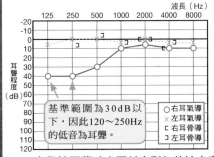

▲突發性耳聾（右耳低音型）的檢查表

突發性耳聾是在沒有發生炎症或腫瘤等疾病的情況下，耳朵突然聽不見的疾病，其原因不明，中年以後發生的案例較多，一般認為與壓力有關係。

症狀 一邊的耳朵突然聽不見或突然重聽。此病的特徵是只有一邊聽不見，與老化性重聽不同。由於感測聲音的機制出問題，有時也會伴隨耳鳴、噁心及嘔吐。

治療 出現症狀後應儘速治療，如果放置不管的話，經過 2 週以上，聽力就會難以恢復。此病以類固醇或血管擴張等藥物療法為中心，有時也會配合高壓氧療法。

柯蒂氏器

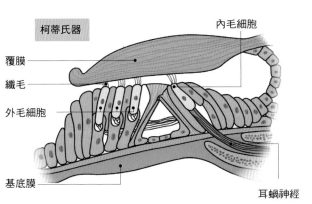

耳蝸的耳蝸導管裡，有被稱為柯蒂氏器的器官，與鼓膜導管之間的基底膜上有可以感測聲音振動的細胞（外毛細胞、內毛細胞）。從這些細胞長出的纖毛，可感測耳蝸導管覆膜的振動。

平衡覺的構造

平衡覺是身體對於轉向、傾斜、動作的加速度所產生的感覺，內耳中的器官負責感測這些頭部傾斜和身體旋轉運動。

● DATA
半規管半圓形小管粗細：
約 0.4 公厘
半規管半圓形小管直徑：
約 6.5 公厘

前庭內部構造

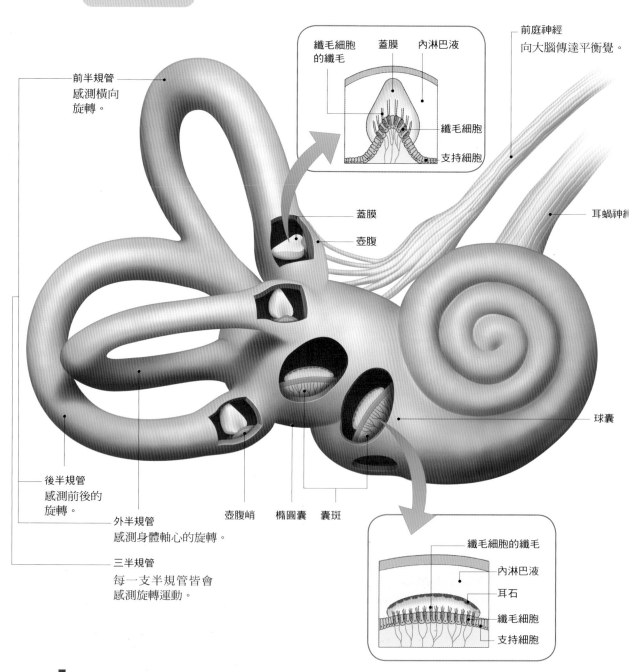

前半規管
感測橫向
旋轉。

後半規管
感測前後的
旋轉。

外半規管
感測身體軸心的旋轉。

三半規管
每一支半規管皆會
感測旋轉運動。

壺腹峭　橢圓囊　囊斑

纖毛細胞
的纖毛　　蓋膜　　內淋巴液

纖毛細胞

支持細胞

前庭神經
向大腦傳達平衡覺。

耳蝸神經

蓋膜

壺腹

球囊

纖毛細胞的纖毛

內淋巴液

耳石

纖毛細胞

支持細胞

**實用臨床
小知識**

Q ▶ 為什麼會頭暈？

A ▶ 頭暈的原因有很多種，而半規管中的耳石移位是其中一個原因。
耳石移位使半規管中的淋巴液流動產生變化，引起異常的旋轉感
覺，所以會頭暈。

感測旋轉運動的機制

內耳後方的 3 根半規管（三半規管），負責感測身體轉圈的旋轉運動。

半規管根部鼓起的部分中有壺腹嵴，半規管與壺腹嵴中充滿內淋巴液，壺腹中有圓錐形的果凍狀蓋膜裝置。

頭部（身體）旋轉的話，半規管與壺腹嵴中的內淋巴液會搖動，帶動蓋膜搖動。這種搖動由蓋膜中的纖毛細胞感測，並將資訊送至大腦分析，由此認知旋轉運動。

半規管的管子彼此相對位置大約是90 度相交，因此可立體性的感測各種方向的旋轉運動。

感測頭部傾斜的機制

位於內耳中央部分的前庭，負責感測頭部傾斜。前庭連接中耳鐙骨，具有傳達聲音的功能，裡面還有球囊與橢圓囊兩種鼓起，負責感測頭部的傾斜。

球囊與橢圓囊中同樣充滿了淋巴液，其中還有一種叫囊斑的裝置，有著一層果凍狀耳石膜，上面載有許多由碳酸鈣構成的小耳石。

頭部傾斜時，囊斑會隨著淋巴液搖動，而耳石膜中排列的纖毛細胞會感測這種搖動，這些資訊會送交大腦分析，由此認知頭部的傾斜。

旋轉運動與傾斜

感測旋轉運動的壺腹嵴

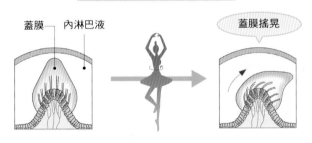

蓋膜　內淋巴液　　　　　　蓋膜搖晃

旋轉運動使內淋巴液波動，進而使蓋膜搖晃。大腦分析這種情況後，就可以得知旋轉的方向與速度。

感測傾斜的囊斑

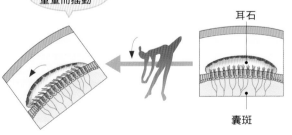

囊斑因耳石的重量而搖動

耳石

囊斑

囊斑位於內耳前庭的球囊與橢圓囊中，上方載有耳石，並且因耳石的重量而搖動。大腦分析這種情況後，不僅可以得知頭部的傾斜，還可以感測到加速度。

疾病的形成

梅尼爾氏症

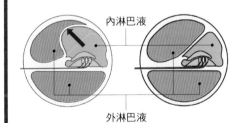

內淋巴液

外淋巴液

梅尼爾氏症的耳蝸　　　正常的耳蝸

由於流入內耳耳蝸導管的內淋巴液增加（內淋巴水腫），引起重複且激烈的暈眩等症狀，對日常生活造成干擾的疾病。內淋巴液增加的原因不明。

症狀：出現好像不斷轉圈圈似的激烈暈眩、耳鳴、以及聽不見低音之耳聾等 3 種症狀，有時會有第 4 種症狀，即耳塞感。症狀會重複發生，有時會出現噁心、嘔吐、臉色蒼白、心悸等狀況。

治療：發作時請靜養，有強烈噁心症狀時，會給予止吐點滴。此外，會給予改善內淋巴水腫的利尿劑、針對不安及壓力給予安定劑，以及針對耳聾症狀給予類固醇等。

鼻腔的構造

鼻子是呼吸器官，也是感測嗅覺的感覺器官，它還具有調節進入鼻腔的空氣溫度及溼度的功能。

● DATA

外鼻的長度：
約為額頭至下巴總長的1／3
鼻腔內溫度調節：
約攝氏25～37度

鼻子的構造（左鼻腔的內壁）

此圖約
為實際尺寸
的90%

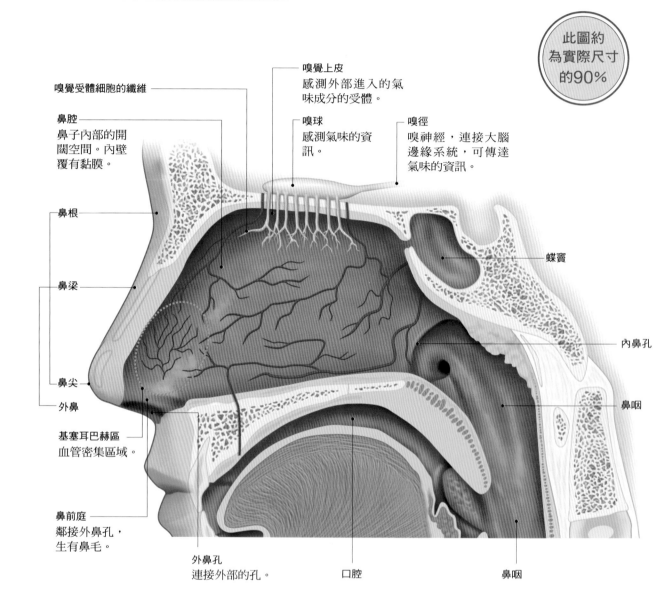

嗅覺受體細胞的纖維

鼻腔
鼻子內部的開闊空間。內壁覆有黏膜。

嗅覺上皮
感測外部進入的氣味成分的受體。

嗅球
感測氣味的資訊。

嗅徑
嗅神經，連接大腦邊緣系統，可傳達氣味的資訊。

鼻根

鼻梁

蝶竇

鼻尖

外鼻

內鼻孔

基塞耳巴赫區
血管密集區域。

鼻咽

鼻前庭
鄰接外鼻孔，生有鼻毛。

外鼻孔
連接外部的孔。

口腔

鼻咽

**實用臨床
小知識**

Q▸ 流鼻血要如何處理？

A▸ 因興奮或碰撞到鼻子而出血時，出血的部位多半為基塞耳巴赫區（Kiesselbach's area）。血液如果流到喉嚨會造成噁心感，此時應該微微前傾、捏住鼻尖，從外部壓迫基塞耳巴赫區止血。

左右兩個鼻腔意外的狹窄

從外面看到的鼻子叫**外鼻**，兩眼中間的部分是**鼻根**，往下延伸是**鼻梁**，最頂的部分是**鼻尖**。鼻骨延伸至鼻梁的中間，再往鼻尖走的部分是軟骨。

從外面看到的鼻孔是**外鼻孔**，外鼻孔往內、長著鼻毛的部位是**鼻前庭**；左右鼻孔中間的空間是**鼻腔**，隔開兩邊鼻腔的是**鼻中隔**。

鼻腔有高度，但因為鼻腔腔壁上有**上、中、下鼻甲**突出，所以鼻腔其實較窄。左右兩邊的鼻腔會在深處與鼻咽（p.90）連接，從後方看鼻腔時，可看見左右兩邊有孔，就是**內鼻孔**。

鼻黏膜的作用

鼻腔壁上覆有黏膜，黏膜會加溫加溼從外部進入鼻腔的空氣，所以鼻腔中的空氣溼度幾乎是100％。空氣從鼻孔進入，馬上接觸的就是**基塞耳巴赫區**，這個區域的鼻中隔黏膜，分布著密集血管，對於空氣的加溫加溼特別重要。

鼻黏膜有排除空氣中病毒及花粉等異物的作用。黏膜表面的纖毛會將異物送往外界或胃部，還會對異物起反應而打噴嚏，將異物噴出去。

鼻腔的天花板上有**嗅覺上皮**，嗅覺上皮是感測氣味的受體。

鼻竇的位置及作用

額竇
位於前額左右的空洞。

蝶竇
位於篩骨後方的空洞。

上頜竇
位於兩眼下方的空洞。

篩竇
約位於鼻根的內部。篩骨的形狀複雜，中間有許多小空洞。

從上方看的剖面圖

鼻中隔
鼻腔
篩竇
蝶竇

鼻竇構成顏面的骨骼中的空洞，與鼻腔相連。一般認為，鼻竇的作用是為了減輕頭蓋骨的重量和回彈的聲音。

疾病的形成

鼻竇炎

急性鼻竇炎
- 出現混合了膿且散發惡臭的鼻涕。
- 臉頰、額頭、眼睛內側等處疼痛或頭重感。
- 多半只發生於鼻子左右其中一邊。

慢性鼻竇炎
- 兩邊都一直流鼻水、鼻塞。
- 鼻水會倒流至喉嚨。

▲急性鼻竇炎與慢性鼻竇炎的不同

因鼻竇的黏膜與鼻腔的黏膜連在一起，所以鼻腔中的感染症（如感冒）有時會擴散至鼻竇，引起發炎。分為急性與慢性鼻竇炎，慢性鼻竇炎為蓄膿症。

症狀 出現鼻塞、偏黃色或綠色鼻水、濃鼻涕（鼻漏）及聞不出味道等症狀，還會有頭重感、頭痛、一直聞到怪味，或是眼睛下方、上頜或上齒槽鈍痛等症狀。

治療 急性鼻竇炎會以內服或吸入性方式，給予抗生素或解熱鎮痛藥物，或以點鼻方式給予血管收縮藥；慢性鼻竇炎則會長期給予抗生素，或進行內視鏡鼻竇手術。

嗅覺的構造

位於鼻腔上半部的嗅覺上皮，負責感測嗅覺；而將嗅覺傳至大腦的嗅
球，屬於專司人類感情及記憶的大腦邊緣系統的一部分。

● DATA
嗅覺上皮的面積：
約 3 ～ 5 平方公分
嗅覺受體細胞：
約 500 萬個
嗅覺細胞的壽命：約 1 個月

感受嗅覺的構造

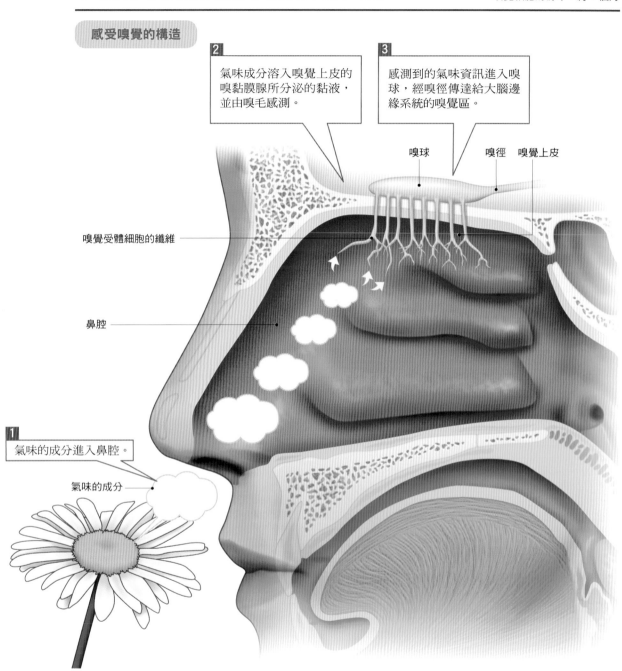

2　氣味成分溶入嗅覺上皮的嗅黏膜腺所分泌的黏液，並由嗅毛感測。

3　感測到的氣味資訊進入嗅球，經嗅徑傳達給大腦邊緣系統的嗅覺區。

嗅球　　嗅徑　　嗅覺上皮

嗅覺受體細胞的纖維

鼻腔

1　氣味的成分進入鼻腔。

氣味的成分

**實用臨床
小知識**

Q▶ 芳香療法是什麼？

A▶ 此療法是利用植物的芳香成分，維持並促進身心健康，由於氣味可以改變心情、提升集中力、放鬆身心，所以臨床上也用於產婦及癌症患者的照護。

以鼻腔中的嗅覺上皮感測氣味

　　人體由鼻腔中的嗅覺上皮感測氣味，而非整個鼻腔黏膜都可以感測。嗅覺上皮位於鼻腔的天花板部分，面積約指尖大小，嗅覺上皮內有分泌黏液的嗅黏膜腺，還有感測氣味資訊的嗅覺受體細胞。

　　空氣中進入鼻腔的氣味成分，或是進入口中的食物所散發出的氣味成分，會溶入嗅覺上皮嗅黏膜腺所分泌的黏液中，然後嗅覺受體細胞伸出的嗅毛會感測這些氣味分子。

　　接著，穿過篩骨的神經纖維，會把這些資訊送至位於顱底的嗅球，在這裡轉乘神經細胞，經大腦邊緣系統（p.42）送達額葉的嗅覺區（p.41）。

嗅覺很容易適應環境

　　嗅覺本來是用來找尋食物和感知危險，對動物來說十分重要，但是對人類來說，這種機能卻不是非常必要，所以人類的嗅覺較遲鈍，即使如此，人類還是可以分辨一萬種氣味。

　　嗅覺是很容易適應環境的一種感覺，如果持續受到同樣刺激，最後會變得沒有感覺；不過就算適應了某種氣味，對其他氣味還是會有感覺。另外，對於曾經適應過的氣味，在經過一段時間後，仍會有所察覺。

　　因為嗅覺資訊會進入大腦邊緣系統，所以對記憶和心情有著很大的關係。利用氣味提升集中力、緩和緊張、放鬆身心的方法，漸漸廣為人們接受。

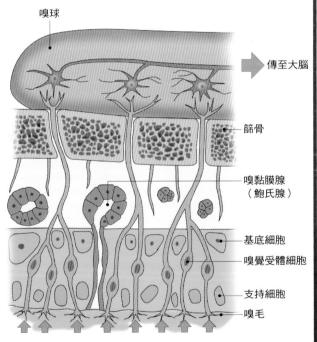

嗅覺上皮與嗅球的構造

- 嗅球
- 傳至大腦
- 篩骨
- 嗅黏膜腺（鮑氏腺）
- 基底細胞
- 嗅覺受體細胞
- 支持細胞
- 嗅毛

氣味傳達的流程

　　嗅覺上皮分布著嗅覺受體細胞，以及支撐嗅覺受體細胞的支持細胞，並隨處分布嗅黏膜腺，嗅黏膜腺會分泌黏液覆蓋嗅覺上皮。嗅覺受體細胞的嗅毛在這個黏液中伸展，感測氣味成分。

　　嗅覺受體細胞的軸突會穿過頭蓋骨的篩骨，進入頭蓋骨內的嗅球。

疾病的形成

嗅覺障礙

　　嗅覺障礙分為：嗅覺減弱、嗅覺消失、聞到與本來不同味道的「幻嗅」、本來沒有味道卻聞到味道的「嗅覺倒錯」等。嗅覺減弱的原因可能是鼻塞、鼻炎、腦中風、腦瘤或頭部外傷等。

症狀
依嗅覺障礙種類的不同，其症狀也不同。例如：聞不出味道；其他人聞起來是香味，但病人覺得是惡臭；沒有味道時卻聞到味道；覺得自己很臭或是對氣味過敏等。

治療
如果此症狀與鼻炎、鼻竇炎或腦瘤等中樞神經相關的話，會盡可能治療該疾病；若是出於心理因素，則會進行心理療法。也有不明原因的嗅覺障礙，無法進行有效治療。

舌頭與味覺的構造

舌頭是感測味覺的感覺器官，它是一塊肌肉，具有在口中移動食物和說話的功能。

● DATA
味蕾的大小：
約50μm（微米）
味蕾的數量：約2～3千個
味覺細胞的壽命：約10天

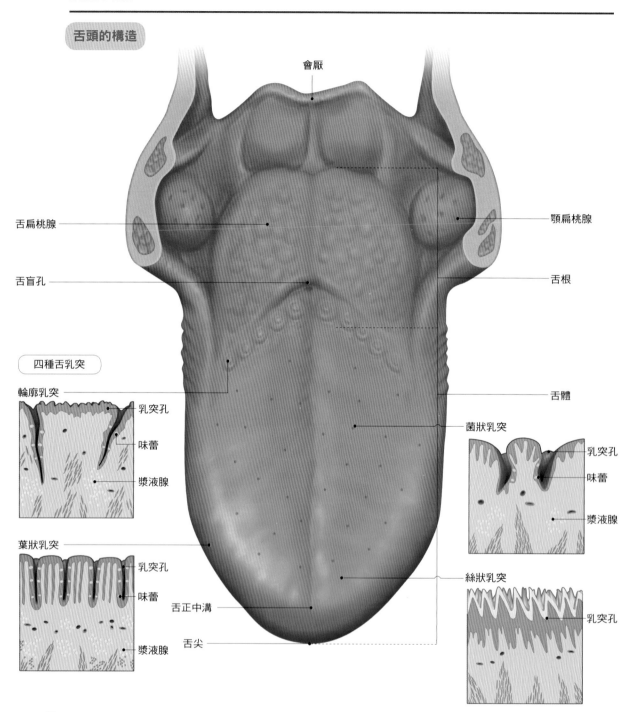

舌頭的構造

四種舌乳突

實用臨床 小知識

Q ▶ 不同的舌頭處，所感測的味道也不同嗎？

A ▶ 從前有一派說法是「舌頭不同處，所感測的味道不同」，但現在這種說法已經被推翻。味道分為酸、甜、苦、鹹、鮮味，不管是舌頭的哪一部分，都可以感測到全部的味道。

舌頭的內部及表面構造

舌頭可分為兩部分，前三分之二為舌體，後三分之一為舌根，舌根上有與免疫功能相關的舌扁桃腺與顎扁桃腺。

舌頭是一大塊肌肉，分為舌固有肌與舌外肌。舌固有肌起止均在舌內，至於舌外肌則是起自下頜骨、舌骨及顳骨。這些肌肉，讓舌頭可以變化出各種不同的形狀。

舌頭表面排列著被稱為舌乳突的突起，又分為四個種類：分布最廣的小型突起為絲狀乳突；散布其中的是圓形的菌狀乳突；在舌體與舌根交界處排列成V字型的大型突起，則是輪廓乳突；而在舌頭兩側的是葉狀乳突。

感測味道，與進食及會話也有關聯

舌頭主要的作用是感測味道，而負責此功能的是味蕾，位於舌頭表面的菌狀乳突、輪廓乳突和葉狀乳突之中。

味蕾中有味覺細胞，其前端伸出的味覺毛會感測味道分子，然後經舌咽神經、顏面神經及迷走神經，傳達至大腦顳葉（p.41）的味覺區。但是我們一般所謂的「味道」，和嗅覺、視覺、聽覺、溫度和咬勁等也有關係。

舌頭與進食及會話也有關聯：當我們要將食物咀嚼並嚥下時，舌頭負責將食物移動到想咬的地方或吞進喉嚨裡；此外，我們如果沒有舌頭，就不能順利的說話。

味蕾的構造

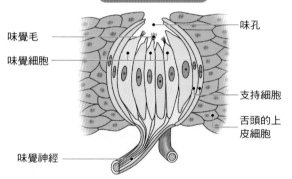

味蕾中塞滿了味覺細胞及支撐味覺細胞的支持細胞，上方的孔稱為味孔。味覺細胞的前端伸出味覺纖毛，用來感測味道分子，讓味覺細胞的軸突深入味蕾的深處。

味蕾的所在之處

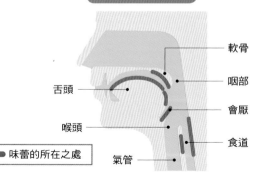

味蕾位於菌狀乳突的表面、輪廓乳突及葉狀乳突周圍的溝槽壁。另外，上頜及咽部也有味蕾分布，整個口腔共有數千個味蕾。

疾病的形成

舌癌

慢性刺激
飲酒、吸菸、物理性刺激、辛香料及鹽分等攝取量過多。

舌癌發生的原因

病變
因口腔黏膜的病變而癌化。

其他
病毒感染、老化等。

口腔癌中最常見的種類，多發於中高年男性，原因是不注重口腔衛生、過度飲酒、吸菸、蛀牙，或是配戴假牙所導致的重複機械性刺激等。

症狀　舌頭表面出現糜爛或潰瘍。若舌側等黏膜處變白，清也清不掉，稱為白斑病；黏膜處變紅稱為赤斑病。舌頭會很難移動，且和其他癌症相較，此症的癌細胞移轉向淋巴結的速度較快。

治療　切除癌症發生的部位是最基本的治療法，再進行放射線療法或施予抗癌藥物等化療。由於缺了一部分舌頭，與人交流可能會有困難，所以有時會取身體其他部位的肌肉纖維來移植。

皮膚的構造與作用

成人的皮膚面積約為 1.5 ～ 2 平方公尺，總重約為 2 ～ 4 公斤，作用
是保護人類不受外界的各種刺激所傷。

● DATA

表皮的厚度：
約 0.1 ～ 0.2 公厘
真皮的厚度：約 1 ～ 3 公厘
皮膚的重量：約 3 公斤
皮膚的壽命：約 15 ～ 30 天

皮膚的構造（外皮）

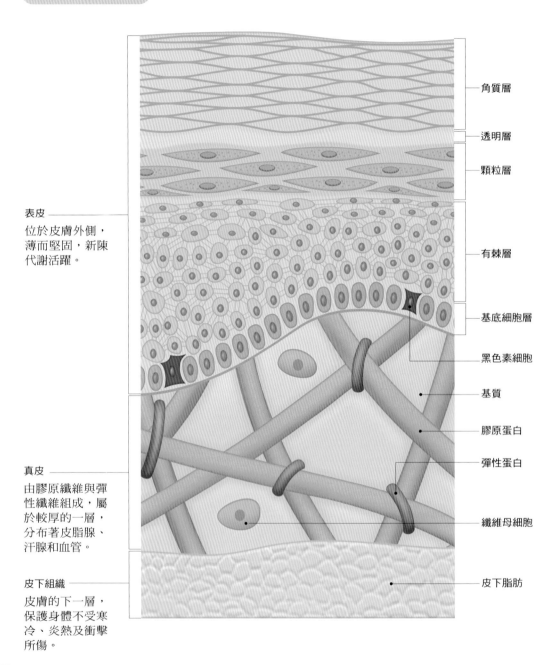

表皮
位於皮膚外側，
薄而堅固，新陳
代謝活躍。

真皮
由膠原纖維與彈
性纖維組成，屬
於較厚的一層，
分布著皮脂腺、
汗腺和血管。

皮下組織
皮膚的下一層，
保護身體不受寒
冷、炎熱及衝擊
所傷。

角質層

透明層

顆粒層

有棘層

基底細胞層

黑色素細胞

基質

膠原蛋白

彈性蛋白

纖維母細胞

皮下脂肪

**實用臨床
小知識**

Q▶ 皮膚泡水為什麼會皺起來？

A▶ 皮膚長時間被水浸溼時，水會進入，讓皮膚皺起，稱為浸軟
（maceration）；浸軟後的皮膚較脆弱，只要一點摩擦就會損
傷。另外，因為細胞間的脂肪流失，所以等水分乾掉後，皮膚會
更乾燥。

皮膚是由表皮及真皮構成

　　皮膚是由表面的**表皮**及其下方的**真皮**構成，有時真皮下方的**皮下組織**也會算在皮膚組織之內。

　　表皮從表面往下算，分別為**角質層**、**顆粒層**、**有棘層**、**基底細胞層**，而手掌和腳掌的角質層下方還有**透明層**。表皮中沒有血管，神經也只有一部分的末稍會達到表皮。

　　真皮中，分布著細密的神經、血管、製造汗液的**汗腺**、製造體毛的**毛囊**及造成雞皮疙瘩的**豎毛肌**。支持真皮構造的是膠原蛋白及彈性蛋白等蛋白質的纖維。真皮下方的皮下組織中有**皮下脂肪**，還有較粗的神經與血管通過其中。

皮膚是身體的屏障

　　表皮的基底細胞層會持續製造新細胞，並將老舊的細胞往上推。在接近皮膚表面處，細胞會死亡並轉變成**角蛋白**，像是蛋白質做成的瓦片一樣，最後成為皮屑或頭皮屑而掉落。表皮細胞從出生至剝落，時間約為 4～6 週。

　　皮膚的作用是保護身體不受外界刺激、細菌及病毒所傷。除了不讓體內水分過度蒸發之外，還會藉由收縮和擴張皮膚內的血管，以及出汗機制來調節人體的體溫。

　　表皮的基底細胞層所製造的**黑色素**，同樣保護身體不被紫外線傷害。另外，皮膚也是淺感覺（觸覺、痛覺、溫度覺）的受體。

體溫調節機制

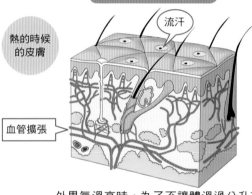

熱的時候的皮膚

流汗

血管擴張

　　外界氣溫高時，為了不讓體溫過分升高，人體會擴張皮膚的血管，打開毛孔散熱，還會流汗，利用氣化熱降低體溫。

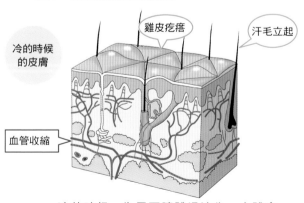

冷的時候的皮膚

雞皮疙瘩

汗毛立起

血管收縮

　　冷的時候，為了不讓體溫流失，人體會收縮皮膚的血管，豎毛肌收縮，皮膚會起雞皮疙瘩。體毛多的動物立起體毛可以製造出空氣層，具有保溫效果，但是體毛稀少的人類幾乎無法產生這種效果。

疾病的形成

異位性皮膚炎

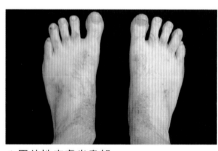

▲異位性皮膚炎患部

　　因為對塵蟎、食物、花粉、動物毛髮等過敏，而產生慢性皮膚癢或皮疹，受遺傳性因素影響。多半於幼兒期開始發作，也有成人後才發作的病例。

症狀　出現紅疹或鱗屑（角質剝離），主要症狀是非常癢，而且多從頭、臉、頸部開始，蔓延至肘膝關節內側等四肢或體幹，最後皮膚會變厚而苔癬化。

治療　改善生活習慣及環境，盡可能去除過敏源，並且針對皮膚的炎症或搔癢，給予類固醇或抗組織胺。此外，清潔皮膚和充分保溼等基礎皮膚保養相當重要。

皮膚感覺的構造

皮膚所感測到的感覺，稱為皮膚感覺或淺感覺，包含痛覺、溫覺、冷覺、觸覺和壓覺。

● DATA

觸點（每平方公分）：約 100 個
溫點（每平方公分）：1 個
冷點（每平方公分）：10 個以下
痛點（每平方公分）：
100 ～ 200 個

皮膚（顏面）的感覺受體　　皮膚有多種感覺受體，還有調節體溫的功能。

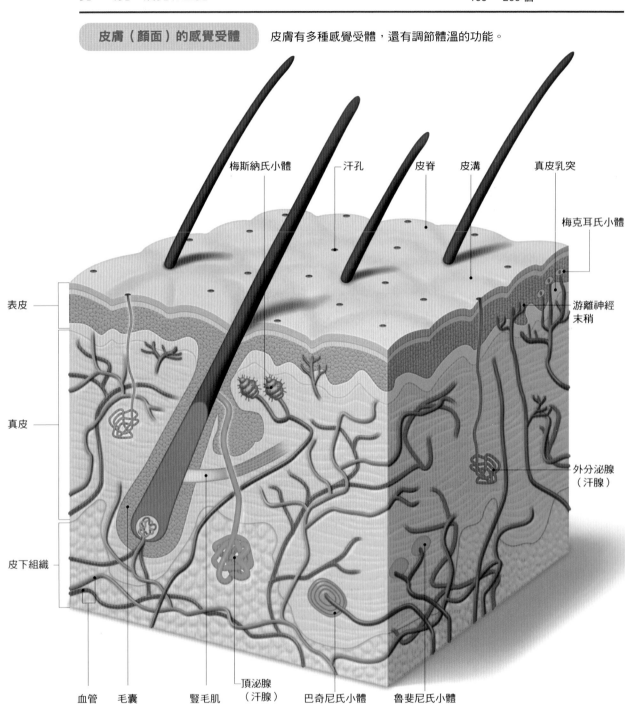

梅斯納氏小體　汗孔　皮脊　皮溝　真皮乳突

梅克耳氏小體

游離神經末稍

外分泌腺（汗腺）

表皮

真皮

皮下組織

血管　毛囊　豎毛肌　頂泌腺（汗腺）　巴奇尼氏小體　魯斐尼氏小體

**實用臨床
小知識**

Q ▶ 身體感測到的感覺只有皮膚感覺嗎？

A ▶ 身體的感覺叫體感，分為皮膚感覺與深感覺。皮膚及黏膜感受到的痛覺與溫覺等，是皮膚感覺；四肢等處的振動和動作，以及內臟等身體深處的疼痛等，屬於深感覺。

受體分為幾種

皮膚是體感中的皮膚感覺（淺感覺，superficial sensation）受體。

感覺受體又分為數種，首先是游離神經末稍，分布於全身的皮膚，其末稍直達表皮，可以感測痛覺、溫覺、冷覺、觸覺和壓覺等各種感覺。

鄰接表皮的下方有**梅斯納氏小體**，是觸覺的敏感受體，多分布於指尖、口唇、舌頭和外性器等處。

其他還有位於皮膚深處，感受壓力的**魯斐尼氏小體**；以及位於皮膚內部和關節處，感測震動與壓力的**巴奇尼氏小體**。

受體的密度決定了敏感的程度

皮膚感覺的受體並非平均分布於全身：指尖等需要敏感的部位分布較密，背部等不太需要敏感的部位分布較疏。

以 2 根細端的棒子同時戳 2 個點，依據相隔多少距離時，受測者可辨別出是 2 個不同的點，即可知道該處受體分布狀況，這種測試稱為兩點覺閾測試。

頭部及顏面的感覺會傳至腦神經的三叉神經（p.50），體幹或四肢的感覺會傳至脊髓神經的感覺神經（p.52），最後經由此兩者傳至大腦的體感覺區（p.41）。體感覺區會分區負責身體的部位，其中，指尖等敏感部位的負責區域較廣。

5 種感覺的特徵

名稱	特徵
溫覺	溫熱的感覺。由游離神經末稍、魯斐尼氏小體感測。
冷覺	冷的感覺。由游離神經末稍感測。
痛覺	疼痛的感覺。由游離神經末稍感測。
觸覺	皮膚被碰到時的感覺。由游離神經末稍、梅克耳氏小體、梅斯納氏小體、魯斐尼氏小體感測。
壓覺	身體被壓迫，承受壓力時的感覺。由游離神經末稍、魯斐尼氏小體、巴奇尼氏小體感測。

感測溫覺的點叫溫點、感測冷覺的叫冷點、感測痛覺的叫痛點、感測觸覺（包含壓覺）的點則叫觸點。其中，痛感是察覺危險的重要感覺，所以全身分布著很多痛點。

疾病的形成

知覺障礙

▲冰冷感　　▲麻麻的麻痺感

知覺障礙是皮膚感覺處於異常的狀態，不只是沒有感覺的麻痺而已，過度敏感等異常感覺也算在內。大腦等中樞異常、末稍神經異常、血流異常、藥物及毒物，都可能是其產生原因。

症狀　對特定部位的感覺消失或感覺變鈍；輕微刺激卻感到強烈疼痛；沒有受到刺激卻感到痛的異常；麻麻的麻痺感，以及異常冰冷的感覺等。

治療　如果有造成此種狀況的疾病，會治療該疾病。如果皮膚失去感覺，受傷也不會察覺，進而使狀況惡化。患有知覺障礙時，必須預防受傷，還要時時注意知覺異常的部位。

體毛與指甲

體毛與指甲都是由其根部的細胞不斷角化所生成，主要成分為角蛋白，與皮膚相同。

● DATA
毛髮生長速度：
約 0.3 ～ 0.5 公厘／日
指甲生長速度：
約 0.1 公厘／日
＃因季節而不同

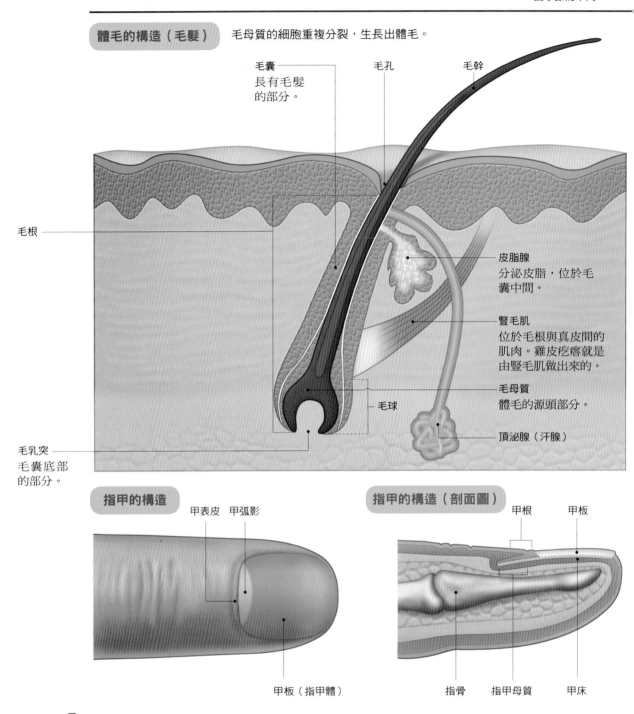

體毛的構造（毛髮） 　毛母質的細胞重複分裂，生長出體毛。

毛囊
長有毛髮
的部分。

毛孔

毛幹

毛根

皮脂腺
分泌皮脂，位於毛
囊中間。

豎毛肌
位於毛根與真皮間的
肌肉。雞皮疙瘩就是
由豎毛肌做出來的。

毛母質
體毛的源頭部分。

頂泌腺（汗腺）

毛球

毛乳突
毛囊底部
的部分。

指甲的構造

甲表皮　甲弧影

甲板（指甲體）

指甲的構造（剖面圖）

甲根　　甲板

指骨　　指甲母質　　甲床

**實用臨床
小知識**

Q ▶ 我們全身都有體毛嗎？

A ▶ 全身皮膚幾乎都覆有體毛，但手掌、腳掌、嘴唇、乳頭沒有。體
毛原本的作用是保護皮膚及保溫，但對人類來說，它的必要性很
低，除了頭部毛髮、腋毛和陰毛，其他部位的體毛都很稀疏。

體毛之本為毛母細胞

生長出體毛的地方叫**毛囊**，中間有可分泌皮脂的**皮脂腺**，還有可做出雞皮疙瘩的**豎毛肌**。毛囊底部的**毛乳突**為生長體毛的源頭，這個部分稱為**毛母質**。

毛母質的**毛母細胞**會重複細胞分裂，其細胞一邊角化，一邊將舊的體毛往上擠，藉以使體毛長長。也就是說，體毛的本質是細胞，主成分與表皮的角質相同，都是**角蛋白**。體毛的顏色則由毛母細胞間的**黑色素細胞**提供。

頭部的體毛是毛髮，而毛髮與其他部分的體毛不同，它長得較粗也較長。體內的水銀等重金屬，能夠藉由毛髮排出體外。

指甲是由指甲根部的指甲母質製造

指甲位於手指腳趾的前端，負責保護指尖，在抓取東西時將力量傳到指尖，並支撐指尖。指甲下有密集的微血管，所以血液的健康狀態會影響指甲的顏色、硬度和生長速度。

外部看得見的部分是**甲板**（指甲體），根部進入皮膚的部分是**甲根**，在甲根處製造指甲的是**指甲母質**。指甲母質的細胞分裂旺盛，細胞會一邊角化，一邊將舊的指甲往上擠，指甲因此而變長；因此，指甲和皮膚及毛髮一樣，皆由角蛋白構成。

指甲根部的白色半月形為**甲弧影**，這是因為剛長出來的指甲本身即偏白色，並非疾病。

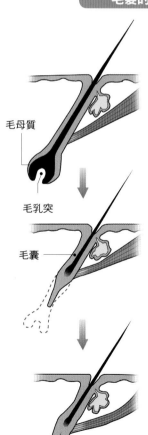

毛髮的生長

成長期
毛乳突的毛母質會一直生長出毛髮，成長期約為 2 ～ 5 年。

毛母質

毛乳突

毛囊

休止期
毛母細胞停止分裂進入休止期的話，毛髮就會停止生長，將整個毛囊往上擠。毛囊深度會進而變成成長期的 1／2～2／3。

休止期脫毛
毛母細胞重新開始活動，開始製造毛髮，就會將之前的毛髮往上擠，使之脫落。休止期約為 3～4個月。

疾病的形成

指甲的疾病

▲腳部的甲癬

指甲的疾病有數種，例如：甲癬（香港腳感染到指甲）、指甲邊角刺入皮膚的嵌甲症、指甲橫向部分捲曲，捲入軟組織的嵌甲症，還有指甲形狀異常及指甲橫紋等。指甲出問題，常是顯示身體其他部位出現疾病的警訊，需要注意。

症狀 甲癬的指甲會變厚、變白或變黑；嵌甲症會出現疼痛、腫脹、出血；指甲像湯匙一樣下凹則代表貧血。指尖與指甲變圓的杵狀甲，代表肺部慢性病；指甲橫紋則代表指甲負擔太大或營養不良。

治療 針對疾病原因，進行藥物療法或外科治療，而且千萬不要以為症狀好了就自行停藥。

疼痛的機制

疼痛由感覺神經感測，其機制分為感受性疼痛與神經性疼痛。

感受性疼痛

① 機械性刺激

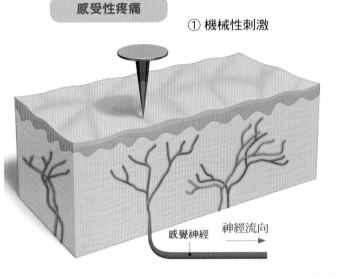

感覺神經　神經流向

② 致痛物質

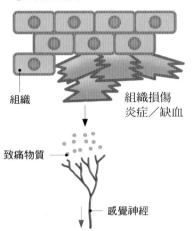

組織

組織損傷
炎症／缺血

致痛物質

感覺神經

神經性疼痛

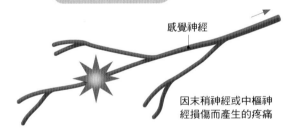

感覺神經

因末梢神經或中樞神
經損傷而產生的疼痛

疼痛的惡性循環

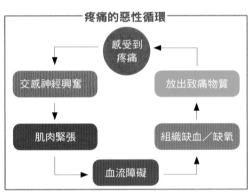

感受到
疼痛

交感神經興奮　　　　放出致痛物質

肌肉緊張　　　　組織缺血／缺氧

血流障礙

何謂感受性疼痛？

感受性疼痛是指感覺神經感測到某些刺激，將之傳送至大腦的體感覺區（p.41）後，所感覺到的疼痛。

刺激分為兩種：一種是皮膚被釘子刺到或被用力撞到等機械性刺激。感覺神經會感測到這種刺激，並感到疼痛。

另一種是**致痛物質**所產生的刺激，當組織發生炎症、缺血或損傷時，細胞會釋放出緩激肽、血清張力素、鉀等致痛物質，而感覺神經負責感測這些致痛物質，並感到疼痛。此外，感受性疼痛又包含皮膚疼痛與內臟疼痛。

何謂神經性疼痛？

神經性疼痛是末梢或中樞神經受到直接損傷，造成神經電位發生變化，神經異常興奮並將之視為疼痛。原因包括炎症、癌症、外傷、手術截肢、放射線療法等。

疼痛的惡性循環

感測到疼痛時，**交感神經**（p.54）會興奮，引起全身肌肉緊張與血管收縮。如此一來，肌肉與組織會產生缺氧或損傷，更進一步放出致痛物質，產生疼痛，進而陷入惡性循環。

感覺系統的疾病依其症狀，原因可能來自於壓力與不快感，並且造成生活品質明顯低落，其中也有許多疾病是高齡者容易罹患的。

白內障

透明的水晶體變得白濁，導致視野模糊而看不清楚。因老化而形成的老年性白內障較常見，其他還有糖尿病引起的代謝性白內障，電擊等外傷、紫外線或藥物也是原因，還有先天性白內障。

先天性白內障可能是唐氏症等遺傳性疾病導致，或母體懷孕時感染德國麻疹，使胎兒受影響而形成白內障。

名稱	原因
老年性白內障	老化造成的白內障
先天性白內障	遺傳、胎兒時期受到感染
併發症白內障	糖尿病 異位性皮膚炎之併發症 副甲狀腺低能症、強直性肌肉失養症等 眼色素層炎、視網膜色素變性之併發症
藥物引起的白內障	長期服用類固醇 毛果芸香鹼（治療青光眼的眼藥）

症狀

大部分案例是從水晶體周圍開始向中心慢慢變濁，也有的是水晶體後方或中央變濁。水晶體變濁的程度，與視力衰退程度不一定成正比。

此症不管遠近都看不清楚，與老花眼不同，不僅視野變模糊、眼前霧茫茫、看到疊影，有時還會在明亮處出現明顯的畏光現象。

治療

初期會給予延緩惡化的眼藥，但無法將已經白濁的水晶體回復透明。

若白濁狀況惡化，造成工作或日常生活障礙時，會考慮抽出水晶體。一般的手術方式是留下一部分的水晶體囊，將囊中的水晶體抽出後，再植入人工水晶體。但最近已經開發出，不管遠近都可以聚焦的人工水晶體，使術後的生活品質獲得提升。

結膜炎

結膜發生炎症的疾病總稱，主要分為兩種原因：一種是病毒或細菌感染，另一種是過敏。

腺病毒感染所引起的喉部結膜性熱、流行性角結膜炎，常在學校廣泛流行，被指定為需要監控的學校感染症，要經過醫師認定不具感染性才可以上學。至於過敏性結膜炎的原因，則包括花粉、動物毛髮和塵埃等。

因感染而發生之結膜炎
- 病毒性結膜炎
  （流行性角結膜炎、喉部結膜性熱、急性出血性結膜炎）
- 披衣菌結膜炎
- 細菌結膜炎

非因感染而發生之結膜炎
- 過敏性結膜炎
- 春季角結膜炎

症狀

所有結膜炎的共通症狀，都是眼睛充血、眼屎變多及眼瞼腫大。

流行性角結膜炎除了充血之外，還會有異物感、流淚等強烈症狀，如果惡化成角膜炎，可能影響視力。此症感染性強，若直接摸到患部或接觸擦過臉的毛巾，就會傳染。

花粉引起的過敏性結膜炎，只會在該季節發生，特徵是眼睛特別癢。

治療

多數結膜炎會自然痊癒，所以會給予抑制眼睛癢及充血的消炎眼藥，或針對過敏給予抗過敏眼藥，並觀察痊癒狀況。

老年性黃斑病變

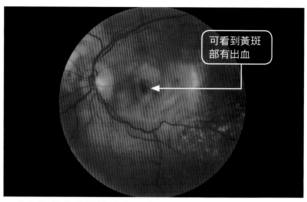

可看到黃斑部有出血

▲老年性黃斑病變的眼底影像

　　視網膜中心的黃斑部產生病變，造成視野一部分缺損或失明，會隨著老化而發病，但真正的原因還不明。

　　此病較多年長患者，所以一般認為老化是主要原因，但是與高血壓、心臟疾病、吸菸、因看電視或電腦而過度使用眼睛，也有關聯。

症狀

　　視野中心扭曲、出現較暗的點（中心暗點）；隨著症狀惡化，會無法識別顏色，視力障礙惡化到最後會失明。

　　症狀惡化緩慢，由於視力漸漸變差，會被誤認為是年紀大的緣故。此外，身體會將異常的視覺訊息送至大腦後，再由大腦補足資訊，因而沒有發現異常。可以用單眼看格子狀的圖案，確認中央部分是否有扭曲現象，藉此來發現黃斑病變。

治療

　　黃斑部出現異常的血管（血管新生）並出血，會施予阻礙新生血管增生的藥物；或是以雷射凝固出血部位，並給予感光性藥物後，以較弱的雷射照射集中了藥物的新生血管，這是只能破壞血管的光動力療法。

　　然而，目前還沒有治療法可以讓黃斑部恢復如初，所以最好是早期發現、早期治療，將視力衰弱的程度降到最低。

筆記

皮膚癌

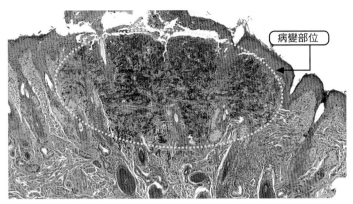
病變部位

▲惡性黑色素瘤的顯微鏡影像

　　皮膚部位發生的癌症。包括表皮基底細胞層發生的基底細胞癌、表皮有棘層發生的棘細胞癌，以及產生黑色素的黑色素細胞所發生的惡性黑色素瘤等。一般來說好發於高齡者，但也會發生於年輕人。

　　主要原因為長期暴露於強烈紫外線下、身上有燙傷或外傷造成的斑痕、長期的皮膚病、病毒感染、放射線或某些化學物質等。

症狀

　　長出痣或疣，且迅速長大鼓起、產生顏色變化，顏色會滲到周圍，出現表面潰瘍出血等症狀。

　　基底細胞癌多出現於臉部，與其他癌症相比，較不易轉移，惡化程度較低。

　　惡性黑色素瘤多生於腳底或指甲下，非常容易轉移，而且只要損傷一點點就會轉移，所以就算是為了檢查，也不會切除其中一部分。

治療

　　基本上，需要切除正常的皮膚和其擴散範圍；特別是惡性黑色素瘤，如果損傷到癌症部位就會轉移，所以會切除周邊大範圍的皮膚。因切除而造成損失的皮膚範圍太大時，會將其他部位的皮膚移植過來。

　　會併用放射線療法或化療，或用液態氮冷凍癌症部位。特別是對於棘細胞癌，放射線療法或化療的效果值得期待。

筆記

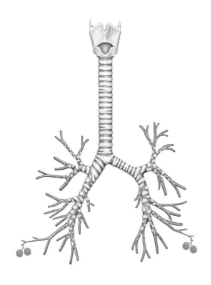

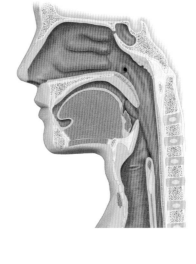

第 4 章

呼吸系統

為了生存，人類會吸入代謝所需的氧氣，並將代謝產生的二氧化碳排出，而呼吸系統即由進行以上動作的氣管、支氣管和肺部組成。由於人類無法預先在體內儲存氧氣，所以一旦呼吸停止的話，便無法維持生命。

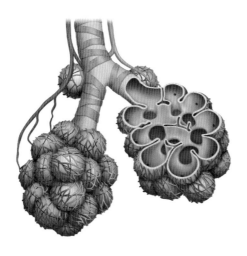

鼻腔、咽部、喉頭

呼吸道就是呼吸時空氣經過的通道，從鼻腔至喉頭為上呼吸道，負責將要進入肺部的空氣加溫、加溼，並除去異物。

● DATA
鼻腔至咽鼓管咽口的長度：
約 9 公分
咽部的長度：約 12 公分
鼻腔內的空氣：溼度100%，
溫度 36 ～ 37 度

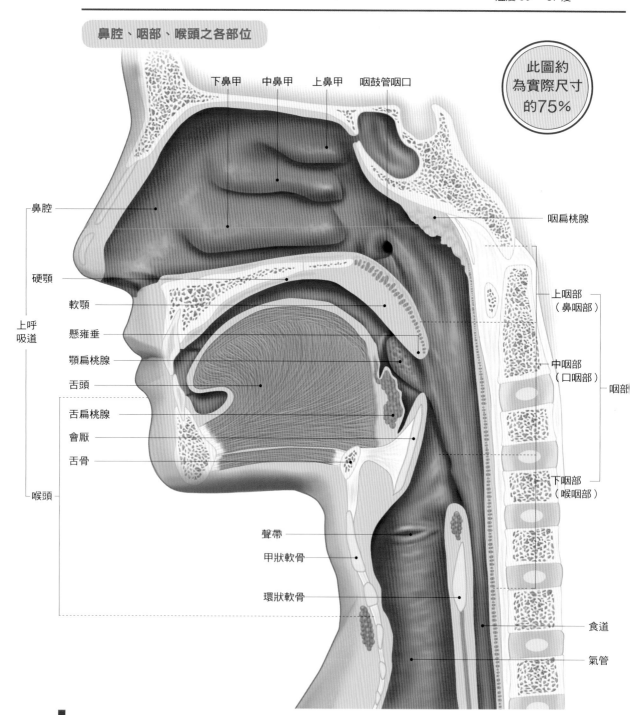

鼻腔、咽部、喉頭之各部位

此圖約為實際尺寸的75%

下鼻甲　中鼻甲　上鼻甲　咽鼓管咽口

鼻腔

硬顎

軟顎

懸雍垂

顎扁桃腺

舌頭

舌扁桃腺

會厭

舌骨

聲帶

甲狀軟骨

環狀軟骨

咽扁桃腺

上咽部（鼻咽部）

中咽部（口咽部）

下咽部（喉咽部）

咽部

食道

氣管

上呼吸道

喉頭

實用臨床 小知識

Q ▶ 喉結是什麼？

A ▶ 喉結是位於喉頭甲狀軟骨的一部分突出，男性於青春期時，甲狀軟骨會長大，看起來較為明顯，而女性的較不明顯。

90

喉嚨包括咽部與喉頭

呼吸系統的起點是鼻子，嘴巴雖然也會呼吸，但主要被歸類為消化系統。

鼻腔（p.72）分為左右兩部分，在深處與咽部合流。從上面開始算起，咽部可分為三個部分：鼻腔深處的上咽部（鼻咽部）、嘴巴深處的中咽部（口咽部），以及連接食道的下咽部（喉咽部）。

上咽部有左右連接耳道的咽鼓管咽口，而下咽部前方有連接氣管的喉頭，為了不讓喉頭塌陷，此處有軟骨支撐著。喉頭入口處有會厭，喉頭中有聲帶（p.100），不管是咽部還是喉頭，一般都被稱為「喉嚨」。

從鼻子到喉頭所扮演的角色

空氣進入肺部前，鼻毛及鼻黏膜會過濾灰塵等異物，並將空氣加溫、加溼。異物進入呼吸道或感染病毒發生炎症時，為了排除這些症狀，我們會咳嗽或是打噴嚏。鼻腔受刺激會打噴嚏，咽部、喉頭、氣管受刺激會咳嗽。

另外，咽部還有許多淋巴組織，具有檢查吸入空氣的免疫機能（見左下圖）。

鼻子裡通往氣管的空氣，與嘴巴裡通往食道的食物，這兩條路徑會在中咽部交會。為了不要在吞嚥時，讓食物或飲料跑進氣管，喉頭還有會厭這個蓋子（p.146）。

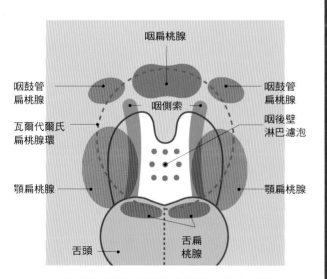

扁桃腺

- 硬顎
- 軟顎
- 懸雍垂
- 顎扁桃腺
- 顎扁桃腺

咽扁桃腺
咽鼓管扁桃腺
咽側索
瓦爾代爾氏扁桃腺環
咽後壁淋巴濾泡
顎扁桃腺
顎扁桃腺
舌頭
舌扁桃腺

咽部具備防止細菌或病毒入侵的淋巴組織，稱為扁桃腺，包括顎扁桃腺、咽扁桃腺、咽鼓管扁桃腺、舌扁桃腺。扁桃腺成環狀配置，所以被稱為咽淋巴環（瓦爾代爾氏扁桃腺環）。

疾病的形成

咽喉癌

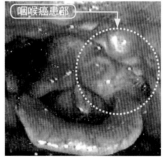

咽喉癌患部

◀ 咽喉癌患部照片

位於喉頭的癌症，患者以 50 歲以上的男性居多，男性罹患率為女性的 10 倍以上，吸菸及飲酒者更是高危險群。

此症大部分是鱗狀細胞癌，小部分是腺癌，很少是轉移性的癌症。

聲門部位（聲帶所在處）的癌症占了 60～65%，聲門上占了 30～35%，聲門下大概只占 1～2% 而已。

症狀 早期的聲門癌會出現「嗄聲（聲音沙啞）」症狀。聲門上癌會導致吞嚥疼痛或喉頭不適，聲門下癌則要等惡化才會出現症狀；惡化時，會出現呼吸困難、喘鳴、咳嗽等症狀。

治療 放射線療法，需以手術摘除部分或全部的喉頭。

氣管、支氣管

氣管與支氣管被稱為下呼吸道，兩者由軟骨包裹，讓空氣可以順暢的通過。

DATA
氣管長度：約 10 公分
右支氣管長度：約 3 公分
左支氣管長度：
約 4 ～ 6 公分

氣管及支氣管各部位

此圖約為實際尺寸的70%

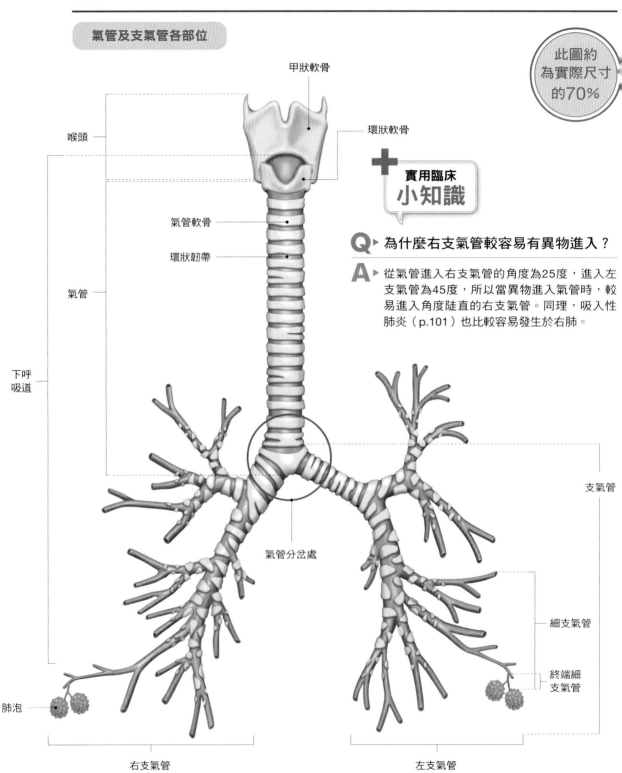

甲狀軟骨

喉頭

環狀軟骨

氣管軟骨

環狀韌帶

氣管

下呼吸道

氣管分岔處

支氣管

細支氣管

終端細支氣管

肺泡

右支氣管

左支氣管

實用臨床 小知識

Q 為什麼右支氣管較容易有異物進入？

A 從氣管進入右支氣管的角度為25度，進入左支氣管為45度，所以當異物進入氣管時，較易進入角度陡直的右支氣管。同理，吸入性肺炎（p.101）也比較容易發生於右肺。

左右兩邊的支氣管有差別

喉頭下方連接氣管，氣管粗約 2 公分，長約 10 公分，從第 6 節頸椎的高度從胸部中央往下走，在第 6 節胸椎的高度，分枝為左右支氣管。

分枝為左右支氣管後，進入肺部，直到連接至肺泡（p.98）為止都屬於支氣管。偏左邊的支氣管因為要繞開心臟，所以左右兩邊的支氣管，不管是長度或粗細都有差別。支氣管會分枝 20 次以上，直至前端連接肺泡為止。

氣管與支氣管被氣管軟骨包裹住，外觀有如伸縮管。隨著支氣管變細，氣管軟骨成不規則形，支氣管分枝到約 1 公厘細時，就沒有氣管軟骨包裹了。

氣管軟骨的作用是為了不讓呼吸道塌陷，形狀呈 U 字狀，沒有軟骨的部分與食道（p.148）相接（以 U 字來看，相接處就是 U 字開口的部分），相接的部分有平滑肌，而支氣管壁同樣也有平滑肌層。這些平滑肌由交感神經（p.54）放鬆、由副交感神經收縮，藉此改變呼吸道的作用力。

支氣管的異物排除機制

從氣管分枝為支氣管的部分（氣管分岔處）非常敏感，受到異物刺激時就會引起激烈的咳嗽。另外，氣管與支氣管的黏膜層會分泌黏液，表面還有纖毛（很細的毛），可排除進入的異物。

咳嗽的機制

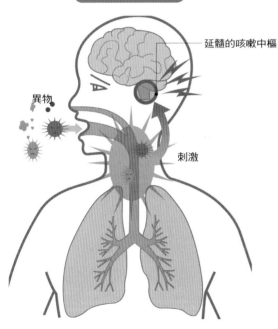

延髓的咳嗽中樞

異物

刺激

咳嗽分為有痰的溼咳與無痰的乾咳。

灰塵、煙、飲料及食物等異物進入喉頭、氣管或支氣管，或感染引起的炎症使痰增加，都會刺激呼吸道的黏膜，進而將資訊傳達給延髓的咳嗽中樞，並引起咳嗽。也就是說，咳嗽是為了確保呼吸道暢通，並徹底排除異物的防禦反應。

除了異物之外，外部的壓迫拉扯、化學物質的刺激、寒冷的空氣或極端高溫的空氣、呼吸道黏膜腫脹或損傷，都會引起咳嗽。

疾病的形成

支氣管性氣喘

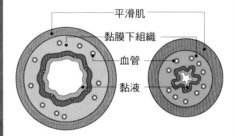

平滑肌
黏膜下組織
血管
黏液

正常的支氣管　　氣喘時的支氣管

這是呼吸道的慢性發炎性疾病。刺激呼吸道的過敏反應，使支氣管的平滑肌收縮、呼吸道黏膜浮腫、黏液分泌亢進，進而造成呼吸道狹窄、呼吸困難、喘鳴（咻－咻－哈－哈－）及咳嗽。

原因有可能是過敏、感冒等感染引起的呼吸道發炎、吸菸、空氣汙染、運動、過勞或心理性壓力等。此疾病多發生於兒童，但近年來成人的發作率也上升了。

| 症狀 | 出現喘鳴、激烈的咳嗽、痰、呼吸困難、發紺（缺氧致嘴唇或四肢指端青紫）或端坐呼吸等症狀。 |

| 治療 | 給予支氣管擴張藥、抗過敏藥、消炎藥等，並採行氧氣療法；為了預防發病，遠離過敏原也很重要。 |

肺的構造

胸腔中的肺位於心臟的左右兩邊，負責吸入所需的氧氣、排出不需要
的二氧化碳。

● DATA

重量：約 500 克（右肺）
　　　約 450 克（左肺）
體積：約 1000 毫升（右肺）
　　　約 900 毫升（左肺）

肺的各部位（呼氣時）

此圖約
為實際尺寸
的60%

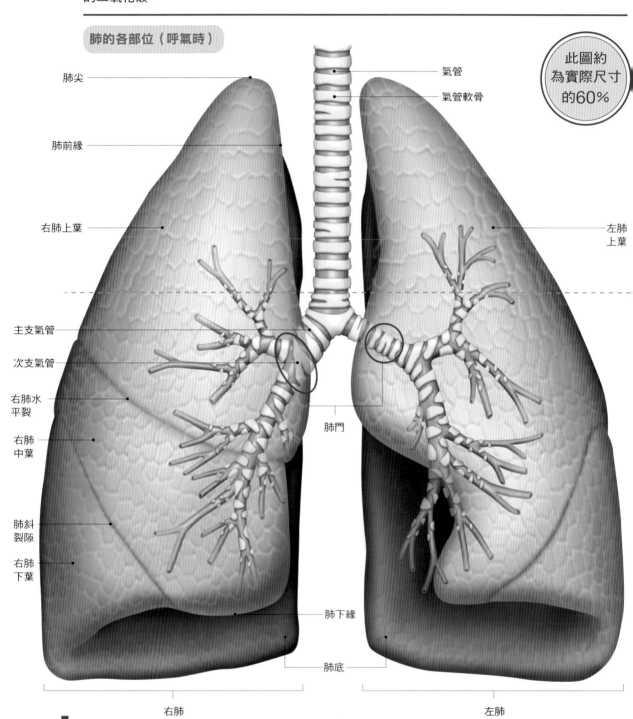

肺尖

肺前緣

右肺上葉

主支氣管

次支氣管

右肺水
平裂

右肺
中葉

肺斜
裂隙

右肺
下葉

氣管

氣管軟骨

左肺
上葉

肺門

肺下緣

肺底

右肺

左肺

**實用臨床
小知識**

Q▶ 肺節是什麼？

A▶ 左右支氣管在各肺葉分枝後，再下一次分枝的支氣管分布區域，
就是肺節。右肺上葉 3 個、中葉 2 個、下葉 5 個，共計 10 個肺
節；左肺上葉 5 個、下葉 5 個，共計 10 個肺節。

左肺比右肺稍小

　　肺位於胸腔（p.26）內，在心臟（p.108）的左右兩邊，上面較尖的部分叫**肺尖**，底面叫**肺底**，與心臟鄰接的面叫**內側面**，與肋骨相接的面叫**肺肋面**。肺尖的位置比鎖骨高 2 ～ 3 公分，而肺底位於橫膈膜上。

　　肺門大約位於內側面中間的位置，支氣管（p.92）、血管、神經由此出入。因為心臟的位置稍微偏左，所以左肺較右肺稍小一點。肺臟有深入表面的**肺裂**，將右肺分為上葉、中葉及下葉；左肺分為上葉及下葉，各肺葉還可細分為數個肺節。

利用胸膜腔的負壓使肺擴張

　　肺本身並沒有擴張的力量，但因為肺具有彈性，如果放著不管，它的體積還會縮小到約為原來的三分之一大小。肺之所以在胸腔中不會縮小，是因為有從外部拉住肺部的力道。

　　肺被兩層胸膜包覆著，裡層緊緊貼著肺的表面，稱為**肺胸膜**；外層附於胸腔，稱為**壁層胸膜**。兩層胸膜由肺門連接，形成一個腔隙，為了減少中間胸膜腔的摩擦，裡面有漿液（胸膜液）。

　　胸膜腔常保負壓，利用負壓的力量由外側拉住肺部，使之擴張。

胸部剖面圖

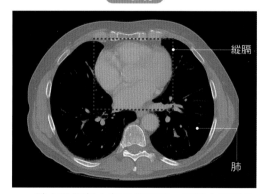

心臟　胸膜隱窩　肺　胸膜腔　壁層胸膜　縱膈　肺　心包　椎骨　脊髓　縱隔胸膜　肺胸膜

CT影像

　　肺占了胸部大部分的空間，兩肺中間夾住的部分稱為縱膈，而縱膈中有心臟、大動脈及前後大靜脈等大血管，以及氣管、支氣管和食道等。

疾病的形成

肺癌

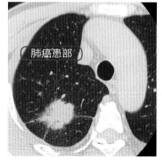

肺癌患部　◀肺癌的CT影像

　　發生於氣管、支氣管及肺泡上皮細胞的癌症，依組織類型分為小細胞肺癌與非小細胞肺癌。非小細胞肺癌可細分為鱗狀細胞癌、腺癌或大細胞癌；而小細胞肺癌的特徵是，被發現時多半已惡化。

　　50 歲以上的男性患者較多，隨著老化，發病率也會上升，此症與吸菸的關係相當大，空氣汙染、放射線和石棉等也是重要原因。

症狀 主要症狀為咳嗽、痰、微燒、血痰、呼吸困難及體重減輕，症狀依癌症類型與發生部位而不同。

治療 動手術摘除部分的肺，可能摘除整個肺葉或其中一邊的肺，同時併用化療或放射線療法。

呼吸運動與調節

肺沒有自行擴張的能力，它是因為胸腔與橫膈膜的動作，而被動的擴張並吸入空氣。

● DATA
一次換氣量：約 500 毫升
肺活量：
男性約 3000 ～ 4000 毫升
女性約 2000 ～ 3000 毫升
呼吸次數：約 12 ～ 20 次／分

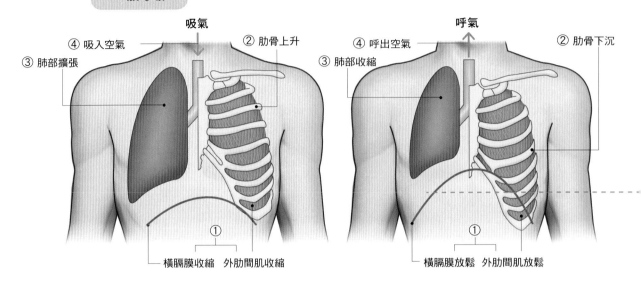

一般呼吸

吸氣

④ 吸入空氣
③ 肺部擴張
② 肋骨上升

① 橫膈膜收縮　外肋間肌收縮

呼氣

④ 呼出空氣
③ 肺部收縮
② 肋骨下沉

① 橫膈膜放鬆　外肋間肌放鬆

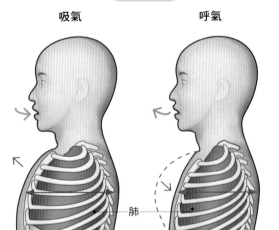

胸式呼吸

吸氣　呼氣

肺
肋骨

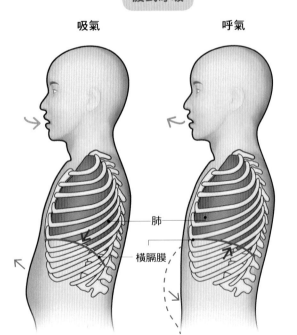

腹式呼吸

吸氣　呼氣

肺
橫膈膜

實用臨床小知識

Q▸ 人體如何調節呼吸次數？

A▸ 腦幹（橋腦及延髓）中的呼吸中樞，依據血液中二氧化碳及氧氣濃度、氫離子濃度、溫度、血壓及肺的擴張狀態等，來調整呼吸次數；其中最關鍵的影響因素，是血液中的二氧化碳濃度。

主要的呼吸肌是肋間肌與橫膈膜

與擴張收縮胸腔的呼吸運動有關的肌肉叫呼吸肌，主要呼吸肌是肋間肌與橫膈膜，腹肌群與頸部肌肉也會輔助。

上下肋骨間有外肋間肌與內肋間肌（p.26），外肋間肌從外上方朝內下方走，而內肋間肌則是與外肋間肌成直角相交。

橫膈膜是分隔胸腔與腹腔的巨蛋狀肌肉，以胸腔內圍為起點，中間聚集了橫膈膜中央腱。

腹直肌等腹肌群會將肋骨往下拉，頸部的胸鎖乳突肌與斜方肌，將鎖骨與上半部肋骨往上拉，藉此輔助呼吸肌。

胸式呼吸與腹式呼吸

人體吸氣時，由胸腔擴張與橫膈膜收縮進行。

外肋間肌收縮時，會將肋骨往上拉並且擴張胸腔，這種動作稱為胸式呼吸，常見於女性。

向上突出的巨蛋狀橫膈膜，收縮時會向下壓，使胸腔擴張，這種動作稱為腹式呼吸，常見於男性。

一般來說安靜呼吸時，呼氣只會自然的將收縮的肌肉放鬆；而有意識的用力快速呼氣時，會使用內肋間肌和腹肌群，強力的收縮胸腔。

橫膈膜（從下往上看）

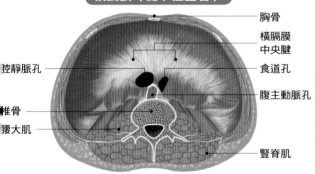

胸骨
橫膈膜中央腱
食道孔
腹主動脈孔
腔靜脈孔
椎骨
腰大肌
豎脊肌

橫膈膜靠近椎骨的地方，開有大動脈、食道和大靜脈通過的孔（分別為腹主動脈孔、食道孔與腔靜脈孔）。

肺量圖（呼吸功能檢查）

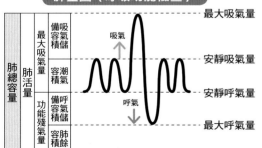

最大吸氣量
安靜吸氣量
安靜呼氣量
最大呼氣量

肺總容量
肺活量
最大吸氣量
備吸容氣積儲
容潮積氣
功能殘氣量
備呼容氣積儲
容肺積餘
吸氣
呼氣

上圖肺量圖用來測定正常呼吸、用力吸氣及呼氣的狀況，方法是考量性別、年齡和身高等因素，計算出預測肺活量，最後再算出實測與預測的比較值；此外，用力呼氣的第一秒內，所吐出的量相對於最大呼氣總量的值為「一秒率」（編按：若上述任一值低於80%，就患有肺功能障礙）。

疾病的形成

呼吸困難

心理因素

引起呼吸困難的主要因素

肺及支氣管等疾病

肺及支氣管以外的疾病

呼吸困難並不是疾病，而是一種自覺症狀（主觀症狀）。一般來說，這是一種因呼吸衰竭而產生的缺氧症狀，但氧氣多寡不一定等同於呼吸狀況，例如，過度換氣也會導致呼吸困難。

常見的發生原因是呼吸系統或呼吸系統以外出現問題。前者包括炎症造成的呼吸道阻塞、COPD（p.99）等造成的肺泡病變；而呼吸系統以外的問題，包括不安、恐懼、強烈的疼痛等心理因素。

症狀 喘不過氣、無法呼吸、呼吸中斷及無法順暢的呼吸等狀況。

治療 配合治療其病因或採行氧氣療法，但有時給予慢性呼吸衰竭患者氧氣，反而可能導致呼吸停止。

肺泡與氣體交換

肺泡是連接在支氣管末端，直徑約 0.1 公厘的小型圓形器官，作用是將氧氣吸收進身體並排出二氧化碳。

● DATA
肺泡尺寸：直徑約 0.1 公厘
肺泡數量：
整個肺部約 2 億～ 7 億個
總表面積：
約 70 ～ 80 平方公尺

肺泡的各部位

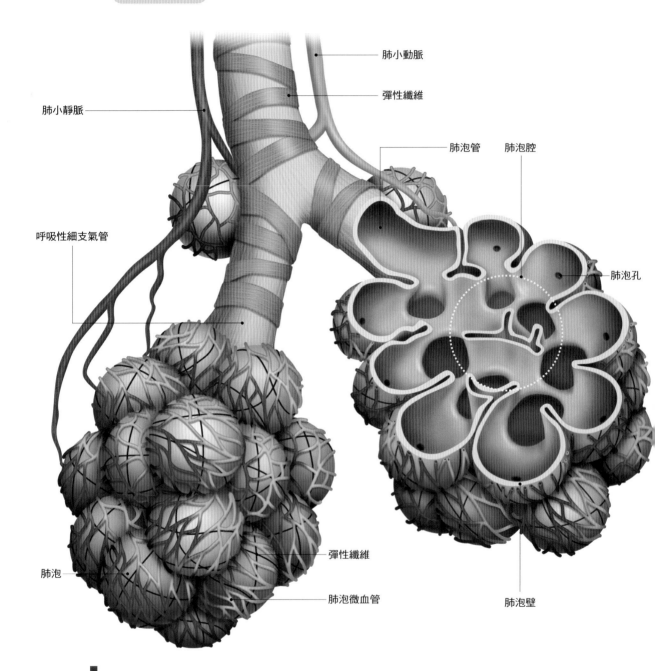

肺小動脈

彈性纖維

肺小靜脈

肺泡管　　肺泡腔

呼吸性細支氣管

肺泡孔

彈性纖維

肺泡

肺泡微血管

肺泡壁

實用臨床小知識

Q ▶ 如果用力呼氣，會使肺泡萎縮嗎？

A ▶ 不會。因為肺泡內會分泌界面活性物質（肺部界面活性劑），降低肺泡內側組織液的表面張力，緩和肺泡萎縮的力道。

如同一串葡萄的肺泡

支氣管在經過 20 次以上的分枝後，成為呼吸性細支氣管（p.92），其末端連接的就是肺泡。一個肺泡形似直徑約 0.1 公厘的氣球，許多肺泡集中在一起，看起來就像一串葡萄。

肺泡由聚集氣體的肺泡腔及有彈性的肺泡壁組成。肺泡與支氣管間以肺泡管連接，而肺泡與肺泡之間，則以肺泡孔連接，空氣由此進出。為了維持肺泡的形狀，肺泡壁由彈性纖維包裹，其上還包覆著縱橫交錯的微血管。

兩邊的肺臟加起來，有數億個肺泡，總表面積約為 70 ～ 80 平方公尺，相當於半個排球場。

負責外呼吸的細胞

呼吸分為**外呼吸**與**內呼吸**。外呼吸是空氣與血液間進行的**氣體交換**，由肺部的肺泡進行；內呼吸則是全身組織與血液進行的氣體交換。

氣體交換是藉由一種叫「擴散」的物理現象所進行。所謂「擴散」是指濃度不同的氣體或液體接觸時，濃度高的一方會向濃度低的一方移動，由於肺泡中的氧氣濃度比血液中的氧氣濃度高，所以氧氣會由肺泡向血液擴散。

而血液中的二氧化碳濃度比肺泡中的二氧化碳濃度高，所以二氧化碳會由血液向肺泡中的空氣擴散（左下圖）。

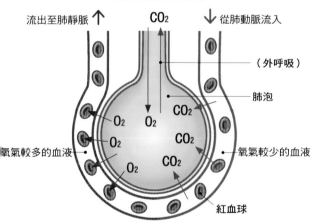

氣體交換機制

流出至肺靜脈 ↑　　CO_2　　↓ 從肺動脈流入

（外呼吸）

肺泡

O_2　CO_2

氧氣較多的血液　　　　　　氧氣較少的血液

紅血球

代謝所產生的二氧化碳，多半是溶於血漿後再被運往肺部，並由肺泡排出；氧氣則是會與血球中的血紅素結合，運往全身。

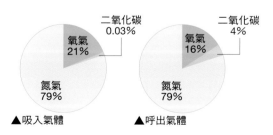

吸入氣體與呼出氣體的組成

二氧化碳 0.03%　　　　二氧化碳 4%

氧氣 21%　　　　　　　氧氣 16%

氮氣 79%　　　　　　　氮氣 79%

▲吸入氣體　　　　　▲呼出氣體

我們的身體不會利用氮氣，所以氮氣比例不會變化。此外，由於呼出氣體中有一定的氧氣量，所以人工呼吸是有效的。

疾病的形成

慢性阻塞性肺病（COPD）

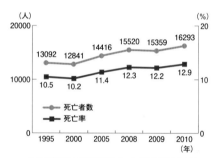

（人）　　　　　　　　　　　　　　　　（%）

年	1995	2000	2005	2008	2009	2010
死亡者數	13092	12841	14416	15520	15359	16293
死亡率	10.5	10.2	11.4	12.3	12.2	12.9

▲日本的COPD死亡人數與死亡率

因為細胞壞死，造成肺部的氣體交換不夠充足的疾病，一旦細胞壞死就無法再修復、無法回復原狀。

此病最大的產生原因是吸菸，吸越多菸或菸齡越長，發病機率就越高。被動性吸菸也是病因，其他的原因還有空氣汙染、老化及呼吸系統的感染症等。

一旦惡化，只要稍稍活動就會喘不過氣，需要日常照護的病例不少（編按：根據臺灣衛福部的統計，自2012年起，COPD 已連續 8 年為臺灣人十大死因的第 7 名。）

症狀 嚴重的呼吸困難、咳嗽、痰及喘鳴，特別是胸腔可能因為呼吸困難，而擴張成啤酒桶的形狀。

治療 採行氧氣療法、給予支氣管擴張劑、進行呼吸訓練等，以防止惡化。

發聲的構造

振動位於喉頭的聲帶，就會發出聲音。由聲帶發出的聲音，經由口鼻
共鳴，再透過舌頭與嘴唇變化，使其化為語言發出。

喉頭剖面圖（背側剖面圖）

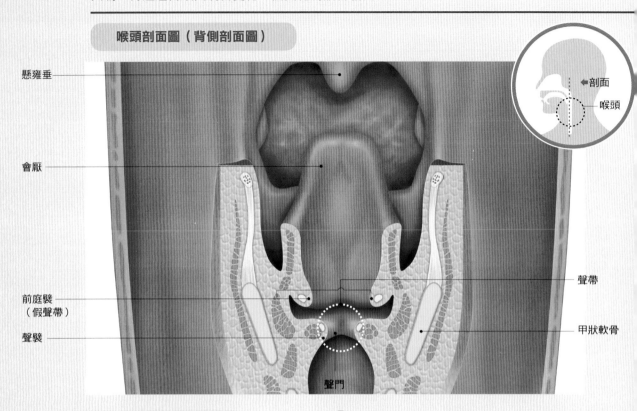

懸雍垂

會厭

前庭襞
（假聲帶）

聲襞

聲帶

甲狀軟骨

聲門

←剖面

喉頭

喉頭剖面圖（上方剖面圖）

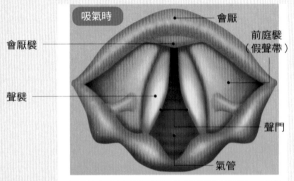

吸氣時

會厭

前庭襞
（假聲帶）

會厭襞

聲襞

聲門

氣管

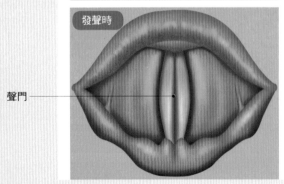

發聲時

聲門

聲門發出聲音的機制

喉頭（p.90）的左右兩邊有兩組「襞」。位於上方的是前庭襞（假聲帶），下方是聲帶。左右聲帶間的縫隙是聲門，平常呼吸時，聲門是打開的。

拉緊聲帶使聲門變狹窄，當空氣通過聲門時，就會振動聲帶而發出聲音。振動頻率會依聲門打開的方式而改變，聲音高低也因此不同。單純的聲音會經過喉頭、咽部、口鼻共鳴，再經由舌頭與嘴唇的形狀改變，變成有意義的語言。

但是屬於子音的「S」、「F」、「P」等摩擦音或破裂音，無法由聲帶振動發出，這些音叫無聲音。當聲帶發炎、生癌或運動聲帶的喉返神經麻痺時，聲帶就無法正常的振動而聲音沙啞，這種狀況稱為嘎聲。

肺炎

肺部引起的疾病，多半由細菌和病毒所引起。近年來，肺炎死亡率不斷攀高，已成為日本人主要死因第四名。

細菌性肺炎

此病由感染肺炎球菌、金黃色葡萄球菌、流感嗜血桿菌等引起，最常見的是肺炎球菌引起的細菌性肺炎。

高齡者、COPD（慢性阻塞性肺病，p.99）等呼吸系統疾病患者，以及因患有糖尿病或肝病，而造成免疫機能低下的患者等，都容易感染並惡化，所以建議接種肺炎球菌的疫苗。

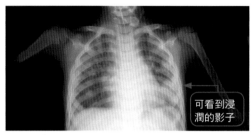

可看到浸潤的影子

▲真菌性肺炎的Ｘ光影像

 症狀

主要症狀為發燒、咳嗽、有痰（膿痰）。胸痛或呼吸困難的症狀可能出現得很突然，惡化時會出現發紺或意識不清。

治療

確認原因，針對病因給予可發揮藥效的抗生素藥品。症狀嚴重時得入院治療，並且靜養及補充足夠的營養以等待痊癒。

吸入性肺炎

吞嚥時，食物從喉頭誤入氣管及支氣管，稱為「吸入」；因吸入而引起的肺炎為吸入性肺炎。口中細菌會隨著食物，或跟著由胃返流的嘔吐物及胃液進入呼吸道，而引起發炎。

容易發生在咳嗽反應變弱的高齡者或吃東西的人身上，嚴重者會死亡，必須注意。

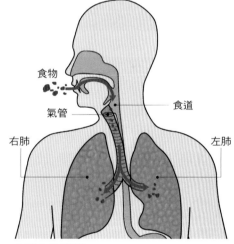

食物

氣管

右肺

食道

左肺

▲吸入的機制

 症狀

主要症狀為發高燒、咳嗽、有痰，特徵是有時候症狀不會出現得很明顯，不少病例一開始只是低燒或沒什麼精神而已。

 治療

確認造成原因的細菌，針對病因給予抗生素並補充營養。由於不停止吸入就無法治癒，所以不僅要改善飲食內容和進食方式，口腔清潔也很重要。

此外，高齡者和有麻痺症狀者的吞嚥功能低落，特別容易發生吸入，所以改善姿勢和調理食物，對於預防吸入來說相當重要。

其他類型肺炎

其他還有微生物或病毒引起的肺炎，如：黴漿菌肺炎、披衣菌感染症、退伍軍人病，伴隨發燒、咳嗽、關節痛及嘔吐等消化道症狀。基本治療方式是開立抗生素。

肺結核

結核菌感染到肺部而引起的疾病。大家可能以為肺結核是很久之前的疾病，但其實在現代也很常見。此疾病由飛沫或空氣傳染，所以可能在高齡者照顧機構發生集體感染，或是一家人接連感染的情況；但與其他感染症不同的是，並非全部感染者都會發病。早期發現、早期治療相當重要。

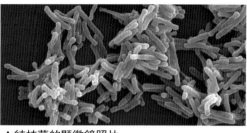
▲結核菌的顯微鏡照片

症狀

初期症狀不明顯，會慢慢出現倦怠感、食慾不振、咳嗽不止、低燒、體重減少、血痰或睡眠時盜汗等症狀。惡化時，還會出現高燒、呼吸困難或咳血。

治療

患者為結核菌排菌患者時，需住院治療，另外還會併用數種抗結核藥物。抗結核藥物需長期確實服用，所以有可能進行短程直接觀察治療法（DOTS）。

自發性氣胸

包覆肺部的胸膜破裂，空氣進入胸膜腔，壓迫到了肺部，即為氣胸。發生原因包括外傷及肺部疾病，但沒有特殊原因即發生的氣胸，叫做自發性氣胸。

自發性氣胸好發於高瘦的男性，特徵是容易復發，嚴重案例如兩邊的肺部同時出現自發性氣胸，壓迫到心臟的話有可能致死。

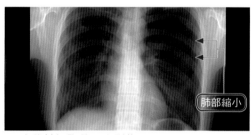
肺部縮小
▲自發性氣胸的Ｘ光影像

症狀

主要症狀是突然的胸痛與呼吸困難。胸痛有時輕微到幾乎感覺不到，有時卻又非常激烈，也可能出現無痰的乾咳、脈搏加快或心悸等症狀。

治療

症狀輕微時，讓患者靜養，待胸膜破掉的部分關閉、肺部膨脹回來即可。症狀嚴重或復發時，可能會動手術切除破掉的肺部。

筆記

睡眠呼吸中止症候群（SAS）

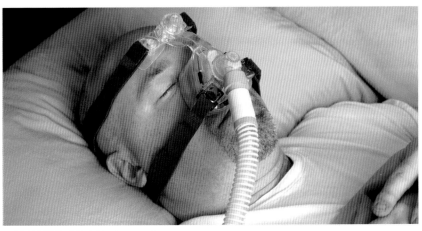

▲連續陽壓呼吸療法（CPAP）

　　睡眠時，每小時呼吸中止持續 10 秒以上、發生 5 次以上，即為睡眠呼吸中止徵候群。呼吸中止是由於某些鼻塞所引起。

　　好發族群多為患有過敏性鼻炎者，或是扁桃腺腫大、下頜過小、舌頭縮入呼吸道、攝入酒精後就寢，以及因肥胖而造成頸部有許多脂肪者。此外，因為身體處於慢性缺氧狀態，所以可能衍生嚴重的心臟或肺部疾病。

症狀

　　睡眠時突然呼吸中止。有時打呼非常嚴重，或因喘不過氣而半夜醒來好幾次，造成睡眠不足，進而導致白天覺得疲憊，常常打瞌睡。

治療

　　如果是因為肥胖或鼻炎，就改善生活習慣或治療該疾病。症狀嚴重時，需進行連續陽壓呼吸療法（CPAP），也就是在睡眠時戴上口鼻面罩、強制送入空氣的治療方式。

筆記

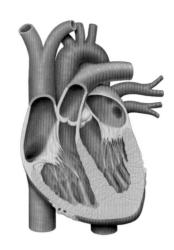

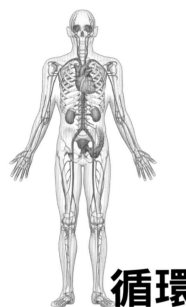

第 5 章

循環系統及血液

循環系統由心血管系統與淋巴系統構成。
心血管系統中，心臟與血管負責將血液源
源不絕的送往全身循環；淋巴系統中，則
是有淋巴液流動。這些在循環系統裡流動
的血液與淋巴液，負責運送各種物質、免
疫及止血。

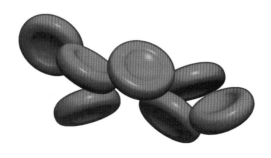

血液循環

將血液循環到全身的臟器和器官，都屬於循環系統，其中將血液循環
到全身的心血管系統，分為肺循環與體循環。

● DATA

全身血管長度：
約 10 萬公里
重量：約占體重的 3%

血液循環

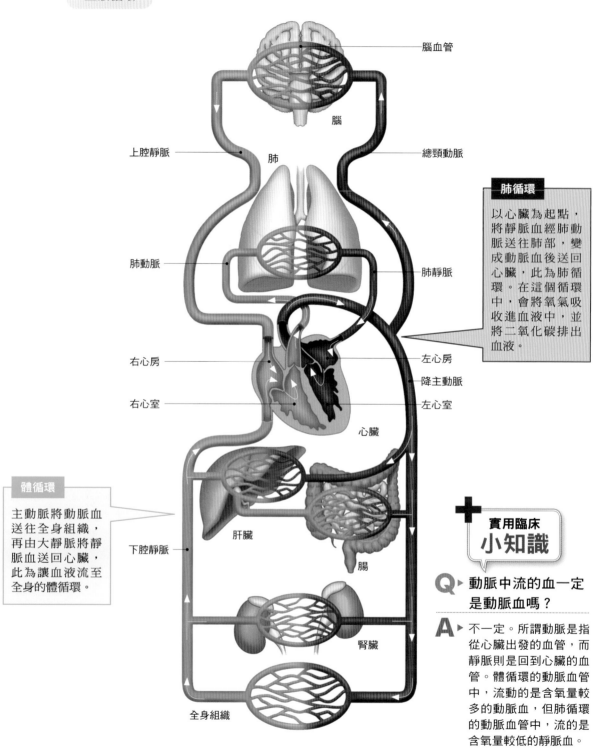

腦血管

上腔靜脈

肺

總頸動脈

肺動脈

肺靜脈

右心房

左心房

降主動脈

右心室

左心室

心臟

腦

肺循環

以心臟為起點，
將靜脈血經肺動
脈送往肺部，變
成動脈血後送回
心臟，此為肺循
環。在這個循環
中，會將氧氣吸
收進血液中，並
將二氧化碳排出
血液。

體循環

主動脈將動脈血
送往全身組織，
再由大靜脈將靜
脈血送回心臟，
此為讓血液流至
全身的體循環。

肝臟

下腔靜脈

腸

腎臟

全身組織

實用臨床 小知識

**Q▶ 動脈中流的血一定
是動脈血嗎？**

A▶ 不一定。所謂動脈是指
從心臟出發的血管，而
靜脈則是回到心臟的血
管。體循環的動脈血管
中，流動的是含氧量較
多的動脈血，但肺循環
的動脈血管中，流的是
含氧量較低的靜脈血。

兩種血液循環

循環系統負責將血液（p.128）源源不絕的循環至全身，這是為了將身體活動所需的養分與氧氣送到細胞，並將細胞所產生的代謝物回收。這種循環只要停滯數分鐘，人就會死亡。

循環系統中，將血液循環到全身的心臟（p.108）、動脈（p.116）、微血管（p.120）和靜脈（p.118）等稱為**心血管系統**。

心血管系統分為**體循環**與**肺循環**：體循環將富含氧氣的血液送到全身，再從末梢回收代謝物；肺循環則將氧氣放入血液，並從血液回收二氧化碳。全身的血液都會交互經過體循環與肺循環。

體循環與肺循環的血液流動

在體循環中，從心臟的左心室送出的血液，會經由分布於全身的**動脈**，送至**末梢組織**。末梢組織的血管是**微血管**，透過微血管的管壁，血液提供組織養分與氧氣，並從組織回收代謝物。其後微血管集中變成靜脈，血液慢慢通過粗的大靜脈回到心臟的右心房。

在肺循環中，從心臟的右心室送出的血液被送至左右肺，血液經由包在肺泡上的微血管，吸收氧氣並向肺泡送出二氧化碳。富含氧氣的血液，再從左右肺回到心臟的左心房。

左心系統與右心系統

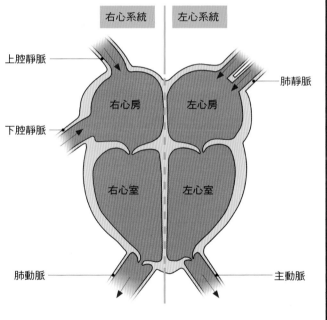

右心系統　　左心系統

上腔靜脈　　　　　　　　　　　肺靜脈
右心房　　左心房
下腔靜脈
右心室　　左心室
肺動脈　　　　　　　　　　　主動脈

除了可分類為肺循環與體循環外，循環系統還可分為左心系統與右心系統。

左心系統包括左心房、左心室以及其前後的肺靜脈與主動脈。左心系統機能低下形成左心衰竭時，會造成血壓下降及肺循環淤血。

右心系統包括右心房、右心室及其前後的大靜脈與肺動脈。右心系統機能低下而形成右心衰竭時，會出現全身靜脈淤血、下肢浮腫等症狀。

疾病的形成

心臟衰竭

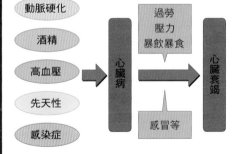

動脈硬化　　酒精　　高血壓　　先天性　　感染症　→　心臟病　→　過勞 壓力 暴飲暴食 / 感冒等　→　心臟衰竭

▲心臟衰竭的原因

心臟肌肉機能低下，無法充分發揮送出血液的功能。發病原因包括心肌梗塞、瓣膜性心臟病、擴張性心肌病、心包炎及高血壓等，又分為急性與慢性。

症狀 急性心臟衰竭會出現呼吸困難、心跳過速或心律不整等症狀；心肌梗塞會出現胸痛症狀。若是慢性心臟衰竭，患者只要稍微動一下就會喘不過氣，出現全身倦怠、浮腫、咳嗽、胸水、腹水或喘鳴等症狀。

治療 急性心臟衰竭時，優先施以急救；如果知道其原因疾病，就治療該疾病。基本治療方式包括靜養、氧氣療法、強心劑、利尿劑等藥物療法，以及限制攝取水分與鹽分。

心臟與冠狀動脈

一生都在收縮的心臟是一塊肌肉，廣布於表面的冠狀動脈負責提供心肌氧氣與營養。

● DATA
心臟的重量：
約 200 ～ 300 公克
心室壁厚度：
右心室：約 2 ～ 4 公厘
左心室：約 10 ～ 11 公厘

心臟的各部位

此圖約
為實際尺寸
的120%

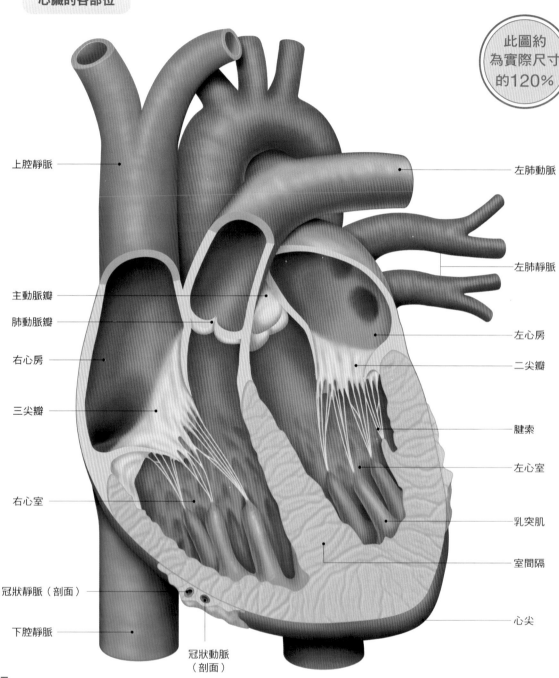

上腔靜脈

主動脈瓣

肺動脈瓣

右心房

三尖瓣

右心室

冠狀靜脈（剖面）

下腔靜脈

冠狀動脈
（剖面）

左肺動脈

左肺靜脈

左心房

二尖瓣

腱索

左心室

乳突肌

室間隔

心尖

**實用臨床
小知識**

Q ▶ 血液如何流過心臟以提供心臟養分？

A ▶ 心臟上有冠狀動脈（見下頁左圖），開口在主動脈瓣的根部。當心室開始擴張，主動脈瓣閉合，主動脈瓣囊袋部分壓力上升，血液就會流入冠狀動脈。

心臟的位置近於胸部的中央

心臟約等於人的拳頭大小，重約200～300公克，一般來說，男性的心臟較大。

心臟的上半部較圓較粗，向左下方走的形狀較尖，這個較尖的部分稱為心尖；大血管都是由心臟上半部出入。

心臟位於人體的位置稍稍偏左，幾乎是處於胸部的中央。由於心臟收縮舒張時，大血管的動作被限制在上半部，而沒有被固定的左下心尖部位動作較激烈，所以才有心臟在人體左邊的誤解。

心臟由肋骨、胸骨及胸椎組成的胸腔（p.26）保護。

左心室的心肌壁較厚

心臟內部分為**右心房**、**右心室**、**左心房**及**左心室**等四室。左右心房在上半部，左右心室在下半部；右心房與右心室在前，左心房與左心室在後。

心臟臟壁是稱為**心肌**的肌肉，在顯微鏡下，心肌具有橫紋紋路，這一點與骨骼肌相似，但是心肌的性質與消化道壁的平滑肌一樣，是無法隨自我意志指揮的**不隨意肌**。

心室的心肌比心房厚，而左心室的心肌又比右心室厚，這是因為左心室負責將血液送到全身，所以需要最強的收縮力。

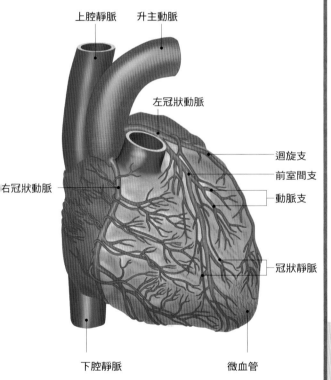

冠狀動脈

上腔靜脈　升主動脈

左冠狀動脈

右冠狀動脈

迴旋支
前室間支
動脈支

冠狀靜脈

下腔靜脈　　　　微血管

冠狀動脈負責提供心臟氧氣與營養。升主動脈從左心室出發，而冠狀動脈的開口在主動脈瓣的根部。

冠狀動脈又分為右冠狀動脈與左冠狀動脈，後者分枝成迴旋支與前室間支等動脈，接著經由再分枝，將氧氣與養分送到整個心臟。

疾病的形成

心肌梗塞

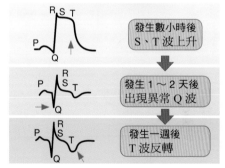

發生數小時後
S、T 波上升

發生 1～2 天後
出現異常 Q 波

發生一週後
T 波反轉

▲心肌梗塞的心電圖波形變化

冠狀動脈塞住，血液無法送至末端，造成心肌壞死，與狹心症同為「缺血性心臟病」，主要原因為動脈硬化。觀察心電圖波形變化可見其特徵。

症狀　突然出現令人忍不住捂住胸口的疼痛，且疼痛會擴散至下巴、左肩和背部；伴隨呼吸困難、臉色蒼白、噁心、想吐等症狀。若是受損心肌範圍太大，就會導致死亡。

治療　急性期的急救為第一優先，會給予溶化冠狀動脈血栓的藥物、從鼠蹊部放入導管來擴張血管，或從其他部位取得血管以進行繞道手術。

心臟瓣膜

心臟的血液常保一定流向，為防止血液逆流，心臟內部及外接血管的
部位共有四個瓣膜。

● DATA
二尖瓣的面積：
約 4～6 平方公分
三尖瓣的面積：
約 5～6 平方公分

瓣膜的動作與血液的流動

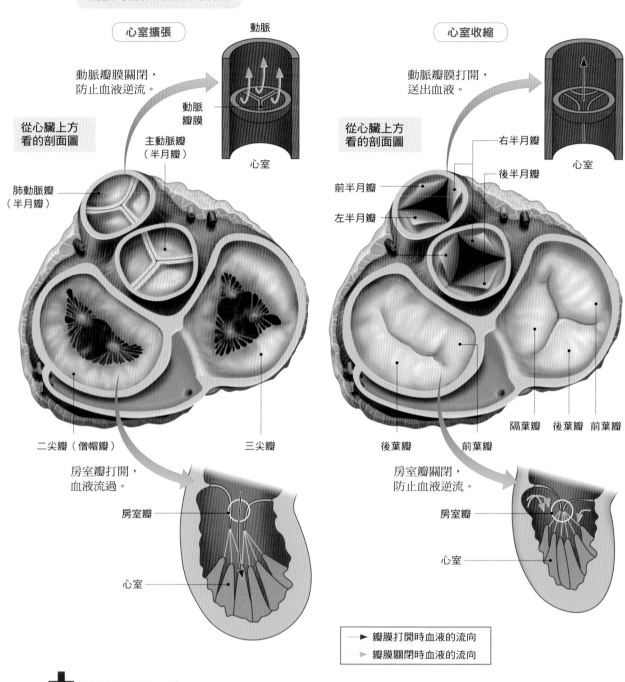

心室擴張

動脈瓣膜關閉，
防止血液逆流。

動脈

動脈
瓣膜

心室

從心臟上方
看的剖面圖

主動脈瓣
（半月瓣）

肺動脈瓣
（半月瓣）

二尖瓣（僧帽瓣）

三尖瓣

房室瓣打開，
血液流過。

房室瓣

心室

心室收縮

動脈瓣膜打開，
送出血液。

右半月瓣

後半月瓣

心室

從心臟上方
看的剖面圖

前半月瓣

左半月瓣

隔葉瓣　後葉瓣　前葉瓣

後葉瓣　　前葉瓣

房室瓣關閉，
防止血液逆流。

房室瓣

心室

▶ 瓣膜打開時血液的流向
▶ 瓣膜關閉時血液的流向

✚ 實用臨床
小知識

Q ▶ 「三尖瓣」及「僧帽瓣」的名稱由來為何？

A ▶ 三尖瓣由三片三角形瓣膜的尖角部分拼起，故稱三尖瓣；二尖瓣
則是因為其形似基督教僧侶的帽子，故又稱僧帽瓣。

2 個房室瓣與主動脈瓣

心臟裡有 4 個防止血液逆流的閥（瓣膜）。

心房與**心室**間的是**房室瓣**，右心房與右心室間的是**三尖瓣**，左心房與左心室間的是**僧帽瓣**（二尖瓣）。房室瓣由心室內突出的乳突肌與腱索拉住，所以就算是心室收縮的壓力，也不會讓其向心房側翻過去。

左心室向主動脈的出口處有**主動脈瓣**，右心室向肺動脈的出口處有**肺動脈瓣**，它們是由 3 個瓣形成袋狀，附於動脈內側。主動脈瓣的根部有左右兩個冠狀動脈的開口。

血液的流動與瓣膜的動作

由全身或肺部回到心房的血液會由心房收縮送到心室，這個時候房室瓣會朝心室側開啟，接下來心室會收縮，血液從右心室送至**肺動脈**，從左心室送至**主動脈**。此時左右的房室瓣關閉，肺動脈瓣與主動脈瓣會打開。

如前所述，因為房室瓣被拉往心室一側，所以就算心室強力的收縮，房室瓣也不會打開，血液不會逆流回心房。

心室收縮將血液送出至肺動脈與主動脈後，心室轉而擴張時，動脈瓣的袋狀部分因送出至動脈的血液進入而膨脹，藉此將瓣膜關閉。

心跳聲是瓣膜閉起來的聲音

心跳聲聽診部位

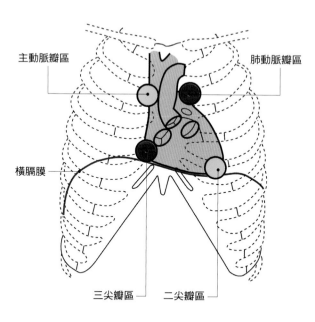

主動脈瓣區
肺動脈瓣區
橫膈膜
三尖瓣區
二尖瓣區

以聽診器等聽到的心跳聲，是心臟瓣膜閉起來的聲音。心臟收縮擴張一次，可聽到第一心音與第二心音。

第一心音是心室開始收縮、左右房室瓣閉起來的聲音；第二心音是心室即將結束收縮，左右主動脈瓣、肺動脈瓣閉起來的聲音。

心尖是最能聽清楚心音的部位，但 4 種瓣膜所發出的聲音，各自有聽得最清楚的部位。

疾病的形成

瓣膜性心臟病

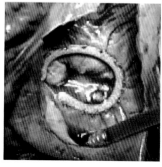

◀更換為人工瓣膜的二尖瓣

因心臟中的 4 個瓣膜機能異常而發生的疾病總稱，包含因二尖瓣、三尖瓣、主動脈瓣、肺動脈瓣的任一個過硬而無法全開的瓣膜狹窄症，以及無法完全關閉的瓣膜閉鎖不全，還有兩者併發都算在內。

症狀 不管哪一種類型，輕微時都沒有明顯的自覺症狀。惡化的話，會出現呼吸困難、容易疲勞等症狀。依病型不同，還會出現胸痛、失去意識、胸水和浮腫等症狀。

治療 治療方法為靜養、限制攝取水分及鹽分，給予利尿劑等藥物療法或氧氣療法等；為了預防血栓，會給予抗凝血藥。症狀嚴重時，可能需動手術以更換人工瓣膜。

刺激傳導系統

刺激傳導系統發出電刺激引起收縮，並傳達到整個心肌，心臟才能不斷規則的收縮。

● DATA

竇房結尺寸：
約 20 x 5 公厘
竇性節律（竇房結發出的正常節奏）：
約 60 ～ 80 次／分

刺激傳導系統的機制

刺激傳導系統發出的電刺激流向

刺激傳導系統受自律神經（交感神經、副交感神經）支配

① 由竇房結發出電刺激，經右心房心肌傳至左心房心肌，至房室結。
② 由房室結經心肌纖維將刺激傳至房室束。
③ 由房室束將刺激傳至左房室束分支與右房室束分支。
④ 由左房室束分支與右房室束分支，將刺激傳至分布於心肌中的浦金氏纖維。
⑤ 由浦金氏纖維將刺激傳至整個心室的心肌。

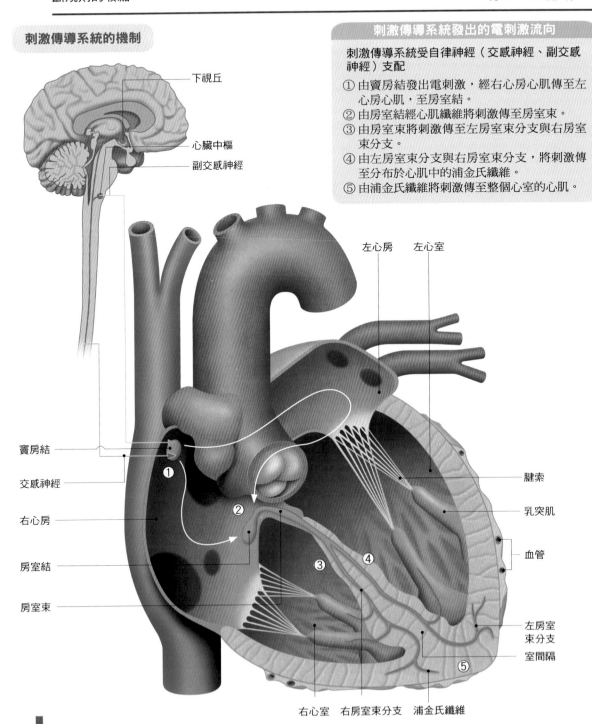

下視丘
心臟中樞
副交感神經
左心房　左心室
竇房結
交感神經
右心房
房室結
房室束
腱索
乳突肌
血管
左房室束分支
室間隔
右心室　右房室束分支　浦金氏纖維

實用臨床 小知識

Q ▶ 只有竇房結會發出使心臟收縮的刺激嗎？

A ▶ 有時候會由刺激傳導系統的房室結或其他地方發出電刺激，如果是其他地方發出刺激，則傳到心肌後會引起與正常節奏不同的收縮，稱為期外收縮。

何謂刺激傳導系統？

讓心肌收縮的刺激傳導系統並不是由神經所構成，而是由特殊的心肌纖維構成。

位於右心房上半部的竇房結是發出電刺激的源頭，它發出的電刺激會像波浪一般傳到整個心房。

心房與心室中間有房室結，扮演電線角色的心肌纖維由此伸出。首先是從房室結向室間隔伸出房室束，然後分支為左房室束分支與右房室束分支，左右房室束分支各自通過左心室與右心室壁中，接著由叫做浦金氏纖維的細纖維傳導至整個心室的心肌。

心房與心室收縮的不同之處

竇房結發出的電刺激傳導至整個心房後，左右心房就會收縮，因為心房的電刺激傳導像是波浪一樣，所以收縮也較為和緩。在這個階段，電刺激並未傳導至心室，所以心室不會收縮。

擴散至整個心房的一部分電刺激傳導至房室結後，就會通過房室束、左右房室束分支、浦金氏纖維迅速傳導至整個心室的心肌。這樣一來，整個左右心室會同時強烈收縮，一口氣將血液送出至肺動脈與主動脈。

心房與心室的收縮時間點就像這樣巧妙的錯開，並且創造出不間斷的血液流動。

心電圖

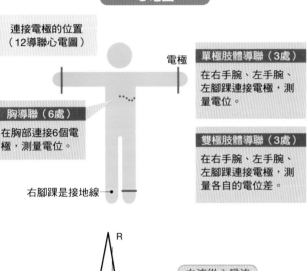

連接電極的位置
（12導聯心電圖）

電極

單極肢體導聯（3處）
在右手腕、左手腕、左腳踝連接電極，測量電位。

胸導聯（6處）
在胸部連接6個電極，測量電位。

雙極肢體導聯（3處）
在右手腕、左手腕、左腳踝連接電極，測量各自的電位差。

右腳踝是接地線

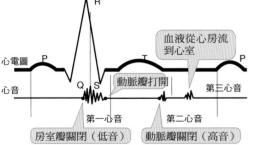

血液從心房流到心室

心電圖 P ... R ... Q S ... T ... P

動脈瓣打開

心音 第一心音 第二心音 第三心音

房室瓣關閉（低音）

動脈瓣關閉（高音）

在皮膚上連接電極，檢測心臟刺激傳導系統發出並傳導的電刺激，即心電圖檢查。一般的做法是 12 導聯心電圖，在胸部連接 6 個電極，在兩手手腕及左腳踝連接 6 個電極，共取 12 種數據。

基本上，心電圖開始的緩波動 P 波表示心房的收縮，接下來較尖銳的波動 QRS 波群表示心室的收縮，最後平緩的波動 T 波表示心室從興奮狀態平緩下來。從這些波動的形狀及節奏，來推測心肌及刺激傳導系統的異常。

疾病的形成

病竇症候群及心臟傳導阻滯

將心律調整器埋入左胸上方或鎖骨下方，給予心臟電刺激，藉以維持正常的心搏。

▲心律調整器扮演的角色

這兩種疾病都是因為刺激傳導系統發生問題，造成心搏次數或心搏頻率異常。除了竇房結的調頻能力異常，所引起的病竇症候群之外，還有傳導刺激路徑受阻的竇房傳導阻滯、房室傳導阻滯和束支傳導阻滯等。

症狀　脈搏異常，例如運動時脈搏也不會變快、緩脈及脈搏短絀（脈搏速率較心速律少）。嚴重時，會出現喘不過氣、暈眩及勞動時因腦缺血而暈倒等症狀。

治療　輕微時，可能不需特別治療，只要監控即可，有時會給予抗心律不整藥物。症狀嚴重至可能危及生命時，將以手術植入心律調整器。

心週期

心週期為心臟收縮擴張一次，依心房、心室的動作及血液流動狀況，
分為 5 個階段。

● DATA
心週期：約 0.8 ～ 1 秒
一次心搏出量：
約 50 ～ 80 毫升
心搏出量：
約 5 公升／分

從心週期看心臟的動作

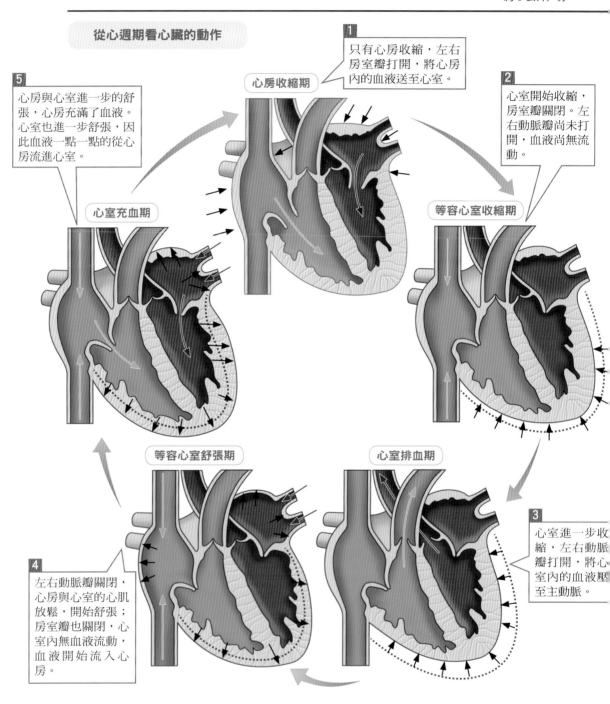

1 只有心房收縮，左右房室瓣打開，將心房內的血液送至心室。

心房收縮期

2 心室開始收縮，房室瓣關閉。左右動脈瓣尚未打開，血液尚無流動。

等容心室收縮期

3 心室進一步收縮，左右動脈瓣打開，將心室內的血液壓至主動脈。

心室排血期

4 左右動脈瓣關閉，心房與心室的心肌放鬆，開始舒張；房室瓣也關閉，心室內無血液流動，血液開始流入心房。

等容心室舒張期

心室充血期

5 心房與心室進一步的舒張，心房充滿了血液。心室也進一步舒張，因此血液一點一點的從心房流進心室。

＋
實用臨床
小知識

Q ▶ 心週期的「等容」是什麼意思？

A ▶ 是指無容量變化之意。等容心室收縮期與等容心室舒張期時，房室瓣與動脈瓣都是關閉的，所以心室內的血液量並無增減，容量不變，只是心室內的壓力有變化而已。

心房開始收縮至心室收縮為止

心週期是由心房收縮期開始，此時竇房結（p.112）產生的電刺激擴散到整個心房，心房開始收縮的階段（相當於心電圖的 P 波）。房室瓣打開，血液被推至心室。

接下來是等容心室收縮期，此階段電刺激會由房室結迅速傳至整個心室，心室開始收縮（約相當於心電圖的 QRS 波群）。主動脈瓣仍處於關閉狀態，而由於心室的壓力，房室瓣也是關閉的，所以心室內的血液不會流動。

接下來的心室排血期中，心室更大幅的收縮，主動脈瓣打開，血液一口氣被推出到主動脈中（約相當於心電圖的 QRS 波群後至 T 波之間）。

為了下一輪的收縮，心房與心室會舒張

心室結束收縮，心肌開始放鬆時，主動脈瓣會關閉。從主動脈瓣關閉開始，為等容心室舒張期（相當於心電圖 T 波結束後的平坦部分），在這個階段中，因為房室瓣仍處於關閉狀態，所以心室內的血液不會流動。

等容心室舒張期過後，心臟放鬆、心房與心室擴張，血液從前下腔靜脈流入右心房，並從肺靜脈流入左心房，就是心室充血期（相當於心電圖中，下一輪 P 波前面的平坦階段）。心室擴張時，因其力量使血液慢慢被吸入心室，房室瓣開始打開。

心室充血期後，竇房結發出電刺激，就開始了下一輪的心週期。

心週期與心音、心電圖的關聯

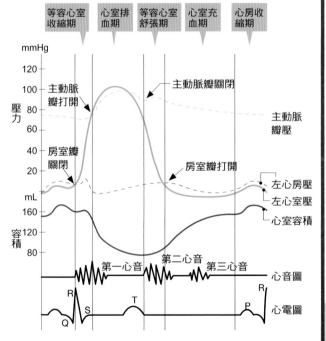

由上圖可看出，心臟瓣膜的關閉與打開是心週期各期的轉折處（除了心房收縮期之外）。舉例來說，等容心室收縮期時心電圖出現 QRS 波群，可看出房室瓣關閉，心室開始收縮，左心室壓急遽上升。

心音主要是心臟瓣膜關閉時發出的聲音，第一心音是房室瓣關閉，第二心音是主動脈瓣關閉的聲音。第三心音不是心臟瓣膜的聲音，而是血液從心房流進心室的聲音，所以聲音會比第一心音及第二心音小。

疾病的形成

心律不整

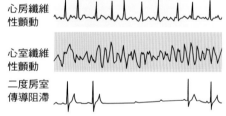

▲心律不整的種類

心搏速度或節奏發生異常，病竇症候群及心臟傳導阻滯（p.113）也屬於心律不整，其他還有心搏數過速的類型，如陣發性心搏過速及 WPW 症候群等。而心房心室顫動的類型，有心房纖維性顫動及心室纖維性顫動。

症狀　輕微時幾乎沒有症狀。因疾病不同而有不同症狀，包括脈搏異常、心悸、胸部壓迫感、胸痛、呼吸困難、暈眩及昏厥等。嚴重時會失去意識，心室纖維性顫動有可能造成心跳停止。

治療　失去意識或心跳停止時，需要用心臟去顫器急救。依其病因給予抗心律不整藥物，或是手術植入心律調整器。若沒有生命危險，則有可能不需特別治療，只要監控即可。

動脈

從心臟出發的血管稱為動脈。由於心臟收縮，對送出的血液產生壓力，所以動脈血流會源源不絕的流動。

● DATA
主動脈直徑：約 30 公厘
總頸動脈粗細：約 7 公厘

全身的主要動脈

影片QR Code

Chapter
1-13、2

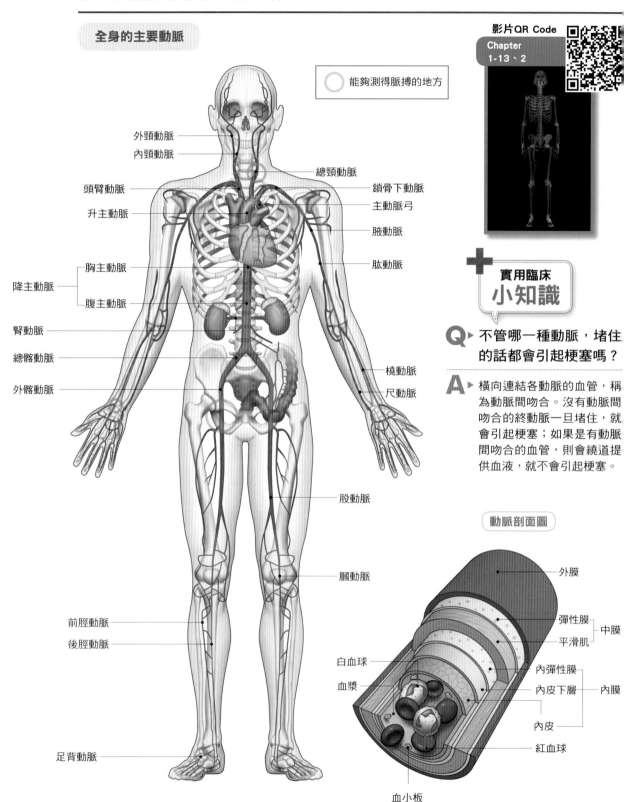

○ 能夠測得脈搏的地方

外頸動脈
內頸動脈
頭臂動脈
升主動脈
胸主動脈
降主動脈
腹主動脈
腎動脈
總髂動脈
外髂動脈
總頸動脈
鎖骨下動脈
主動脈弓
腋動脈
肱動脈
橈動脈
尺動脈
股動脈
膕動脈
前脛動脈
後脛動脈
足背動脈

實用臨床 小知識

Q 不管哪一種動脈，堵住的話都會引起梗塞嗎？

A 橫向連結各動脈的血管，稱為動脈間吻合。沒有動脈間吻合的終動脈一旦堵住，就會引起梗塞；如果是有動脈間吻合的血管，則會繞道提供血液，就不會引起梗塞。

動脈剖面圖

外膜
彈性膜
平滑肌
中膜
內彈性膜
內皮下層
內膜
內皮
紅血球
白血球
血漿
血小板

動脈從身體的較深層處通過

從心臟（p.108）出發的血管，稱為動脈。肺循環中是以從右心室出發的肺動脈為起點，體循環中則是以從左心室出發的主動脈為起點。體循環中流的是含氧量較高的動脈血，肺循環中流的則是含氧量較低的靜脈血。

因為動脈是從心臟出發，所以大部分是從身體的較深層處通過。動脈中的壓力較高，若破損會造成大量出血，所以這是保護身體的重要構造。但是在身體的幾處，有些動脈會從比較淺的地方通過，我們可以從這些部位測得脈搏。臨床上常用來測脈搏的是總頸動脈、橈動脈及足背動脈。

動脈血管的平滑肌較厚

因為動脈中的壓力較高，所以動脈血管壁也較厚，而動脈血管壁分為外膜、中膜、內膜共三層。中膜的平滑肌較厚，因為它要接收從心室送出的血液，需要具備一定的彈力與強韌度。

最粗的動脈是升主動脈，直徑約為3公分，它會在主動脈弓迴轉，一邊向末梢分支出血管，一邊朝向胸部及腹部下行，在腹部分支為左右兩邊的總髂動脈。

動脈至末梢時分支為直徑約 0.3 ～ 0.01 公厘的微動脈，再向更末梢走，會與微血管（p.120）相接。

源源不斷的動脈血流

動脈中的血液流動

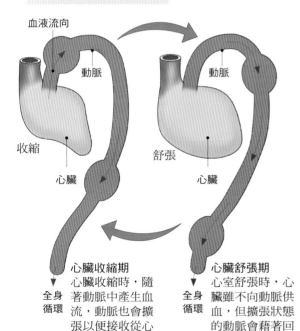

血液流向

動脈

動脈

收縮

舒張

心臟

心臟

心臟收縮期
心臟收縮時，隨著動脈中產生血流，動脈也會擴張以便接收從心臟送出的血液。
▼ 全身循環

心臟舒張期
心室舒張時，心臟雖不向動脈供血，但擴張狀態的動脈會藉著回復原狀，產生流往末梢的血流。
▼ 全身循環

動脈中會有不斷從中樞向末梢流動的血流，且不會逆流。為了送出富含氧氣的血液至身體各處，這些血流必須源源不絕、不可停歇。心臟收縮後，血液一口氣被壓出至動脈，動脈也會擴張以便接收從心臟送出的血液。而在心室舒張時，擴張狀態的動脈會藉著回復原狀，產生流往末梢的血流。

疾病的形成

動脈硬化

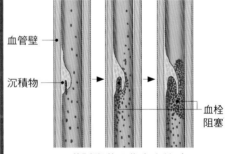

血管壁

沉積物

血栓阻塞

▲動脈粥狀硬化之血管壁

動脈硬化有多種類型，其中最常見的是動脈粥狀硬化。所謂粥狀，是指膽固醇等脂質與白血球的屍體，在血管壁上形成的泥狀沉積物。

症狀　動脈硬化不會有症狀出現，只會一直惡化，等到血管內腔變得極窄、血栓阻塞時，就會引起腦梗塞或心肌梗塞。此外，常出現於下肢的閉塞性動脈硬化，則會因為疼痛與麻痺而無法行走。

治療　要避免引發動脈硬化，必須改善生活習慣，如運動不足、過量飲食、肥胖、吸菸及壓力等，預防重於治療。動脈塞住或是快要塞住時，會藉由手術以導管擴張血管內腔。

靜脈

回到心臟的血管稱為靜脈,所以心室推出血液所產生的壓力與血流,
不會經過微血管傳給靜脈。

DATA

下腔靜脈直徑:
約 3.5 公分
鎖骨下靜脈直徑:
約 2 公分

全身的主要靜脈

影片QR Code

Chapter
1-13、2

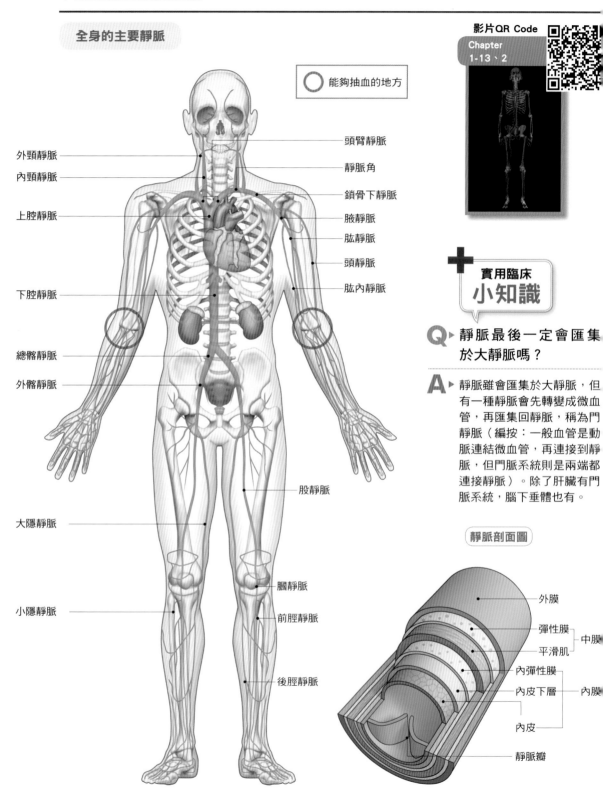

○ 能夠抽血的地方

外頸靜脈
內頸靜脈
上腔靜脈
下腔靜脈
總髂靜脈
外髂靜脈
大隱靜脈
小隱靜脈

頭臂靜脈
靜脈角
鎖骨下靜脈
腋靜脈
肱靜脈
頭靜脈
肱內靜脈
股靜脈
膕靜脈
前脛靜脈
後脛靜脈

＋ 實用臨床
小知識

Q ▶ 靜脈最後一定會匯集
於大靜脈嗎?

A ▶ 靜脈雖會匯集於大靜脈,但
有一種靜脈會先轉變成微血
管,再匯集回靜脈,稱為門
靜脈(編按:一般血管是動
脈連結微血管,再連接到靜
脈,但門脈系統則是兩端都
連接靜脈)。除了肝臟有門
脈系統,腦下垂體也有。

靜脈剖面圖

外膜
彈性膜
平滑肌 } 中膜
內彈性膜
內皮下層 } 內膜
內皮
靜脈瓣

靜脈會與動脈並行，也會通過皮下

回到心臟的血管，稱之為**靜脈**。在體循環中，從全身回歸的血液最後會集中於**上腔靜脈**與**下腔靜脈**，回到右心房；在肺循環中，從肺回歸的血液會經由肺靜脈回到左心房。

體循環中流的是含氧量較低的靜脈血；肺循環中流的則是含氧量較高的動脈血。

靜脈的一部分會與動脈並行，從身體的較深層處通過，但是血液流向與動脈相反。而且靜脈系統具有動脈系統所沒有的血管，那就是在全身皮下呈粗疏的網狀構造的**皮靜脈**，一般血檢時所抽的手肘內側血管，即為皮靜脈之一。

具備防逆流閥的靜脈

靜脈把已經通過微血管（p.120）的血液集中，所以沒有產生像動脈那麼大的壓力，也就沒有脈搏。靜脈血管壁也分為**外膜、中膜、內膜**，但是不像動脈血管壁那麼有彈性，中膜的**平滑肌**比動脈薄。

靜脈內血液流動方式是利用重力，上半身的靜脈血液像是從上方向下推一樣，推著下半身的血液慢慢往前流。

為了保持血液往一定方向流動，防止逆流，靜脈血管壁分布有**靜脈瓣膜**（防止逆流的閥）。遠離心臟的下肢靜脈瓣膜特別發達，上肢也有靜脈瓣膜，但內臟的靜脈沒有瓣膜。

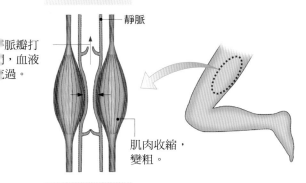

靜脈的血流由肌肉推動

肌肉收縮

靜脈瓣打開，血液流過。

靜脈

肌肉收縮，變粗。

肌肉放鬆

靜脈

靜脈瓣關閉。

肌肉放鬆，變細。

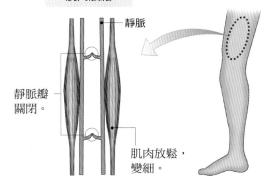

四肢靜脈的血流由肌肉所推動，肌肉收縮變粗時，會壓迫旁邊的靜脈；肌肉放鬆變細時，壓迫力道就會消失。重複以上過程，就可促進四肢靜脈的血流流回心臟。

疾病的形成

下肢靜脈曲張

▲下肢靜脈曲張患部

靜脈血流滯淤，造成血管壁壓力升高，使靜脈膨脹，形狀如瘤，這是發生於下肢靜脈的下肢靜脈曲張，產生原因為老化、運動不足及長時間站立工作等。

症狀 腳無力、水腫、易絆倒，而膝蓋內側或小腿肚等處的細靜脈血管，看起來有如蜘蛛巢，靜脈膨脹形狀如一個一個的瘤，嚴重時會引起色素沉澱及皮膚潰瘍。

治療 以按摩促進血液循環，或穿著醫療用彈力襪壓迫腿部等保守性治療。嚴重時可能會進行靜脈結紮（將靜脈紮住）、將呈瘤狀的靜脈拔除，或是以雷射從靜脈內側燒灼的手術。

微血管

微血管是上接微動脈的極細血管，在末梢組織或器官形成細網，微血管下接微靜脈。

● DATA

微血管直徑：
約 5 ～ 10 微米
微血管血流流速：
約 0.5 ～ 1 公厘／秒

微血管網

微血管前括約肌舒張時

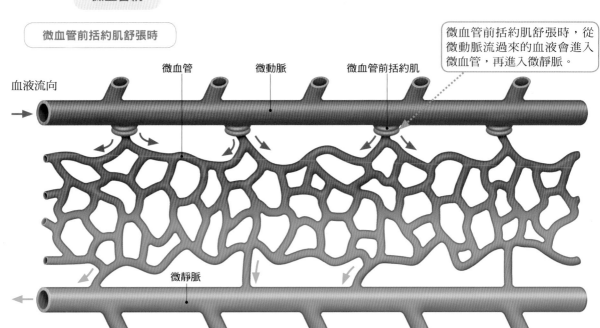

微血管前括約肌舒張時，從微動脈流過來的血液會進入微血管，再進入微靜脈。

血液流向　　微血管　　微動脈　　微血管前括約肌

微靜脈

微血管前括約肌收縮時

微血管的作用
① 進行血液與組織間的物質交換。
② 散逸體溫（皮膚的微血管）。
③ 防止體溫散逸（皮膚的微血管）。

微血管前括約肌收縮時，從微動脈流過來的血液會減少，微血管本身也會變細。

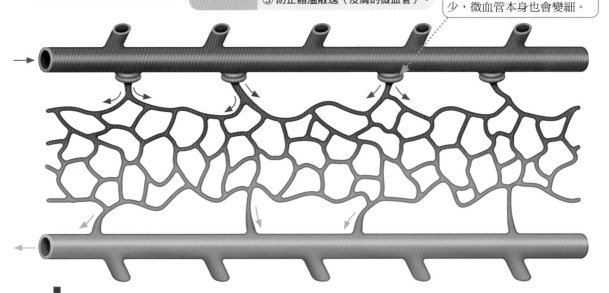

實用臨床 小知識

Q ▶ 皮膚發紅或胎記與微血管有關嗎？

A ▶ 因天氣熱而臉紅或是皮膚發炎變紅，是因為該部位的微血管擴張的關係。另外，生來就有的紅色胎記為單純性血管瘤，是因為某些原因造成皮下微血管異常增多而引起。

由一層內皮細胞形成

比毛髮還細的**微血管**構成了一片細緻的網狀構造，遍布於我們的全身，包括臟器與各種器官。

血液依序流經**大動脈**（p.116）、中動脈、小動脈及**微動脈**後，進入微血管。血液流過不斷重複分支又合流的網狀血管，流向**微靜脈**，再依序流經小靜脈、中靜脈及**大靜脈**（p.118）後，回到心臟。

微血管管壁很薄，在血液與組織間進行水分與電解質、氧氣與二氧化碳及小分子物質的交換。另外，白血球（p.132）中的嗜中性白血球及巨噬細胞也可以通過微血管管壁。

微血管內的血流非常緩慢

人體處於安靜狀態時，全身的微血管剖面積合計高達 3000 平方公分，但是血液流速卻與剖面積成反比，所以有較大剖面積的微血管血流非常緩慢，秒速約為 0.5～1 公厘左右。不過，正因為其流速緩慢，才能高效率的在血液與組織間，交換氧氣及養分等。

從微動脈轉入微血管的部位，具有由平滑肌構成的**微血管前括約肌**，用以調整流入微血管的血流量。

肌肉活動時，括約肌會放鬆，讓大量血液送至肌肉，但是寒冷時會收縮皮下微血管的括約肌，減少血流以防體溫逸失。

微血管的種類

紅血球

連續性微血管
微血管壁上無開孔。包括手腳在內，大多數的微血管都屬於這種類型。

有孔微血管
微血管壁上開有許多小孔，配置於內分泌腺和腎臟等處。

竇狀微血管
微血管壁上開有較大的孔。配置於肝臟和脾臟等處。

一般的微血管壁，單純是由內皮細胞排成壁磚的樣子（連續性微血管），但此外還有微血管壁上開有許多小孔的有孔微血管，以及微血管壁上開有較大孔的竇狀微血管。

孔較大的微血管配置於需要交換較大分子物質的地方，所以有孔微血管配置於內分泌腺和腎臟等處、竇狀微血管配置於肝臟等處。

疾病的形成

休克

主要原因

出血	燙傷	敗血症

心臟衰竭	急性過敏

休克

所謂休克是指沒有足夠的血液抵達末梢微血管的循環衰竭，原因包括大量出血或嚴重燙傷所造成的循環血量減少、心肌梗塞等心臟機能低下、細菌感染及過敏（急性過敏）等。

症狀 皮膚蒼白、虛脫、出汗、以觸摸方式量不到脈搏、呼吸衰竭為休克的五大特徵。所謂虛脫就是指無力、意識不清等，有時也伴隨血壓下降、噁心、嘔吐及胸痛等症狀。

治療 治療外傷、燙傷、心臟疾病及過敏等造成休克的原因或症狀，並給予升血壓藥物、經由輸液及輸血提升循環血量、給予氧氣療法等，必要時需要裝置人工呼吸器。

血壓的調整

血壓即加諸於血管的壓力，一般是加諸於動脈。血壓是由自律神經系統與內分泌系統調整。

● DATA

血壓基準值：
130／85 mmHg以下
收縮壓：
140／90 mmHg以上
舒張壓：100 mmHg以下

收縮期血壓（最高血壓）　心臟收縮、送出血液時，加諸於血管的壓力。

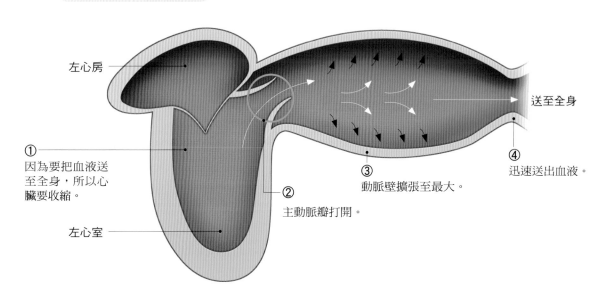

左心房

左心室

① 因為要把血液送至全身，所以心臟要收縮。

② 主動脈瓣打開。

③ 動脈壁擴張至最大。

④ 迅速送出血液。

送至全身

舒張期血壓（最低血壓）　心臟舒張時，加諸於血管的壓力。

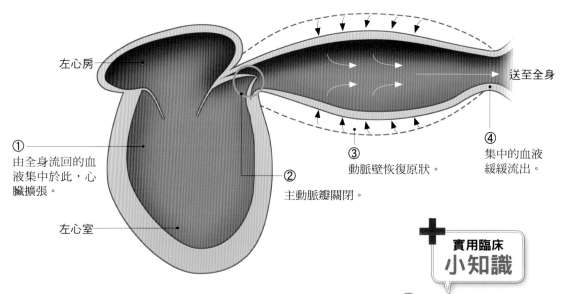

左心房

左心室

① 由全身流回的血液集中於此，心臟擴張。

② 主動脈瓣關閉。

③ 動脈壁恢復原狀。

④ 集中的血液緩緩流出。

送至全身

決定血壓的要素　決定血壓的要素是血管阻力、循環血量和心臟收縮力。

	血管阻力	循環血量	心臟收縮力
血壓上升	增強（血管收縮）	增加	增強
血壓下降	減弱（血管舒張）	減少	減弱

**實用臨床
小知識**

Q ▶ 測量血壓的注意事項？

A ▶ 測量部位需與心臟同高。位置太高，血壓會太低；位置太低，血壓會太高。而且測量帶與身體間必須可放入 2 根手指，太緊的話，血壓會太低；太鬆則血壓會太高。

左右血壓的因素

血壓即加諸於血管的壓力，所以全身的血管都有血壓。但是我們一般說的血壓，是指使用血壓計從肱動脈（p.116）所測得的血壓。

血壓分為心臟收縮送出血液時的收縮期血壓（最高血壓），以及心臟舒張時的舒張期血壓（最低血壓）。

血壓由血管阻力（血管粗細）、循環血量和心臟收縮力來決定。寒冷時、血管收縮或緊張時，心跳增加會升高血壓，而一旦大量出血或疾病造成心臟收縮力下降，血壓就會降低。

血壓的監控與調整

血壓由位於頸動脈與主動脈弓的壓力受體負責監控。壓力受體感測到血壓變化後，會將其資訊傳達至延髓，由交感神經與副交感神經組成的自律神經系統（p.54）來調整血壓。

腎臟（p.174）則是負責監控血壓降低的器官，當它監測到血壓過低時，會由腦下垂體分泌荷爾蒙，用以減少尿量並維持循環血量，進而升高血壓。

此外，腎臟還會分泌酵素，藉以活化用來收縮血管的荷爾蒙，使人體保留鈉與水分，同樣可以升高血壓。

血壓調節機制

血壓顯著下降時，為了維持生命，人體有許多機制是要升高血壓的。因為交感神經是由神經纖維傳達指令，所以效果出現得很快；荷爾蒙則需經過血流送到目標器官，所以需要較長時間才會出現效果。

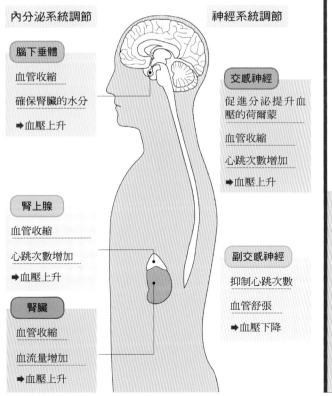

內分泌系統調節　　　　　神經系統調節

腦下垂體
血管收縮
確保腎臟的水分
➡血壓上升

腎上腺
血管收縮
心跳次數增加
➡血壓上升

腎臟
血管收縮
血流量增加
➡血壓上升

交感神經
促進分泌提升血壓的荷爾蒙
血管收縮
心跳次數增加
➡血壓上升

副交感神經
抑制心跳次數
血管舒張
➡血壓下降

疾病的形成

高血壓

分類	收縮壓（mmHg）		舒張壓（mmHg）
理想血壓	< 120	且	< 80
正常血壓	< 130	且	< 85
正常偏高血壓	130～139	或	85～89
第一期高血壓	140～159	或	90～99
第二期高血壓	160～179	或	100～109
第三期高血壓	≥ 180	或	≥ 110
收縮期高血壓	≥ 140	且	< 90

出自日本高血壓學會「高血壓治療守則2009」（編按：臺灣衛福部公布的理想血壓，同樣是收縮壓小於120mmHg，舒張壓小於80mmHg）。

高血壓指血壓高過基準值。因為心臟和腎臟等疾病而發生的，稱為繼發性高血壓；不是因生病而發生的，則為本態性高血壓。

症狀 幾乎沒有自覺症狀，但是會出現頭痛、頭重感、肩膀僵硬及耳鳴等症狀。高血壓是腦血管病變、腎臟疾病、心臟病的原因，一旦發生這些疾病，就會出現意識不清、心臟衰竭或腎衰竭等症狀。

治療 給予降血壓藥，限制攝取鹽分並改善生活習慣，例如：經由適度運動及均衡飲食來控制體重、減輕壓力，以及充足的睡眠、戒菸、預防便祕或減少室內溫差等。

淋巴系統

淋巴系統指的是淋巴液流經的淋巴管與淋巴結，能保護身體不受細菌和病毒侵害。

● DATA
淋巴結的大小：
約 1 ～ 25 公厘
淋巴液：約 2 ～ 4 公升／日
淋巴結的數量：約 800 個

淋巴結與淋巴管

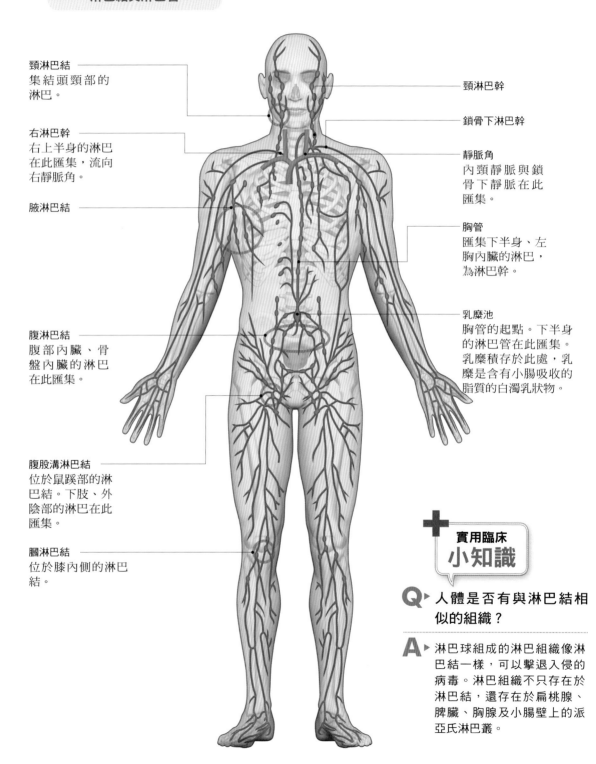

頸淋巴結
集結頭頸部的淋巴。

右淋巴幹
右上半身的淋巴在此匯集，流向右靜脈角。

腋淋巴結

腹淋巴結
腹部內臟、骨盤內臟的淋巴在此匯集。

腹股溝淋巴結
位於鼠蹊部的淋巴結。下肢、外陰部的淋巴在此匯集。

膕淋巴結
位於膝內側的淋巴結。

頸淋巴幹

鎖骨下淋巴幹

靜脈角
內頸靜脈與鎖骨下靜脈在此匯集。

胸管
匯集下半身、左胸內臟的淋巴，為淋巴幹。

乳糜池
胸管的起點。下半身的淋巴管在此匯集。乳糜積存於此處，乳糜是含有小腸吸收的脂質的白濁乳狀物。

＋
實用臨床
小知識

Q ▶ 人體是否有與淋巴結相似的組織？

A ▶ 淋巴球組成的淋巴組織像淋巴結一樣，可以擊退入侵的病毒。淋巴組織不只存在於淋巴結，還存在於扁桃腺、脾臟、胸腺及小腸壁上的派亞氏淋巴叢。

淋巴管的走向

淋巴管是由位於全身末梢的**微淋巴管**開始,慢慢合流變粗。下肢或是腸子等下半身的淋巴管,聚集於第 1 至第 2 腰椎前方的**乳糜池**,所謂乳糜,就是由小腸吸收的脂肪,混合了**淋巴液**的乳白狀物質。

從乳糜池由沿著主動脈的**胸管**往上走,這裡匯集了左上半身的淋巴管,並在左鎖骨下靜脈的**靜脈角**與靜脈合流。右上半身的淋巴管會漸漸匯集,合流於右鎖骨下靜脈的靜脈角。

淋巴管中有如同靜脈一樣的瓣膜,以防止淋巴液逆流。

淋巴結是身體的關防之處

淋巴管中分布著淋巴結,淋巴結就是淋巴液檢查的哨兵站。

成黃豆形狀的淋巴結內部,分為數個房間,房間中有**淋巴濾泡**。淋巴濾泡周圍的空洞處稱為**淋巴竇**,從傳入淋巴管進入的淋巴液流經此處。

淋巴液慢慢流過淋巴竇時,在淋巴濾泡中的淋巴球(白血球的一種)會檢查淋巴液,針對細菌等製造出抗體並攻擊排除它們。淋巴竇中還有一種巨噬細胞(p.132),可以排除細菌與異物。

血液循環與淋巴循環

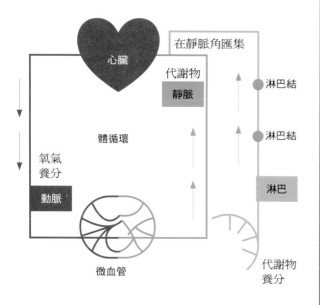

血液循環分為體循環與肺循環。體循環是血液從心臟流到全身再回到心臟;肺循環是血液從心臟流過肺部再回到心臟。

淋巴系統與血液循環不同,是只有跑回程的循環。組織細胞與細胞間血液成分的一部分(除了血球之外的成分)會從末梢微血管滲出,此為組織液。組織細胞與組織液之間,會交換氧氣與養分等物質。

大部分的組織液由靜脈回收,但其中大約10%由淋巴管回收,這就是淋巴液的來源。淋巴液經由淋巴結,最後會流入鎖骨下靜脈與血液循環匯集。

疾病的形成

惡性淋巴瘤

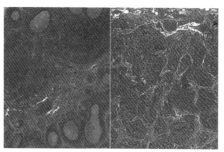

▲正常(左)與惡性(右)淋巴瘤的顯微鏡影像

白血球的淋巴球癌化並異常增生,發生原因不明。惡性淋巴瘤有 30 種以上,大致分為何杰金氏淋巴癌與非何杰金氏淋巴癌。

症狀 頸部、腋窩及臟器等處的淋巴結腫大,大多數都不會疼痛。晚上睡覺時,會盜汗到需要換睡衣的程度,發燒與體重減輕是其特徵,還會出現全身倦怠、發癢等症狀。

治療 治療方法依患者年齡、惡性淋巴瘤的種類與惡化程度而不同。基本上會給予具有抗癌藥物的化療,有時會併用放射線療法,有時使用免疫功能的藥物會有效果。

脾臟

● DATA
脾臟的長度：約 10 公分
寬度：約 7 公分
重量：約 100 ～ 150 公克

脾臟位於左上腹，因為與血液處理有關而被分類為循環系統，但脾臟也屬於會擊退細菌等物的淋巴組織，與免疫有關。

脾臟的位置與構造

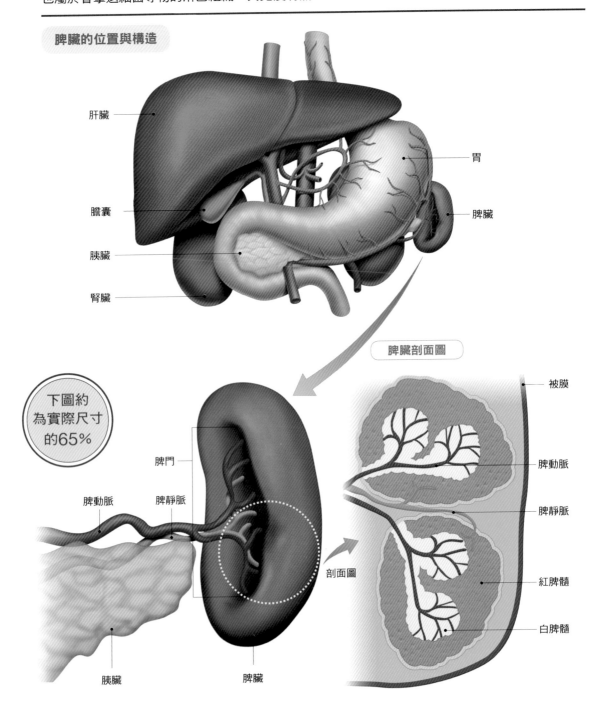

肝臟

膽囊

胰臟

腎臟

胃

脾臟

脾臟剖面圖

下圖約
為實際尺寸
的65%

脾動脈　脾靜脈

脾門

剖面圖

被膜

脾動脈

脾靜脈

紅脾髓

白脾髓

胰臟

脾臟

**實用臨床
小知識**

Q▶ 脾臟如何分辨老舊紅血球？

A▶ 用紅脾髓上的網狀構造分辨。紅血球老化後會失去柔軟性，被網狀構造勾住，並且被視為老舊紅血球，由巨噬細胞處理。

脾臟內部的白脾髓與紅脾髓

脾臟形似腎臟（p.174），是外表像蠶豆的臟器，位於左上腹偏背側的位置，相當於橫膈膜下方、左腎的旁邊、胰臟的尾部，且鄰接第 9 ～ 11 對肋骨的內側，一般來說，從體外是摸不出脾臟的。

整個脾臟都被被膜包覆，而且外面還有腹膜包覆，用以支撐固定脾臟。內側有**脾動脈**、**脾靜脈**及神經出入的部分，稱為**脾門**。

脾臟內分布有約 0.5 公厘斑點狀的**白脾髓**，其周圍包有**紅脾髓**。白脾髓是淋巴球（白血球的一種）的集合體，紅脾髓則是微血管（p.120）的集合體。

免疫功能與血液的調節

脾臟中的白脾髓會熟成 B 淋巴球，B 淋巴球（又稱 B 細胞，p.132）能產生會攻擊細菌等外敵的抗體，是白血球的一種。脾臟還會監測流經的血液並排除病毒等入侵者。

雖然切除脾臟，人也能活下來，但是沒有脾臟的話，人體的免疫功能會降低，對抗感染的能力會變弱。

許多血液流經脾臟，而脾臟會在必要時放出血液以維持循環血量。但是以人類而言，脾臟的蓄血量不多，所以這個功能是有限的。此外，具有止血效果的**血小板**（p.136），儲存在脾臟的數量高達全身的三分之一。

脾臟的功能

因疾病等原因取出脾臟時，脾臟的功能會被其他臟器取代。但是就免疫功能而言，其他臟器無法完全取代其功能，所以脾臟不是多餘的臟器。

免疫功能

脾臟會熟成 B 淋巴球，B 淋巴球能產生擊退外敵的抗體，是白血球的一種。一個 B 淋巴球在接收到某種外敵的資訊後，能產生只對該外敵有作用的抗體。一部分獲得攻擊特定外敵能力的 B 淋巴球能長久留在體內，以備應對下次的攻擊。

造血

胎兒期的紅血球就是由脾臟所製造。人體雖然通常是由骨髓製造紅血球，但骨髓機能顯著降低時，脾臟就能再次開始製造紅血球，叫做髓外造血。

破壞血球

會檢查流經的血液，紅脾髓中的巨噬細胞會破壞已老舊的紅血球，骨髓製造的紅血球約經過 120 天就會被破壞掉。

貯藏血球

貯藏血液，在必要時放出以維持循環血量，但是對人類而言，這並不是重要的功能。

疾病的形成

脾臟腫大

造成此症的原因疾病	理由
肝硬化 心臟衰竭	脾臟瘀血
細菌 病毒感染	脾臟發炎
惡性淋巴瘤 慢性白血病 急性白血病	腫瘤細胞浸潤
溶血性貧血	處理血球的機能亢進
骨髓纖維化	製造紅血球的機能亢進

即脾臟異常腫大，原因包括瘧疾等傳染病、肝硬化造成的門脈壓亢進（脾臟瘀血）或是白血病及惡性淋巴瘤等血液疾病，以及某些代謝障礙等。

症狀 通常從身體外部摸不到脾臟，但脾臟腫大時可以從肋骨下方摸到，而且在脾臟的附近會產生腹痛或背痛。若破壞血球的機能亢進，則會出現貧血和容易出血。

治療 基本上不是治療脾臟本身，而是治療造成脾臟腫大的原因疾病，如傳染病和門脈壓亢進。但是若因脾臟機能亢進而造成生命危險時，可能需要摘除脾臟。

血液① 血液的組成

循環全身的血液由血球成分與液體成分組成，血球成分包括紅血球、
白血球及血小板，液體成分則為血漿。

● DATA
血液總量：
約 5 公升（以體重 60
公斤的成人計算）
比重：約 1.06
酸鹼值：約 7.4

血液的成分

```
            血液
             │
    ┌────────┴────────┐
   血漿          血球成分
    │         （紅血球、白血球、血小板）
    │                 │
 ┌──┴──┐              │
血清  纖維蛋白原        │
       │              ↓
     纖維蛋白 ──→    血餅
```

血液的液體成分

將血液分為血球成分與血漿

以離心方式分離

血液

— 血漿
— 血球成分

將血液分為血清與血餅

加入抗凝血劑

放置於室溫下凝固

— 血清
— 血餅

血液的血球成分

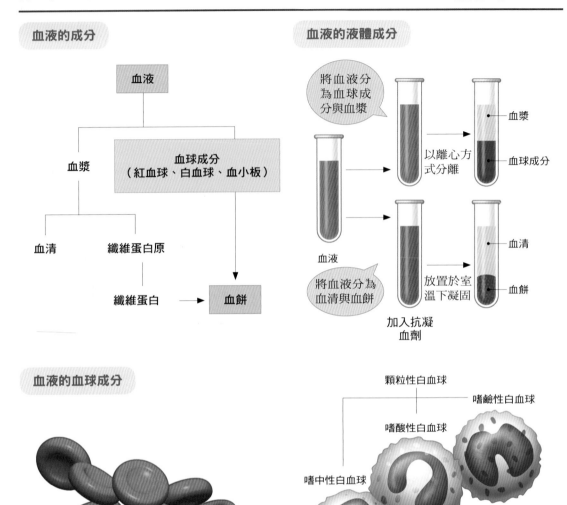

紅血球

血小板

顆粒性白血球

嗜鹼性白血球

嗜酸性白血球

嗜中性白血球

淋巴球

白血球 — 單核球

實用臨床 小知識

Q ▶ 輸血時為何要注意血型？

A ▶ 如果輸進不合的血型，紅血球的抗原與血漿的抗體，會產生抗原
抗體反應。首先紅血球會產生凝結反應，接著破壞紅血球的物質
會活化，引起溶血反應。

構成血液的成分

人類血液量約占體重的 8％，若以 60 公斤的人為例，血液約為 5 公升。

血液分為**血球成分**與**血漿**。抽血後加入抗凝血劑，然後以離心機分離後，血液會分為三層，從下往上是紅色層、偏白較薄的一層、偏黃透明的一層。

最下面的紅色層是**紅血球**，占整體 40 ～ 45％，這是因為紅色的紅血球所占比例較高之故；中間偏白較薄的一層是**白血球**與**血小板**的集合體。紅血球、白血球、血小板為血液的血球成分。

最上面偏黃透明的一層為血漿，約占整體的 55％，若將血漿中的凝血成分去除，則為**血清**。

血型

A Rh（一） 約 0.2%	O Rh（一） 約 0.15%	B Rh（一） 約 0.1%	AB Rh（一） 約 0.05%
A Rh（＋） 約 40%	O Rh（＋） 約 30%	B Rh（＋） 約 20%	AB Rh（＋） 約 10%

▲日本人血型比率（Rh血型系統中，Rh（＋）為Rh陽性，表示紅血球表面有D抗原；Rh（一）為Rh陰性，無此抗原。）

（編按：臺灣人口中，O型者占44%、A型26%、B型24%、AB型6%，而Rh陰性者占整體的0.3%。）

父親血型	母親血型	小孩血型
O（OO）	O（OO）	O
A（AA,AO）	O（OO）	A,O
A（AA,AO）	A（AA,AO）	A,O
B（BB,BO）	O（OO）	B,O
B（BB,BO）	B（BB,BO）	B,O
O（OO）	AB（AB）	A,B
A（AA,AO）	AB（AB）	A,B,AB
B（BB,BO）	AB（AB）	A,B,AB
AB（AB）	AB（AB）	A,B,AB
A（AA,AO）	B（BB,BO）	A,B,O,AB

▲ ABO 血型系統的遺傳組合

人類的血型高達數百種，主要以紅血球膜上的不同抗原（蛋白質或醣類等）來分類，其中較具代表性的是 ABO 血型系統與 Rh 血型系統。此外，白血球的 HLA （人類白血球抗原）血型也存在於身體組織中，在評估是否適合移植器官時，需要考量此因素。

血液的作用

血液最大的作用是搬運物質，它負責將肺部吸入的氧氣搬至全身，並回收末梢產生的二氧化碳與代謝物，搬運至肺部和腎臟等排泄器官。血液還會把腸道吸收的養分與內分泌腺分泌的荷爾蒙，搬運到需要的地方。

人體因為呼吸和代謝，使得體液的酸鹼值（pH值）改變，而血漿中所含的物質可以調整酸鹼值，稱為**血液酸鹼緩衝系統**。

血液循環全身，保持全身體溫一致，並且經由皮膚等處的血管散熱以調節體溫。除此之外，血液還具有免疫功能，可擊退入侵身體的細菌及病毒。止血功能也是血液的重要機能。

疾病的形成

白血病

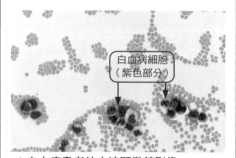

白血病細胞（紫色部分）

▲白血病患者的血液顯微鏡影像

骨髓中製造血液的造血細胞無序增殖，分為急性與慢性，各有淋巴性與骨髓性兩種。急性只有異常血球增殖，慢性則是正常血球也一起增殖。

症狀 由於急性白血病的紅血球、白血球和血小板都會減少，所以會出現喘不過氣及容易疲勞等貧血症狀，以及易受感染、止血困難等症狀。慢性白血病初期沒有明顯的自覺症狀。

治療 進行化療以減少異常細胞。異常細胞擴散到腦神經系統時，則需進行放射線療法，因為化療會同時破壞白血病細胞與自體造血細胞，所以有時會移植其他人的健康骨髓。

血液② 血漿與紅血球

血液的液體成分為血漿,而血球成分中最多的是紅血球。血液最主要的作用,是「搬運物質」。

● DATA

紅血球數量:
約 450 萬～ 500 萬個／μL
(微升)
紅血球大小:約 7 ～ 8 微米
血漿量:約占血液的 55%

血漿的組成

血漿

↓

| 蛋白質 | 90%以上是水分 | 其他溶質 |

↓ ↓

| 血清白蛋白
球蛋白
纖維蛋白原
其他 | | 電解質
養分
氣體
荷爾蒙
維他命 |

血漿的作用

臟器內的作用　　臟器以外的作用

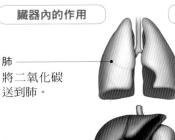

肺
將二氧化碳
送到肺。

肝臟
回收代謝物並
送到腎臟。

腸道
接收腸道吸收
的養分,送到
肝臟及全身。

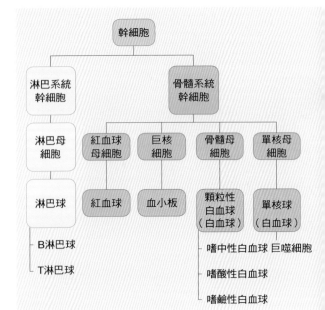

• 與血小板一起止血。

• 從組織和細胞接收二
氧化碳與代謝物。

• 將養分及荷爾蒙送到
組織或細胞。

紅血球的組成

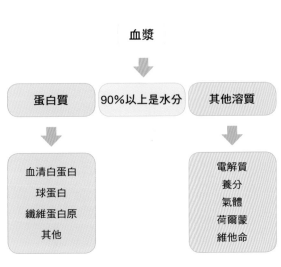

紅血球

↓ ↓ ↓

| 60%以上是水分 | 血紅素 | 其他溶質 |

↓ ↓

| | 鐵質
蛋白質 | 脂質
其他 |

血液的分化　骨髓中的幹細胞分化,製造出紅血球、
血小板、白血球。

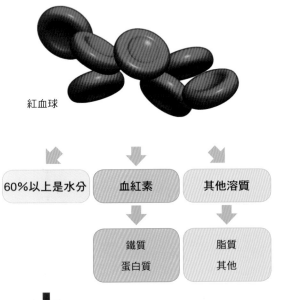

幹細胞

淋巴系統幹細胞　　骨髓系統幹細胞

淋巴母細胞　紅血球母細胞　巨核細胞　骨髓母細胞　單核母細胞

淋巴球　紅血球　血小板　顆粒性白血球(白血球)　單核球(白血球)

B淋巴球
T淋巴球

嗜中性白血球 巨噬細胞
嗜酸性白血球
嗜鹼性白血球

實用臨床
小知識

Q ▶ 血液占體重的多少比例?

A ▶ 以成人男性來說,全部的體液約占體重的 60%,其中三分之二是
細胞內體液,其他是細胞外體液。細胞外體液的四分之三為細胞之
間的組織液,剩下的才是血液(單指血漿)、淋巴液及脊髓液等。

血漿的成分與作用

血漿為血液的液體成分，約占血液整體的55%，一般來說，血漿的顏色是偏黃透明的。

血漿中含有蛋白質、葡萄糖、脂質、鈉及鉀等電解質、荷爾蒙和維他命等。另外，二氧化碳溶於血漿後會形成碳酸氫鹽（HCO_3^-）。

溶於血漿中的蛋白質會維持膠體滲透壓（血漿的滲透壓），藉由血漿保持一定的滲透壓，可以維持全身體液量。

溶於血漿中的纖維蛋白原和鈣等凝血因子，可以在出血時，與血小板一起止血。

運送氧氣的紅血球

紅血球是中央凹陷的圓盤形狀，這是因為在骨髓製造紅血球的過程中，拔除了細胞核的緣故。紅血球因此無法行細胞分裂，約 120 天後會老化，而經由脾臟（p.126）與肝臟（p.164）破壞。

紅血球的主成分為鐵質與蛋白質組成的**血紅素**，因為血紅素呈紅色，所以紅血球也是紅色的。血紅素具備容易與氧氣結合的特性，作用是將肺部吸入的氧氣送往全身。

也由於紅血球的外形特殊，所以可以改變形狀，進入直徑比自己還要小的**微血管**（p.120）。

紅血球的產生與破壞

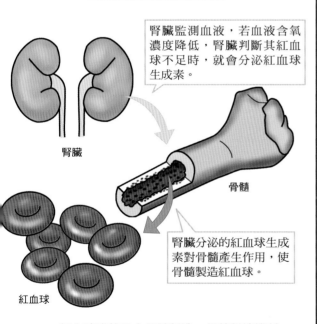

腎臟監測血液，若血液含氧濃度降低，腎臟判斷其紅血球不足時，就會分泌紅血球生成素。

腎臟

骨髓

腎臟分泌的紅血球生成素對骨髓產生作用，使骨髓製造紅血球。

紅血球

紅血球雖然是由骨髓製造，但其製造機制與腎臟有很深的關係。腎臟為了過濾血液並製造尿液，經常有大量血液通過，因此腎臟會監測血液，若血液含氧濃度降低、腎臟判斷紅血球不足時，就會分泌促進骨髓製造紅血球的荷爾蒙，也就是紅血球生成素。

紅血球生成素作用於骨髓，可以促進紅血球製造，而老化的紅血球由脾臟與肝臟破壞。

血紅素分解為球蛋白與血基質，接著從血基質分解出鐵質後再利用，剩下的部分會變成膽汁。球蛋白則會被分解為胺基酸後再利用。

疾病的形成

缺鐵性貧血

組織中鐵質（存於肌肉等處）5%

血紅素鐵質 70%	儲存性鐵質（主要沈積於肝臟）25%

▲體內鐵質的比率

儲存性鐵質	缺乏
血紅素鐵質	減少
組織中鐵質	減少

▲缺鐵性貧血者體內鐵質的變化

紅血球或血紅素異常減少的狀態叫貧血。製造血紅素的原料為鐵質，若鐵質不足而形成貧血，稱為缺鐵性貧血。此疾病常發生於女性，原因包括鐵質攝取不足、經血量過多及慢性消化道出血等。

症狀　會出現喘不過氣、容易疲勞、心悸、頭痛及臉色蒼白等症狀，變得非常想啃冰塊；有時會出現異食癖，例如吃泥土。手指甲呈凹陷狀匙狀甲（spoon nail）。

治療　內服鐵劑，若內服後會有嘔吐感等強烈副作用，則以靜脈注射。日常飲食可多攝取紅肉、魚貝類等富含鐵質的食品。若原因為子宮肌瘤或消化道出血等疾病，則治療該疾病。

血液③　白血球

白血球是免疫系統的中心，數量雖少，但由 5 種白血球分工合作，具
備複雜的功能。

● DATA

白血球數量：約 4000 ~
9000 個／立方毫米

白血球直徑：約 6 ~ 3
微米（除了巨噬細胞以
外）

白血球的種類

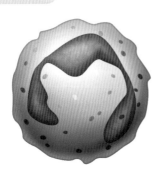

嗜中性白血球

白血球中數目最
多，具備吞噬作
用，可吞噬細菌和
和真菌等。尺寸：
約 12 微米。

嗜酸性白血球

與嗜中性白血球一
樣具備吞噬作用，
可殺死寄生蟲，也
與過敏反應有關。
尺寸：約 15 微米。

嗜鹼性白血球

與過敏反應有關。
尺寸：約 15 微米。

淋巴球

淋巴球分為T淋巴
球、B淋巴球、自
然殺手細胞，具備
免疫功能。尺寸：
約 6 ~ 15 微米。

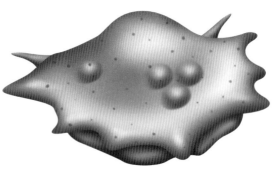

巨噬細胞

單核球從血管進入組織時會變
成巨噬細胞。具備吞噬作用，
會以抗原向淋巴球示警。尺
寸：約 20 ~ 50 微米。

單核球

白血球中最大的，從血管進入
組織時會變成巨噬細胞。尺
寸：約 20 ~ 30 微米。

實用臨床 小知識

Q ▶ 自然殺手細胞被視為白血球的同伴，何謂自然殺
手細胞？

A ▶ 自然殺手（natural killer）細胞是淋巴球的同伴。一般認為，就算
沒有來自免疫司令官的命令，或是不與其他白血球合作，自然殺
手細胞也會攻擊破壞已被感染的身體細胞和癌細胞。

白血球有5種

白血球除了存在於血液中，還存在於全身的組織、淋巴結、脾臟中。

白血球有 5 種，其中，具有許多顆粒的顆粒性白血球有 3 種，為**嗜中性白血球、嗜酸性白血球、嗜鹼性白血球**；而顆粒較少的白血球，則有**淋巴球與單核球**等 2 種。血液中最多的是嗜中性白血球，約占白血球的 60 ～ 70 %，次多者為淋巴球，約占 20 ～ 30 %。

所有白血球皆由骨髓的造血幹細胞製造。但是淋巴球從骨髓被製造出來時還未成熟，一部分的淋巴球會前往胸腺，在胸腺熟成，稱為 T 淋巴球；另一部分的淋巴球會由脾臟等處熟成，稱為 B 淋巴球。

白血球的免疫功能

白血球會擊退入侵的外敵，具備免疫功能，5 種白血球各有其作用。

嗜中性白血球具備將入侵的細菌吞噬並殺死的吞噬作用。嗜酸性白血球與嗜鹼性白血球的數量較少，被認為與過敏反應有關，但其作用還未被完全研究出來。

淋巴球是免疫功能的中心角色，負責發出免疫系統的指令、製造**抗體**等（p.134）。

單核球從血管進入組織時會變成**巨噬細胞**，除了具備吞噬侵入者的吞噬作用之外，之後還會將侵入者殘骸，通知其他免疫系統。

白血球的吞噬作用

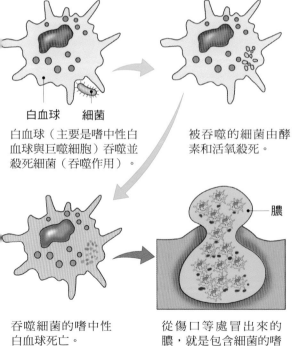

白血球　　細菌

白血球（主要是嗜中性白血球與巨噬細胞）吞噬並殺死細菌（吞噬作用）。

被吞噬的細菌由酵素和活氧殺死。

膿

吞噬細菌的嗜中性白血球死亡。

從傷口等處冒出來的膿，就是包含細菌的嗜中性白血球的屍體。

吞噬作用就是將細菌、死亡的細胞或是其他異物吞入後殺死的作用，主要是嗜中性白血球與巨噬細胞在進行，兩者的動作都是像阿米巴菌一樣，將異物納入自己的細胞內。

在感染到細菌等異常狀態時，最先趕到的是嗜中性白血球；巨噬細胞則因為其強力的吞噬作用而得其名。

疾病的形成

白血球減少症

	淋巴球減少症	無顆粒性白血球症
減少的白血球種類	淋巴球減少至1000／立方毫米以下	顆粒性白血球（嗜中性、嗜酸性與嗜鹼性白血球的總稱）的數目小於500/立方毫米
主要原因	• 愛滋病 • 癌症（白血病、淋巴腫瘤、何杰金氏淋巴癌等） • 感染症（病毒、粟粒結核病等） • 類風溼性關節炎等	• 感染症（病毒、嚴重感染等） • 藥物不良反應 • 貧血（再生不良性貧血） • 骨髓疾病（骨髓腫瘤、白血病、癌浸潤）等

▲白血球減少症的種類

末梢血液中白血球數量異常減少。依減少的白血球類型，分為無顆粒性白血球症與淋巴球減少症。原因包括病毒感染、過敏、藥物副作用、癌症、骨髓造血功能低下等。

症狀　分為急性與慢性，因為只是白血球減少，所以沒有特別明顯的症狀。但是也由於白血球減少，所以會出現易受感染、感染症狀及發燒等症狀。

治療　如果是藥物不良反應，應馬上停止服用該藥物；若是因骨髓疾病或感染症而發生，則治療該疾病。白血球減少症嚴重的人，只要感染就會急速惡化，所以需要住院加護治療。

免疫系統

淋巴球是免疫功能的中心角色，分為數個種類，各自分工合作保護身體不受外敵所害。

🔵 DATA

主要免疫球蛋白的血中濃度

IgG：800～1700mg/dl
IgA：110～410mg/dl
IgM：35～220mg/dl

免疫系統

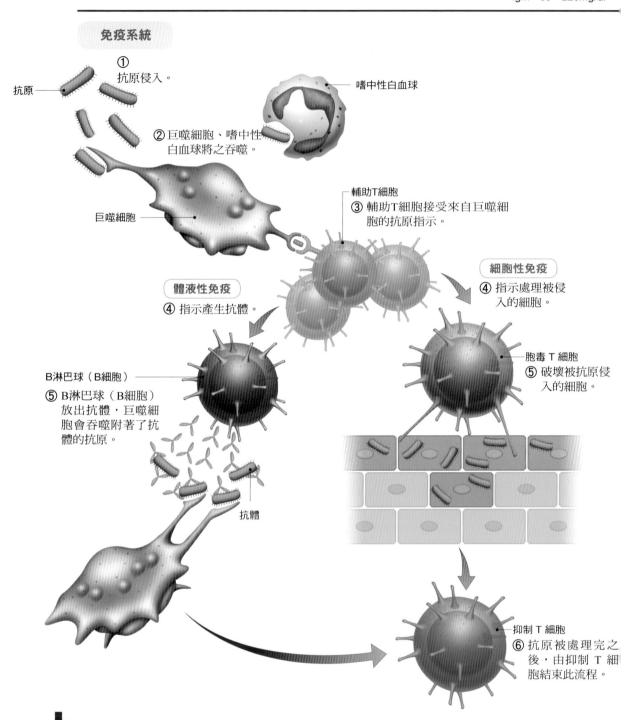

抗原

① 抗原侵入。

嗜中性白血球

② 巨噬細胞、嗜中性白血球將之吞噬。

巨噬細胞

輔助T細胞
③ 輔助T細胞接受來自巨噬細胞的抗原指示。

細胞性免疫
④ 指示處理被侵入的細胞。

體液性免疫
④ 指示產生抗體。

B淋巴球（B細胞）
⑤ B淋巴球（B細胞）放出抗體，巨噬細胞會吞噬附著了抗體的抗原。

胞毒 T 細胞
⑤ 破壞被抗原侵入的細胞。

抗體

抑制 T 細胞
⑥ 抗原被處理完之後，由抑制 T 細胞結束此流程。

**實用臨床
小知識**

Q ▶ 單一抗體對所有病原體都有效嗎？

A ▶ 對某種病原體有效的抗體，對其他病原體是無效的，若有新的病原體入侵，則會由 B 淋巴球製作新的抗體。所謂「有了免疫力」是指身體裡留有 B 淋巴球，記得以前曾入侵過的該種病原體。

抗原侵入啟動免疫系統

身體擊退入侵的細菌和病毒等外敵的系統，稱為**免疫系統**。免疫系統的中心角色是**白血球**，特別是其中的淋巴球非常重要。

細菌等入侵者稱為**抗原**，當抗原由口鼻等黏膜或傷口入侵時，**嗜中性白血球**與**巨噬細胞**會先趕到，並且吞噬和破壞抗原。

此時巨噬細胞會將吞入的抗原殘骸，向 T 淋巴球中的**輔助 T 細胞**發出指示（抗原呈現），報告有抗原入侵，這就是啟動免疫系統的開關。接受到抗原呈現的輔助 T 細胞會增殖，向其他的淋巴球發出指示。

體液性免疫與細胞性免疫

輔助 T 細胞向 B 淋巴球（B 細胞）發出指示，讓 B 淋巴球製造抗體。B 淋巴球放出的抗體會附著於抗原，並破壞或中和抗原的毒性，而附著了抗體的抗原會由巨噬細胞吞噬掉。以上由抗體擊退抗原的機制，稱為**體液性免疫**。

另一方面，輔助 T 細胞會指示另一種 T 細胞，也就是胞毒 T 細胞，使其處理被抗原侵入的細胞，這種機制稱為**細胞性免疫**。

經由這一連串的機制，抗原被處理完之後，由**抑制 T 細胞**抑制各項免疫機能，結束此流程。

免疫球蛋白的種類與作用

IgG	占免疫球蛋白的70～80%。血液中很多IgG。會攻擊入侵的病毒等外敵。會經由胎盤轉移給胎兒。
IgA	唾液、眼淚、呼吸道等分泌液富含IgA。與呼吸道及消化道等處的免疫有關。
IgM	存在於血液。分子量大，病毒等入侵時，最先增殖。
IgE	量少。會與肥大細胞及嗜鹼性白血球結合，產生過敏反應。
IgD	量最少。目前還未確認其作用。

抗體由球蛋白組成，也叫免疫球蛋白，在免疫系統中扮演相當重要的角色。因為英語為 Immunoglobulin，所以簡寫為「Ig」。免疫球蛋白依作用與大小的不同，分為 IgG、IgA、IgM、IgE 及 IgD 等五種。免疫球蛋白的基本形態是 Y 字型。

疾病的形成

過敏

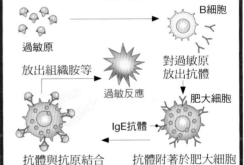

過敏原　對過敏原放出抗體

放出組織胺等　過敏反應　肥大細胞

B細胞

IgE抗體

抗體與抗原結合　抗體附著於肥大細胞

▲過敏反應的機制

過敏反應就是免疫系統的失控。免疫系統將本來不需要攻擊的東西（如食品和花粉等）視為異物，而發起攻擊。原因不明，一般認為是體質或環境因素所造成。

症狀　過敏反應刺激黏膜等處的肥大細胞，放出組織胺等物質，造成支氣管收縮、黏液分泌亢進、發炎等症狀。會引起花粉症、皮膚炎、結膜炎或氣喘，嚴重時會阻塞呼吸道。

治療　呼吸道阻塞時，需進行急救。一般會給予抗組織胺藥物和類固醇，需要盡可能去除會引起過敏反應的物質（過敏原），如花粉、食物及塵蟎等。

血小板與止血

血管受傷出血時，血小板本身會聚集形成一個蓋子，或是放出細胞內的物質以活化止血系統。

● DATA
血小板大小：
約 2 ～ 3 微米
血小板數量：
約 20 ～ 40 萬個／毫升

止血機制

1
血管受傷，內皮細胞剝落，血液漏出血管外（出血）。

—— 紅血球

—— 白血球

—— 血小板

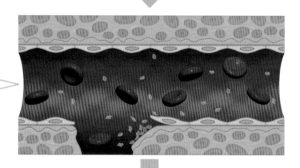

2
血小板接觸到血管外的膠原蛋白纖維，不僅會活化血小板，還會吸引並黏住其他的血小板。

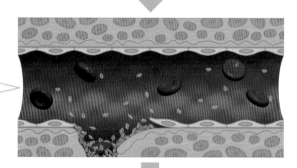

3
黏在血管壁上的血小板放出活化凝血因子的物質。

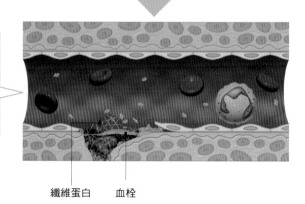

4
血小板放出的物質，使血漿中的纖維蛋白原變成纖維狀的纖維蛋白，血小板與紅血球纏在纖維蛋白上形成血栓，藉此止血。

纖維蛋白　　血栓

➕ 實用臨床 小知識

Q▶ 止血後，血栓會有什麼變化？

A▶ 止血後，血漿中的纖維蛋白溶酶原會活化，變成分解蛋白質的酵素，稱為纖維蛋白溶酶。纖維蛋白溶酶會溶解纖維蛋白，使血栓消失，我們稱這種現象為纖維蛋白分解。

血小板及其功能

血小板沒有細胞核，為不規則形的小血球，在血管內時為圓盤狀，它的源頭來自於骨髓造血幹細胞所分化出的巨核細胞，當血小板發育成熟後就會從中脫落而出。血小板的壽命約只有短短十天，最後會由脾臟（p.126）的紅脾髓破壞掉。

血小板的作用是在血管受傷出血時止血。血小板中有一個顆粒區，顆粒區中有能夠黏附血小板，或是活化其他凝血因子的物質。

血小板在血管受傷時會「黏附」在傷處，「釋放」出與止血有關的物質，並「聚集」血小板來止血。

由纖維蛋白及血球成分形成蓋子

在血管受傷出血時，血管的內皮細胞剝落，血管壁上的膠原蛋白等會露出來，然後血小板會黏附在傷口上，形成一個蓋子。

黏附於血管壁的血小板會變成不規則形，並釋放出裡面的顆粒物質，該物質會引起凝血因子的複雜反應，活化凝血因子，並將血漿中的纖維蛋白原變為纖維狀的纖維蛋白。血小板會聚集在傷口的纖維蛋白上，還會一起聚集紅血球，形成血栓蓋住傷口。

蓋住傷口後，身體會活化分解纖維蛋白的物質，溶解血栓。

凝血因子

凝血因子	慣用語
I	纖維蛋白原
II	凝血酶原
III	組織因子
IV	鈣（Ca2+）離子
V	易變因子
VI	（空號）
VII	安定因子
VIII	抗血友病球蛋白A
IX	抗血友病球蛋白B
X	STUART（-PROWER）因子
XI	抗血友病球蛋白C
XII	HAGEMAN因子（表面因子）
XIII	血纖維穩定因子
PK凝血因子	FLETCHER因子
高分子激肽原	FITZGERALD因子

止血所需要的凝血因子包含許多物質。血液中有各種凝血因子互相反應，使纖維蛋白原轉變為纖維蛋白。凝血因子依其被發現的順序而編號，如果與較早發現的凝血因子為同樣物質者，編為空號。凝血反應很複雜，了解有哪些凝血因子存在是很重要的。

疾病的形成

特發性血小板減少性紫斑

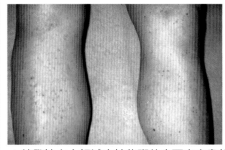

▲特發性血小板減少性紫斑的皮下出血患部

血小板減少造成容易出血，皮下出血時會出現青紅色瘀青，這種疾病稱為紫斑症。特發性意指原因不明，但是一般認為此症是因為自體免疫系統中，出現了對抗自己的血小板的抗體。

症狀　抗體黏上血小板，脾臟等器官以此為標記，比平常還快破壞掉血小板，造成血液中的血小板減少。因皮下出血而造成紫斑、點狀出血和消化道出血等，嚴重時會引起腦出血。

治療　症狀輕微時，會採取對症療法並監測其變化。血小板明顯減少時，會視狀況給予類固醇、大量免疫球蛋白和血小板輸血，並且視病況摘除脾臟。

狹心症

將養分及氧氣送至心肌的冠狀動脈極度狹窄，造成心肌暫時缺血的疾病，與心肌梗塞同為缺血性心臟病。

冠狀動脈變窄的主要原因有兩種：動脈粥狀硬化所造成的冠狀動脈內腔阻塞，以及冠狀動脈痙攣。

在靜息狀態下（如早上）發作的靜息時狹心症，其原因可能是自律神經中的交感神經讓冠狀動脈痙攣。

運動時發作的勞力性狹心症，則是因為運動時心肌需要更多養分及氧氣，但由於冠狀動脈狹窄，造成養分供給得不夠快。

過去 3 週內沒有發作者，稱為穩定型狹心症；有發作、有惡化傾向或吃藥也沒效的，稱為不穩定型狹心症。後者可能惡化為心肌梗塞的高危險群，與急性心肌梗塞同為急性冠狀動脈症候群。

靜息時狹心症

冠狀動脈痙攣

冠狀動脈的樣子

正常血管

動脈痙攣

交感神經使冠狀動脈的一部分痙攣，造成冠狀動脈變窄。

勞力性狹心症

動脈硬化的產生

冠狀動脈剖面圖

沉積物

動脈硬化造成冠狀動脈內腔阻塞，使冠狀動脈變窄。

勞動時心肌需要消耗更多氧氣

供氧速度不夠快

症狀　突然出現想要摀住胸口的感覺（悶塞感、壓迫感），有時會有如灼燒般的激烈疼痛，這種以悶塞感為中心的症狀稱為心絞痛。心絞痛從前胸部位及胸骨裡側開始，有時會放射至左側肩部、手臂、下巴、心窩、背部等處，多數在 15 分鐘內鎮靜下來。

有時會心悸、冷汗、呼吸困難，也有人出現胸悶打嗝等類似消化不良的症狀。

心絞痛會出現於突然跑動、登上很長的樓梯、興奮不安等精神緊張，以及突然到寒冷的地方、吃太多時，有時在早上等靜息時刻也會發生。

治療　檢查確定類型後再視狀況治療。狹心症的心電圖除了發作時以外，平時並不會有異常，所以有時會讓患者 24 小時配戴心電圖（攜帶式心電圖），觀察何時會發作。發作時讓患者維持安靜姿勢，再給予硝化甘油舌下含片，即可緩和症狀。

為預防發作，會給予讓血液不易凝固的抗血小板藥物，和預防冠狀動脈痙攣的藥物。冠狀動脈太狹窄時，會從鼠蹊部放入導管以擴張之，或從其他部分取出血管做冠狀動脈繞道手術。必須改善生活習慣以降低風險因素，如吸菸、壓力、肥胖及高血壓。

膠原病

膠原病不是單一疾病的名稱，它不是感染也不是腫瘤，而是多種臟器發炎的疾病總稱。

膠原病又分為結締組織病、自體免疫疾病及風溼性疾病等。結締組織就是含有膠原蛋白等蛋白質纖維的組織，負責支撐全身臟器、器官及身體構造，而發生在此處的疾病即為結締組織病。

至於自體免疫疾病則是身體製造出抗體、開始攻擊自身組織。風溼性疾病則是在肌肉、骨骼、關節等運動系統處發炎疼痛。

最具代表性的膠原病是類風溼性關節炎（RA）、全身性紅斑性狼瘡（SLE）、多發性肌炎、皮肌炎、硬皮症、風溼熱等，這些疾病的特徵是多半好發於年輕女性。

目前只知道風溼熱是因為感染而發病，但其他的膠原病幾乎都是原因不明，因此許多膠原病都被日本厚生勞動省（按：相當於臺灣的衛生福利部）歸類為難治之症。

膠原病中的主要疾病

風溼性疾病
身體的肌肉及關節等處發炎疼痛

膠原病

結締組織病
支撐全身身體構造，含有蛋白質纖維的組織疾病。

自體免疫疾病
自體免疫系統攻擊自己本身的疾病。

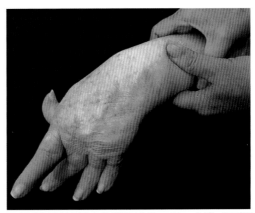

▲類風溼性關節炎為膠原病的一種，會造成關節變形。

症狀

以類風溼性關節炎為例，好發於30～49歲的女性。手指腳趾在早上起床時會覺得僵硬，漸漸手指關節會疼痛腫脹，無法拿重物。症狀由手指末端開始，惡化後會造成手指畸形（鈕釦畸形、鵝頸畸形）；膝蓋及手肘關節也會疼痛腫脹，出現低燒、倦怠感、沒有食慾等症狀。

全身性紅斑性狼瘡的患者以女性為大宗，多發於二十幾歲的年輕女性。兩頰會出現紅色微微隆起的蝶形紅斑，除了發燒、疲勞感、體重減輕、關節疼痛、光敏感外，有時還會發生被稱為狼瘡性腎炎的腎絲球性腎炎（p.175）。此外，手腳的細小血管攣縮，引起血流障礙，出現手指尖變成青白色或是紫色的雷諾氏現象，惡化原因為紫外線、寒冷或懷孕。

治療

無法完全治癒，基本治療方式是施予抗風溼藥物和消炎藥物之藥物療法及復健，最近還會給予抑制關節破壞的藥物，緩和關節的畸形及疼痛，以提升患者的生活品質。其他還有非類固醇鎮痛消炎藥、免疫調節劑等，急性期時可能給予具強烈消炎效果的類固醇藥物。

全身性紅斑性狼瘡也沒有完全治癒的方法，為緩和症狀，會給予類固醇或非類固醇鎮痛消炎藥、免疫調節劑等。因為感染和紫外線會使病況惡化，所以會指導患者充分注意日常生活方式。

不管是哪種膠原病，都需要長期的藥物療法，而藥物有各自的副作用，所以需要在副作用出現時及早應對處置。

先天性心臟病

最常出現的先天性疾病，新生兒中約有 0.8% 至 1% 患有先天性心臟病。

心室中隔缺損

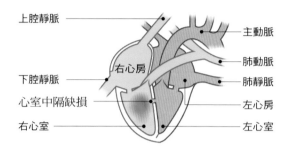

上腔靜脈 —
下腔靜脈 —
右心房
心室中隔缺損 —
右心室 —

— 主動脈
— 肺動脈
— 肺靜脈
— 左心房
— 左心室

先天性心臟病中最常出現的類別，由於左心室與右心室間的中隔有破洞，所以血液會由壓力較高的左心室，流向壓力較低的右心室。缺損不大時，約 2 ～ 3 歲時會自動癒合。

症狀

缺損不大時，一般不會有明顯症狀。若缺損在 1 公分以上時，血液會由左心室流向右心室，心搏量減少，造成生長遲緩、容易疲倦、心悸及呼吸道反覆感染等現象。

治療

缺損不大、左心室流向右心室的分流較少時，會讓其自然痊癒或是給予強心劑和利尿劑，並觀察其病況變化。缺損大到會影響到成長等狀況時，應及早動手術修補缺損。

心房中隔缺損

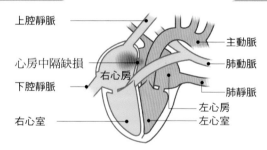

上腔靜脈 —
心房中隔缺損 —
下腔靜脈 —
右心室 —
右心房

— 主動脈
— 肺動脈
— 肺靜脈
— 左心房
— 左心室

左心房與右心房間的中隔有破洞。此病在先天性心臟病中的出現比例僅次於心室中隔缺損，與心室中隔缺損不同的是，此病不會自動癒合，所以也有病例是長大成人後出現心臟衰竭的狀況，進而發現自己有心房中隔缺損。

症狀

嬰幼兒期不會有明顯症狀，且因為心雜音較弱，容易被忽略。有些人在成長過程中都沒有出現特別的狀況，成人後才出現容易疲倦、一運動就呼吸困難、喘不過氣等症狀。

治療

缺損大到會影響到成長等狀況，或是成人出現心臟衰竭的症狀時，會以手術修補缺損。最近的方法是從鼠蹊部將導管放入血管，以補丁般的方式修補缺損。

法洛氏四合症

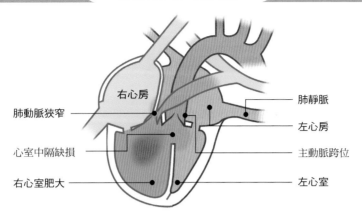

右心房

肺動脈狹窄

心室中隔缺損

右心室肥大

肺靜脈

左心房

主動脈跨位

左心室

　　包括以下四種心臟異常症狀：心室中隔缺損、肺動脈狹窄、主動脈跨位、右心室肥大。所謂主動脈跨位是指本來應由左心室出發的主動脈連接於室間隔的正上方，橫跨左心室與右心室的狀態。

　　肺動脈狹窄造成無法運送充足氧氣到肺部、心室中隔缺損與主動脈跨位，使含氧量較少的血液流入主動脈，都會使全身陷於缺氧狀態。

症狀

　　多於嬰幼兒期因心雜音及缺氧造成的發紺（皮膚變青、變紫）而被發現。發紺會出現於哭泣或餵奶的時候。因處於慢性缺氧狀態，會出現脈搏過快、呼吸困難、紅血球增加和杵狀甲等症狀。

治療

　　因為 1 歲前不能進行大型手術，所以會先進行改善缺氧狀態的過渡性手術（姑息性手術）及預防併發症，並觀察其病況變化。1～2 歲時會進行擴張肺動脈及修補室間隔缺損的根治性手術。

筆記

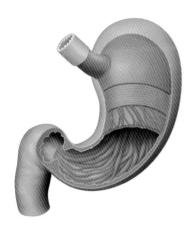

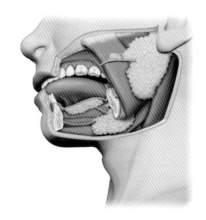

第6章

消化系統

人類必須透過飲食來攝取，存活所需的能量及組成身體的養分。而消化食物、吸收養分，並將廢棄物以糞便形式排出的系統，即為消化系統。

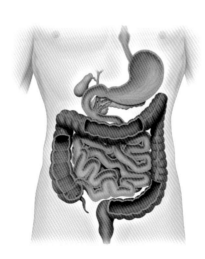

口腔

口腔是消化系統的入口，對人類來說，口腔的角色不只是消化吸收，還具有享受美食、與人對話、做出表情等重要功能。

● DATA

腮腺的重量：
約 25～30 公克
頷下腺的重量：
約 10～15 公克
舌下腺的重量：約 5 公克

唾液腺及其周邊之構造

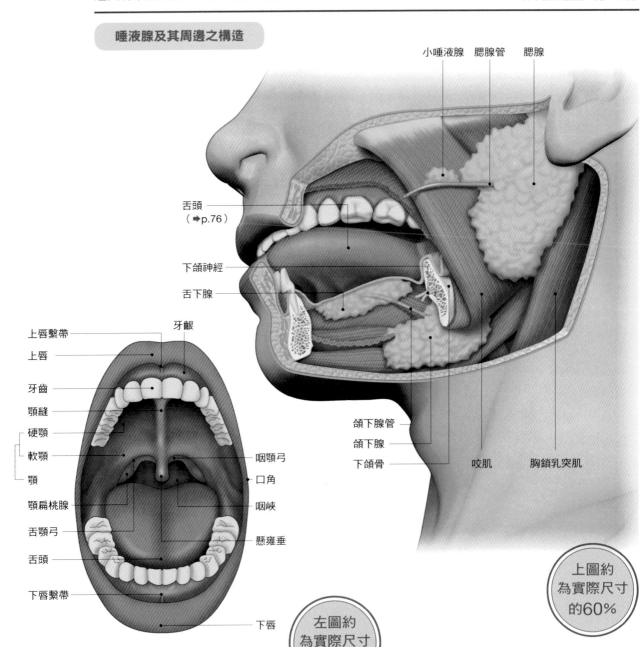

小唾液腺　腮腺管　腮腺

舌頭
（➡p.76）

下頷神經

舌下腺

上唇繫帶　　牙齦

上唇

牙齒

顎縫

硬顎

軟顎

顎

顎扁桃腺

舌顎弓

舌頭

下唇繫帶

下唇

咽顎弓

口角

咽峽

懸雍垂

頷下腺管

頷下腺

下頷骨

咬肌

胸鎖乳突肌

左圖約
為實際尺寸
的90%

上圖約
為實際尺寸
的60%

口腔各部位名稱

＋ 實用臨床 小知識

Q▶ 唾液是從哪裡出來的？

A▶ 唾液是由耳朵前下方的腮腺、下頷骨內側的頷下腺、口腔底部的舌下腺所分泌，這些被稱為大唾液腺。另外還有位於口腔黏膜，約為米粒至紅豆大小的小唾液腺。

口腔前庭與固有口腔

所謂口腔，指的是把嘴巴張大時可以看見的部分，包括嘴唇、牙齒、舌頭（p.76）、顎骨及其周邊的器官。

嘴唇與上下兩排牙齒之間的狹小空間為口腔前庭。牙齒的乳齒為 20 顆，接著會漸漸換為 32 顆恆齒。

齒列再更往深處的部分是固有口腔。口腔的天花板是顎，顎的後三分之一為沒有骨骼的軟顎，會在吞嚥時採取動作以防止嗆到。被下方齒列圍在中間的舌頭是肌肉的集合體，可自由變化形狀，在進食與發聲時扮演重要角色。

咬碎食物並與唾液混在一起

口腔的功用是把食物咬碎、品嚐並開始消化，發聲和呼吸也和口腔有關。

吃進口腔的食物會以牙齒嚼碎，並與唾液腺所分泌的唾液混合，變成黏稠的食團。唾液腺分泌的唾液具有澱粉酶，可以分解澱粉，所以如果長時間咀嚼米飯等澱粉類食物，食物就會被消化變成較小的分子，我們會感覺到甜味。

舌頭與臉頰會在咀嚼食物時，把食物移動至想用的牙齒。同時位於舌頭及顎部的味蕾（p.77）會感覺到味道，鼻腔也會感測到口腔冒出的香氣，用以品味食物。

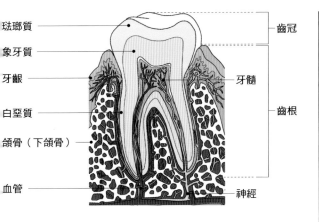

牙齒組織與恆齒的排列

琺瑯質
象牙質
牙齦
白堊質
頷骨（下頷骨）
血管
齒冠
牙髓
齒根
神經

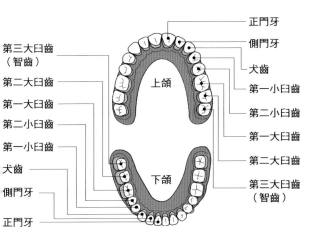

第三大臼齒（智齒）
第二大臼齒
第一大臼齒
第二小臼齒
第一小臼齒
犬齒
側門牙
正門牙

正門牙
側門牙
犬齒
第一小臼齒
第二小臼齒
第一大臼齒
第二大臼齒
第三大臼齒（智齒）

上頷

下頷

出生後 7～8 個月開始長出乳齒，乳齒會在 6～7 歲時漸漸替換成 32 顆恆齒。恆齒的第三大臼齒（智齒）換牙期較晚，為 20 歲左右。

疾病的形成

齲齒

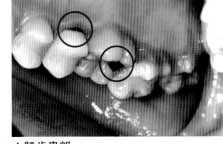

▲齲齒患部

齲齒就是蛀牙。變種鏈球菌以食物殘渣為營養而繁殖，這種細菌所放出的酸性物質會侵蝕琺瑯質與象牙質，起因是口腔清潔不良、唾液不足、齒列不正和日常飲食習慣不良等。

症狀 輕微的侵蝕程度時，雖可以肉眼觀察到，卻沒有什麼自覺症狀。症狀惡化後，在吃冰冷和酸味較強的食物時，牙齒會痛、牙齒根部會發酸，牙齦也會腫脹。

治療 一般的治療方法是削去被侵蝕的部分，並加入填充物。侵蝕太深時會抽神經，若不能留下牙齒時會拔牙，必要時還會切除牙肉，而拔掉的牙齒會以假牙和植牙替代。

咽部與吞嚥的結構

咽部是將鼻腔和口腔深處，與食道喉頭連接在一起的部位，是消化道中食物會通過的一部分，也是呼吸道中，空氣會通過的部位。

● DATA
咽部的長度：約 12 公分
從門牙至下咽後半部的
長度：約 15 公分

咽部構造

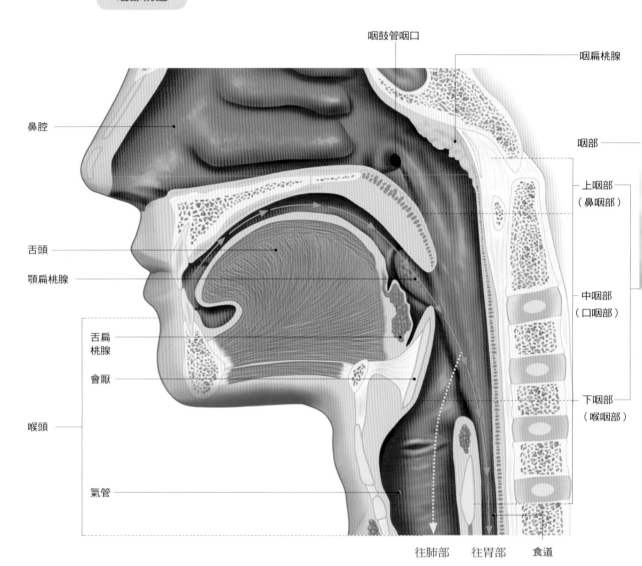

咽鼓管咽口

咽扁桃腺

鼻腔

咽部

上咽部
（鼻咽部）

舌頭

顎扁桃腺

中咽部
（口咽部）

舌扁
桃腺

會厭

喉頭

下咽部
（喉咽部）

氣管

往肺部　　往胃部　　食道

食團的流向

→　正常流向。由食道前往胃部

⇢　誤嚥。食團由氣管誤入肺部

此圖約
為實際尺寸
的75%

實用臨床
小知識

Q ▶ 為什麼喉嚨被刺激就會想吐？

A ▶ 這稱為咽反射（嘔反射），對舌頭和咽部的刺激，被舌咽神經傳導至延髓，刺激到迷走神經而產生嘔吐感。一般認為，這是一種防止吞入危險物的反射機制。

分為上咽部、中咽部、下咽部

　　咽部（p.90）分為上咽部（鼻咽部）、中咽部（口咽部）和下咽部（喉咽部）。鼻腔深處是上咽部，上咽部的外壁有開口至中耳耳道咽鼓管咽口，其周圍有淋巴組織、咽鼓管扁桃腺。咽鼓管扁桃腺與口腔的顎扁桃腺、舌扁桃腺共同構成瓦爾代爾氏扁桃腺環（p.91）。

　　中咽部位於口腔深處，把嘴巴張大、舌頭下壓時，能看見的後壁是中咽部的後壁。下咽部大致位於舌骨的高度，與其下方的食道相連，前方為喉頭部位。

　　咽部中有幾塊肌肉，與發聲及吞嚥有關。

吞嚥的機制

　　中咽部是空氣由鼻腔前往喉頭、以及食物由口腔前往食道的通路交叉點。因此為了防止食物進入呼吸道，咽部與喉頭處具備了一個蓋子以蓋住喉頭。

　　吞入飲料和食物的動作稱為吞嚥，其過程分為三階段：口腔階段、咽部階段、食道階段（見左下圖）。

　　在咽部階段時，咽部周圍的肌肉會拉起咽部與喉頭，喉頭會壓下會厭，所以會厭會被動的將喉頭蓋住。輕觸喉結處並同時做出吞嚥的動作，可以確認喉結處往上提的動作。

吞嚥的過程

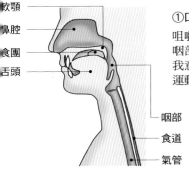

軟顎
鼻腔
食團
舌頭

①口腔階段
咀嚼後由舌頭將食團送往咽部，因為這種動作由自我意志控制，所以是隨意運動。

咽部
食道
氣管

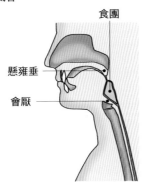

食團
懸雍垂
會厭

②咽部階段
舌頭觸及上顎，軟顎觸及後咽壁，咽部與鼻腔及口腔隔絕。咽部與喉頭被頂起，會厭蓋住喉頭，食團經咽部被送進食道，以上動作稱為吞嚥反射。

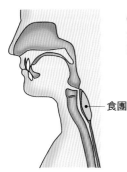

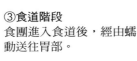

③食道階段
食團進入食道後，經由蠕動送往胃部。

食團

疾病的形成

吞嚥障礙

　　在吞入飲料和食物時，無法順利吞嚥。不只是吞嚥時會嗆到，無法認知食物、無法把食物送入嘴裡、無法咀嚼、無法將食團送至咽部等，都算是吞嚥障礙。

症狀　可從吞嚥時會嗆到、吃過東西後呼吸道發出呼嚕呼嚕的聲音、以及沒有食慾的現象來推測。食物誤入呼吸道時會引起肺炎（吸入性肺炎）而發燒，也會因為呼吸道被塞住而呼吸困難。

治療　演變成吸入性肺炎時，會直接治療該肺炎，重要的是預防誤嚥。喝水和進食時盡量採坐姿；烹煮食物時，盡量烹煮調理至容易吞嚥的狀態。吞嚥時最好是有意識、專心的進行。

食道

食道是將食物送進胃部的通道，它不只是一條管子而已，還可以主動的蠕動以搬運食物。

● DATA

食道的長度：25 公分
食道的粗細：2 公分
食物通過食道的時間：
30～60 秒

食道的構造

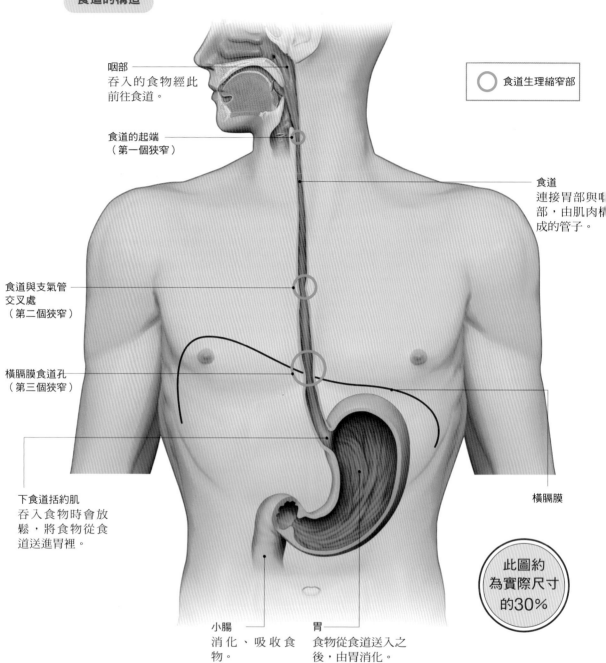

咽部
吞入的食物經此前往食道。

食道的起端
（第一個狹窄）

○ 食道生理縮窄部

食道
連接胃部與咽部，由肌肉構成的管子。

食道與支氣管交叉處
（第二個狹窄）

橫膈膜食道孔
（第三個狹窄）

下食道括約肌
吞入食物時會放鬆，將食物從食道送進胃裡。

橫膈膜

此圖約為實際尺寸的30%

小腸
消化、吸收食物。

胃
食物從食道送入之後，由胃消化。

實用臨床
小知識

Q ▶ 食道有感覺疼痛的感覺神經嗎？

A ▶ 食道裡有腦神經的迷走神經分枝構成的食道神經叢，但是食道神經叢的感覺遲鈍，如果不是太大或太熱的東西，食道不會感覺到有東西通過。

三個食道生理縮窄部

連接胃部（p.150）與下咽部的是約25公分的**食道**，食道通過胸部中央，從氣管後方往下走，貫通**橫膈膜**。貫通橫膈膜的部分叫**橫膈膜食道孔**，從橫膈膜食道孔往下延伸約2～3公分就是胃。

沒有東西通過時，食道呈現較細較癟的狀態。從下咽部至胃部的途中，食道有三處較狹窄的部分，稱為食道**生理縮窄部**。

這三個食道生理縮窄部，各為下咽部與食道連接的部位、主動脈弓與左支氣管與食道交會而食道受到壓迫的部位、貫通橫膈膜的部位。吞入異物時，可能會阻塞住這三個食道生理縮窄部。

以蠕動運動將食團送入胃部

食道不只是一條管子而已，它可以主動將食物搬運至胃部。當我們處於站姿或坐姿時，吞嚥（p.147）下的食物，藉由重力比較能順利到達胃部，稱為食道的**蠕動**。

如左下圖所示，食道管壁有成環狀的肌層與成縱走的肌層，這些肌肉讓食道如毛毛蟲爬行的動作般，將食團壓至胃部。其中，**食道黏膜**可分泌幫助食團通過的黏液，但不含消化酵素。

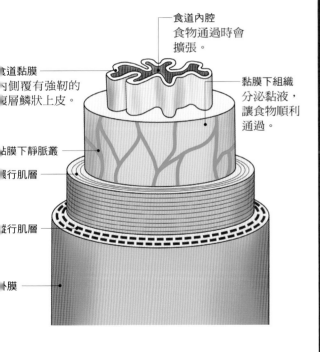

食道的構造

- 食道內腔　食物通過時會擴張。
- 食道黏膜　內側覆有強韌的複層鱗狀上皮。
- 黏膜下組織分泌黏液，讓食物順利通過。
- 黏膜下靜脈叢
- 環行肌層
- 縱行肌層
- 外膜

食道管壁可分為三層：黏膜層、肌層、外膜層。黏膜層有食道黏膜與黏膜下組織，黏膜下組織裡有黏膜下靜脈叢。

肌層內側是環行肌層，肌肉成環狀；外側是縱行肌層。食道的上半部是橫紋肌，下半部是平滑肌，在食道中間部位漸漸轉變。上半部的橫紋肌是不隨意肌，外膜為纖維結締組織。

疾病的形成

食道癌

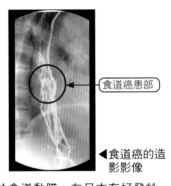

（食道癌患部）

◀食道癌的造影影像

發生於食道黏膜，在日本有好發於60歲以上男性的傾向，病因不明，但一般認為與吸菸、過量飲用烈酒、攝取過熱飲食、胃食道逆流等有關。

症狀　屬於症狀不明顯的癌症，所以嚥下食物時，如果有卡在咽喉、胸部的感覺或吞嚥困難等症狀，就已惡化至一定程度了。有時吞食時感到疼痛、體重減輕、胸痛、聲音沙啞等症狀。

治療　基本治療方式是切除癌症患部。初期癌症尚停留在黏膜層時，會以內視鏡切除黏膜，惡化至一定程度時，必須切除食道，並將胃部往上拉。

胃

胃會用強酸及消化酵素，把吃下去的食物分解成泥狀，而且胃還擁有不會分解自身的機制。

● DATA

胃容量：
約 1.2～1.5 公升
胃液分泌量：約 2 公升
小彎長度：約 15 公分
大彎長度：約 45 公分

胃的構造

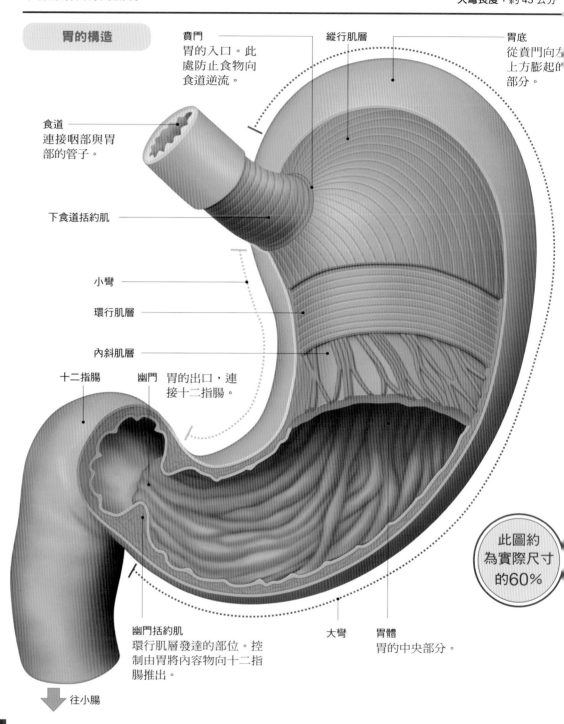

賁門
胃的入口。此處防止食物向食道逆流。

縱行肌層

胃底
從賁門向左上方膨起的部分。

食道
連接咽部與胃部的管子。

下食道括約肌

小彎

環行肌層

內斜肌層

十二指腸

幽門 胃的出口，連接十二指腸。

此圖約為實際尺寸的60%

幽門括約肌
環行肌層發達的部位。控制由胃將內容物向十二指腸推出。

大彎

胃體
胃的中央部分。

往小腸

實用臨床 小知識

Q ▶ 胃液的量與其所含之消化酵素為何？

A ▶ 人體一天約分泌 1.5～2 公升胃液，其中含有鹽酸與胃蛋白酶原。鹽酸會將進入胃部的食物殺菌，並將之分解成泥狀，還會將胃蛋白酶原轉化為分解蛋白質酵素的胃蛋白酶。

從賁門至幽門的袋子

胃的入口稱為**賁門**，賁門連接下食道括約肌。從賁門向左上方膨起的部分叫**胃底**，中央部分叫**胃體**。

胃部變得較細、並與**十二指腸**（p.152）連接的部分，叫做**幽門部位**，而胃的出口叫**幽門**。幽門有幽門括約肌；從賁門至幽門最短的曲線叫**小彎**，最長的叫**大彎**。

胃壁由**黏膜**、**肌層**、**漿膜**構成，其中，肌層分為三層：內側是肌肉纖維斜走的**內斜肌層**、中間是肌肉纖維成環狀的**環行肌層**、外側是肌肉纖維縱走的**縱行肌層**。而縱行肌在小彎與大彎處特別發達。

食物會留在胃部，胃會將食物消化成黏稠狀

經過牙齒咀嚼並與唾液混合的食團，在進入胃部之後會停留約2～4小時，停留胃部的時間依食物種類而異，醣類為主的食物停留得較短，蛋白質和脂質為主的食物停得較長。

胃黏膜分泌的鹽酸，與叫做**胃蛋白酶**的蛋白質**消化酵素**，會進行消化，最後將食團分解成黏稠狀，此時幽門會開啟，慢慢將內容物送至十二指腸。

空腹時胃容量約為 100 毫升，但是裝滿時可達到 1.2～1.5 公升以上。

胃黏膜的構造

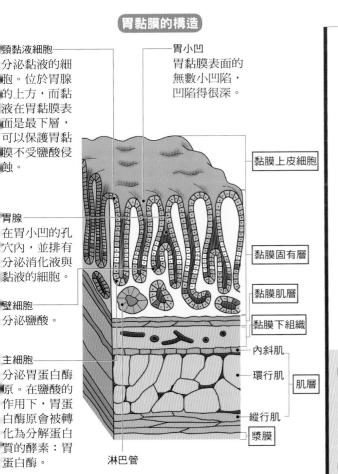

頸黏液細胞
分泌黏液的細胞。位於胃腺的上方，而黏液在胃黏膜表面是最下層，可以保護胃黏膜不受鹽酸侵蝕。

胃腺
在胃小凹的孔穴內，並排有分泌消化液與黏液的細胞。

壁細胞
分泌鹽酸。

主細胞
分泌胃蛋白酶原。在鹽酸的作用下，胃蛋白酶原會被轉化為分解蛋白質的酵素：胃蛋白酶。

胃小凹
胃黏膜表面的無數小凹陷，凹陷得很深。

黏膜上皮細胞

黏膜固有層

黏膜肌層

黏膜下組織

內斜肌
環行肌 | 肌層
縱行肌

漿膜

淋巴管

胃黏膜是由黏膜上皮細胞、黏膜固有層、黏膜肌層構成，其下還有肌層與漿膜層。

疾病的形成

胃癌

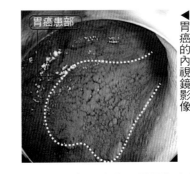

胃癌患部

◀胃癌的內視鏡影像

發生於胃部的癌症，原因為老化、吸菸、鹽分攝取過多和攝取烈酒等。一般認為，胃癌發生的導火線是慢性萎縮性胃炎，原因是感染了在強酸環境下也可生存的幽門螺旋桿菌。

症狀　初期多半沒有症狀，不少案例是健康檢查時發現的，也有些是因胃脹氣及胸骨下方的腹窩疼痛而發現。惡化後，嚥食時會有卡在咽喉或胸部的感覺、胃痛、噁心、嘔吐及體重減輕。

治療　基本治療方式是切除癌症患部。初期癌症尚停留在黏膜層時，會以內視鏡切除黏膜。惡化至一定程度時，需進行腹腔鏡或開腹手術，切除癌症患部，有時會併用化療及放射線療法。

小腸① 十二指腸

食物進入十二指腸後，會加入來自膽囊及胰臟的消化液，繼續消化。

● DATA
十二指腸長度：約 30 公分
上部：約 5 公分
降部：約 8 公分
水平部：約 8 公分
升部：約 5 公分

十二指腸及其周邊部位

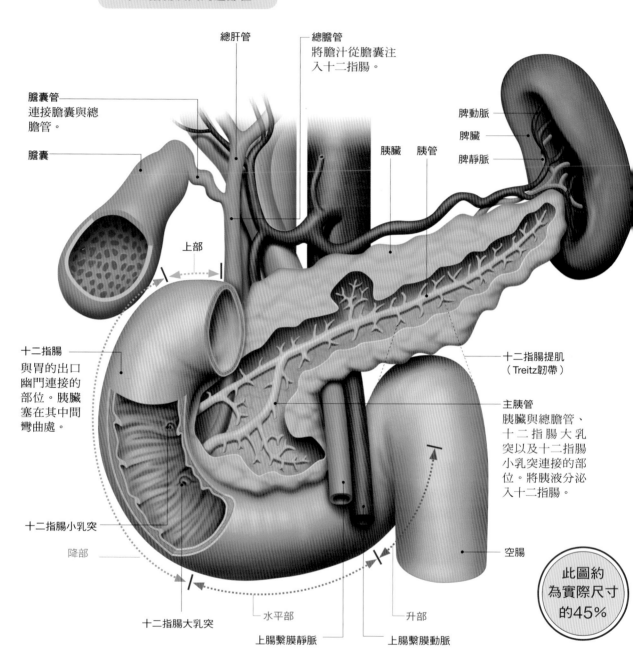

總肝管

總膽管
將膽汁從膽囊注入十二指腸。

膽囊管
連接膽囊與總膽管。

膽囊

脾動脈

脾臟

脾靜脈

胰臟　胰管

上部

十二指腸
與胃的出口幽門連接的部位。胰臟塞在其中間彎曲處。

十二指腸提肌
（Treitz韌帶）

主胰管
胰臟與總膽管、十二指腸大乳突以及十二指腸小乳突連接的部位。將胰液分泌入十二指腸。

十二指腸小乳突

降部

空腸

十二指腸大乳突

水平部

升部

上腸繫膜靜脈

上腸繫膜動脈

此圖約為實際尺寸的45%

實用臨床
小知識

Q ▶ 十二指腸與空腸有什麼不同？

A ▶ 因為小腸黏膜組織沒有明顯的分界，所以就以十二指腸提肌（Treitz 韌帶）形成的彎曲部位為其分界，兩者的不同在於，十二指腸由腹膜後方固定住，而空腸則連著小腸繫膜，是可以動的。

環抱胰臟的十二指腸

連接胃（p.150）的出口幽門，直至右下腹部的大腸（p.158）為止，這根細長的腸子叫小腸。其開頭部分就是**十二指腸**。因為長度相當於12隻手指並排，所以叫十二指腸。

十二指腸以環抱胰臟（p.162）胰頭部位的樣子彎曲，並在超過身體的正中間後急遽下彎，變成空腸，其轉角部分由**十二指腸提肌**吊在橫膈膜上，而十二指腸提肌則是含有平滑肌的結締組織束。

與胰頭相接的部位有膽囊（p.166）與胰臟的消化液注入口，因為注入口周圍稍稍的突起，所以叫**十二指腸乳突**。

注入胰液與膽汁

被胃分解成黏稠狀的內容物會經過幽門，慢慢送至十二指腸。胃的內容物是酸性，如果直接送入十二指腸會傷害十二指腸的黏膜，因此十二指腸會分泌鹼性的**腸液**，還會從胰臟注入**胰液**以中和來自胃的內容物。

胰液與膽汁混入被胃分解成黏稠狀的內容物（食糜）後，會變成可以被身體吸收的形式，進入最後的消化階段。

特別的是，胰液含有可分解三大營養素的酵素，屬於相當重要的消化液（p.163）。另外，膽囊所注入的膽汁，還具有可幫助消化脂肪的作用（p.167）。

腹膜後器官

腹部矢狀剖面圖（模式圖）

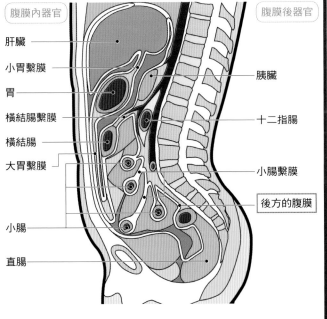

腹膜內器官

- 肝臟
- 小胃繫膜
- 胃
- 橫結腸繫膜
- 橫結腸
- 大胃繫膜
- 小腸
- 直腸

腹膜後器官

- 胰臟
- 十二指腸
- 小腸繫膜
- 後方的腹膜

腹腔內壁有一層腹膜，延展包覆著腹腔內部的許多臟器及消化道。腹膜支撐臟器，讓動作能順暢進行，而且還是血管及神經的通道。

但是腹腔後方的臟器及器官中，有一部分是未被腹膜包裹的，這些器官叫腹膜後器官。十二指腸、胰臟、腎臟、腎上腺、尿道等腹膜後器官發炎時，特徵是容易出現腰背痛。

疾病的形成

十二指腸潰瘍

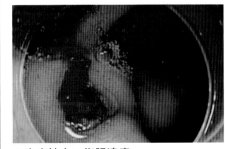

▲出血性十二指腸潰瘍

十二指腸潰瘍為消化性潰瘍，因失去消化功能與保護本身黏膜的平衡，傷及黏膜而造成潰瘍。此疾病與胃潰瘍相同，都跟幽門螺旋桿菌有很大的關係。

症狀 胸骨下方的腹窩疼痛、噁心、胸部有灼燒感，特別是空腹時的疼痛為其特徵。潰瘍變深時，十二指腸會破洞（穿孔）並引起腹膜炎，上腹部出現激烈疼痛，並因腹壓升高而出現肌肉變硬的肌性防禦。

治療 改善生活習慣並觀察病情變化，如靜養、禁酒、戒菸、減輕壓力、避免接觸具刺激性質的東西。需給予抑制胃酸等的藥物，出現穿孔時要動手術，若幽門螺旋桿菌為陽性時需殺菌。

小腸② 空腸及迴腸

小腸的大部分為空腸及迴腸，是消化吸收的中心。將食物消化至可以
吸收的分子大小後，由營養吸收細胞負責吸收。

● DATA
小腸整體長度：約 6 公尺
空腸：約 2 公尺 30 公分
迴腸：約 3 公尺 45 公分
小腸表面積：
約 200 平方公尺

小腸（十二指腸、迴腸、空腸）
的位置

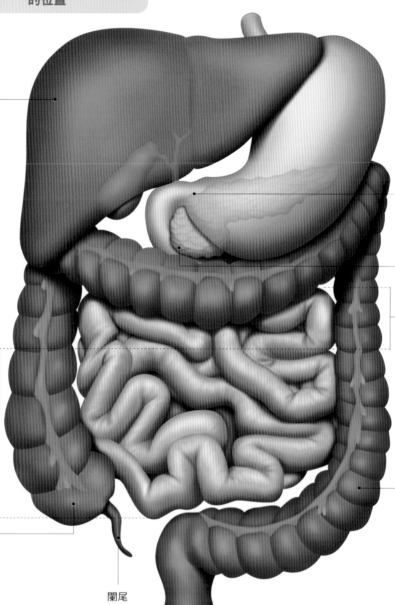

肝臟

十二指腸
連接胃的出口與空腸
的管道。肝臟與胰臟
所分泌的消化液會送
至此處。在這裡會把
從胃送來的內容物消
化得更細之後，送到
空腸。

幽門
胃的出口，與
十二指腸連接

胰臟

空腸
除了十二指腸的
部分之外，空腸
是小腸的前五分
之二。腸壁比迴
腸厚，比迴腸稍
粗一些。蠕動活
潑，會把內容物
送到迴腸。

迴腸
除了十二指腸的部
分之外，迴腸是小
腸的後五分之三。
腸壁比空腸薄，比
空腸稍細一些。從
內容物吸取養分之
後送到大腸。

大腸
（➡p.158）

盲腸
大腸開始的部分，與
迴腸連接。

闌尾

此圖約
為實際尺寸
的35%

+ 實用臨床 小知識

Q▶ 腸液的量與其所含之消化酵素為何？

A▶ 腸液為弱鹼性，一天分泌量約為 1.5～3 公升。包括可將醣類分解
為單醣類的蔗糖酶、乳糖酶；可將蛋白質分解為胺基酸的腸蛋白
酶，以及可將脂質分解為脂肪酸及甘油的脂酶等。

活潑的空腸與吸取養分的迴腸

連接十二指腸（p.152），除了十二指腸的部分之外，**空腸**是小腸的前五分之二，後五分之三則是**迴腸**，兩者皆由屬於腹膜的腸繫膜吊起。

空腸與迴腸間沒有明確的界線，而且解剖時，空腸的腸腔大多是處於空的狀態，故得其名。它的特徵是腸壁肌層較厚較發達，以活潑的**蠕動**將內容物快速往前推。

迴腸是小腸最長的部分，特徵是腸壁的肌層比空腸薄，比空腸稍細一些，功能是吸取從胃（p.150）流過來的內容物養分。

小腸的三種運動

小腸會以**蠕動運動**、**分節運動**、**擺動運動**將內容物送往大腸（p.158）。蠕動運動是肌肉收縮如同波浪一般，將內容物往前推。分節運動是由小腸的伸縮製造出縮窄之處；擺動運動是重複垂直方向的伸縮，這兩種運動可以混合內容物與消化酵素。

運至小腸的內容物（食糜）會因為各種**消化酵素**與腸道運動，被分解至最小分子或是相當於最小分子的大小，然後由**營養吸收細胞**吸收，並送往血管。因為工作量很重，所以營養吸收細胞的壽命大約只有一天，老化後就會剝落並掉進腸道內。

小腸的腸繫膜

腸繫膜示意圖
（沒有腹腔壁的樣子）

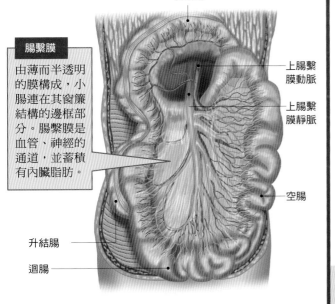

横結腸

腸繫膜

由薄而半透明的膜構成，小腸連在其窗簾結構的邊框部分。腸繫膜是血管、神經的通道，並蓄積有內臟脂肪。

上腸繫膜動脈

上腸繫膜靜脈

空腸

升結腸

迴腸

空腸與迴腸連著腸繫膜。包住小腸的2張腹膜組成腸繫膜，小腸連在其窗簾結構的邊框部分，由腸繫膜將小腸吊起。腸繫膜也是血管、神經的通道，並且有蓄積內臟脂肪的部分。因為小腸是被腸繫膜吊著，並非完全固定，所以會移動；至於與空腸、迴腸同屬小腸的十二指腸並沒有連著腸繫膜，而是由後腹壁固定。

疾病的形成

腸阻塞

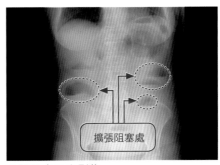

擴張阻塞處

▲腸阻塞X光影像

因某些理由使內容物累積在腸道內，稱為腸阻塞，小腸及大腸都有可能發生，但小腸較常見。原因是癌症、腸道沾黏、神經及血流問題引起的腸道麻痺和痙攣。

症狀 噁心、嘔吐、腹痛、無法排便排氣，有時伴隨腹脹感和腸蠕動亢進。絞扼性腸阻塞的腹痛是劇痛，可能出現冷汗、臉色蒼白、休克等症狀。

治療 某些腸阻塞若放置不管，可能引起血流障礙，這種情況就需進行緊急手術。經鼻放入導管，除去阻塞處的內容物即可改善。為預防腸阻塞，排便順暢也很重要。

消化與吸收的結構

消化是將食物分解為可吸收的分子，吸收則是將消化後的養分吸收進身體。

● DATA
食物的通過時間
胃：約 2～4 小時
小腸：約 3～5 小時
大腸：約 10 小時～數天

消化流程

⟶ 胃液
⟶ 胰液
⟶ 膽汁

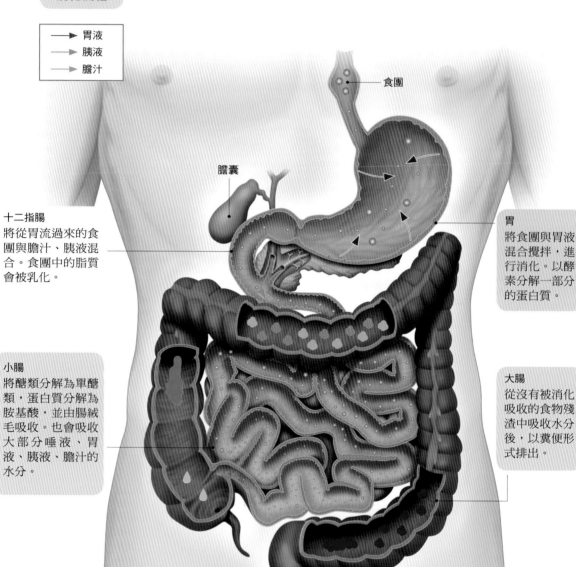

食團

膽囊

十二指腸
將從胃流過來的食團與膽汁、胰液混合。食團中的脂質會被乳化。

胃
將食團與胃液混合攪拌，進行消化。以酵素分解一部分的蛋白質。

小腸
將醣類分解為單醣類，蛋白質分解為胺基酸，並由腸絨毛吸收。也會吸收大部分唾液、胃液、胰液、膽汁的水分。

大腸
從沒有被消化吸收的食物殘渣中吸收水分後，以糞便形式排出。

**實用臨床
小知識**

Q ▶ 被吸收的養分會送去哪裡？

A ▶ 小腸的營養吸收細胞所吸收的養分，會經由腸繫膜的靜脈被送至肝門靜脈，再送到肝臟。分解脂質後得到的脂肪酸等會進入淋巴管，但其中一部分也會經由靜脈被送至肝門靜脈。

機械性消化與化學性消化

為了吸收食物營養，需將食物分解成較小分子的物質，這個過程就是消化，又分為**機械性消化與化學性消化**。

機械性消化就是用牙齒咀嚼或是用消化道的活潑運動，將食物分解成小塊。化學性消化是用各種含有消化酵素的消化液改變物質的化學構造，使分子變小。

在整個消化過程中，先以機械性消化將食物分解至一定程度，再進入化學性消化。另外，胃及小腸也會**蠕動**（見下圖），一邊進行分解內容物的機械性消化，一邊進行化學性消化，混合內容物與消化酵素。

將食物分解成單醣類和胺基酸等物質後再行吸收

小腸會吸收三大營養素的醣類、蛋白質、脂質及礦物質（無機質）、維他命、水分。**醣類**會被分解為澱粉質等多醣類、蔗糖等雙醣類、葡萄糖及果糖等單醣類後再吸收。

蛋白質是由許多胺基酸結合而形成的高分子物質，所以蛋白質會被分解為胺基酸後再吸收。

脂質（中性脂肪）由 3 種脂肪酸與甘油結合而形成，所以吸收時會全部被分解為一個一個的分子，或是分解為單種脂肪酸加甘油的單甘油酯後再吸收。

分子較小的礦物質、維他命、水分等會直接以該形態吸收。

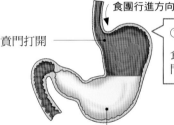

胃的蠕動

食團行進方向

賁門打開

①咀嚼後的食團進入胃
食團經由食道下來時，賁門會打開讓食物進入胃。

食糜

②進行蠕動消化
胃會活潑的蠕動，將食團與消化液混合並攪拌，以進行消化。

幽門是關著的狀態

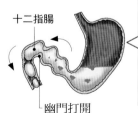

③將內容物送到十二指腸
食物變成泥狀，胃的幽門部位會進行活潑的蠕動，將內容物推往幽門方向。內容物的壓力會讓幽門打開，一點一點的將內容物送到十二指腸。

十二指腸

幽門打開

蠕動是一種推進性收縮運動，不只是胃，食道、小腸等消化道都會蠕動。因為消化道整體看起來像是毛毛蟲在收縮爬動，而得其名。

疾病的形成

克隆氏症

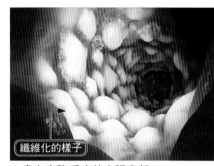

纖維化的樣子

▲患有克隆氏症的大腸患部

由口至肛門的消化道之任何部位發生慢性發炎、潰瘍、纖維化，病程反覆且慢性，逐漸惡化；好發年齡為 20 歲左右，以男性較多。造成此症的原因不明。

 症狀　最常見的症狀是腹痛、腹瀉，有時會出現持續發燒、全身倦怠、血便、體重減輕，還會出現瘻管（指內臟間出現不正常的管子）。部分患者會出現與消化道無關的症狀，如關節炎、虹膜炎等。

治療　因為原因不明，所以沒有可以完全治癒的方法，需控制脂質、蛋白質、食物纖維、刺激物、酒精等攝取，讓消化道休息，並配合抑制發炎的藥物和免疫抑制劑，以期改善症狀。

大腸

上連小腸，一直至肛門為止的部分就是大腸。大腸分為盲腸、結腸、直腸，作用是形成糞便。

● DATA
大腸長度：約 1.6 公尺
粗細（升結腸）：
約 6 公分
大腸吸收的水分：
約 400 毫升

大腸的構造

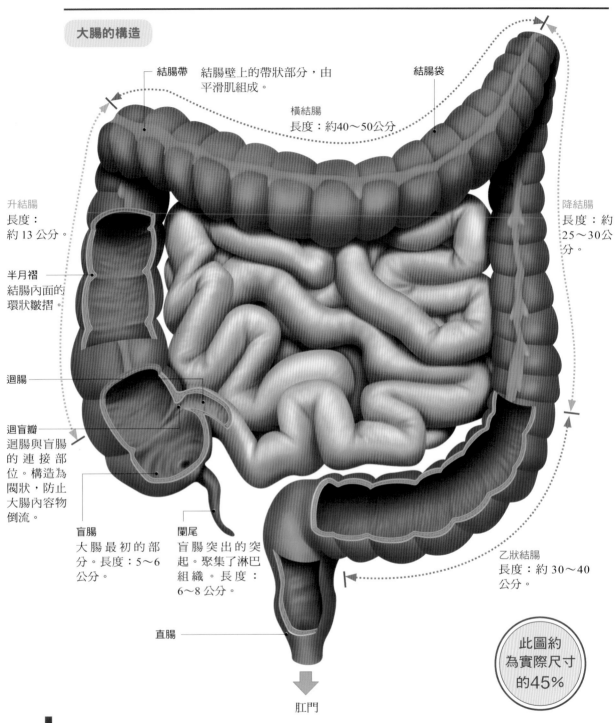

結腸帶　結腸壁上的帶狀部分，由平滑肌組成。

結腸袋

橫結腸
長度：約40～50公分。

升結腸
長度：
約 13 公分。

降結腸
長度：約
25～30公
分。

半月褶
結腸內面的
環狀皺摺。

迴腸

迴盲瓣
迴腸與盲腸
的連接部
位。構造為
閥狀，防止
大腸內容物
倒流。

盲腸
大腸最初的部
分。長度：5～6
公分。

闌尾
盲腸突出的突
起。聚集了淋巴
組織。長度：
6～8 公分。

乙狀結腸
長度：約 30～40
公分。

直腸

肛門

此圖約
為實際尺寸
的45%

實用臨床 小知識

Q ▶ 結腸表面的筋是什麼？

A ▶ 結腸表面的筋是結腸帶，共有 3 條。縱行於結腸壁的平滑肌聚集於此，將結腸維持在一定的長度。另外，橫結腸的結腸帶連接著腹膜所延伸出的腸繫膜，藉此吊起了橫結腸。

大腸是由盲腸、結腸、直腸構成

迴腸與大腸在右下腹相接，相接部位稱為迴盲部；有如戳進大腸一樣的小腸部分形成了迴盲瓣。再從迴盲部往下走是形成一條死巷的盲腸（5～6公分），往下垂掛著闌尾（6～8公分）。

從迴盲部往上走，繞腹部一圈直達直腸的是結腸，依序為約 13 公分的升結腸、約 40～50 公分的橫結腸、約 25～30 公分的降結腸、約 30～40 公分的乙狀結腸。乙狀結腸與直腸相連，直腸位於下腹部中央往下行，長度約為 20 公分。

升結腸與降結腸幾乎是由後腹壁所固定住，但是橫結腸是由腸繫膜（p.155）吊著，位置多少會移動。

把水分吸掉形成糞便

大腸會把小腸消化吸收後的殘渣中的水分吸掉，形成糞便（p.160）。內容物（食糜）從迴盲部進入大腸時還是泥狀。內容物會在升結腸待一段稍長的時間，所以大部分的水分是由升結腸吸收。由橫結腸至降結腸這一段也會吸收水分，進入降結腸時已經幾乎是普通的糞便狀態了，糞便會暫時停留在乙狀結腸，然後送往直腸。

大腸中有許多腸道菌，能使某種食物纖維發酵，製造脂肪酸，而脂肪酸會被大腸吸收作為能量。此外，腸道菌還會製造維他命 B 群與維他命 K。

大腸的血管

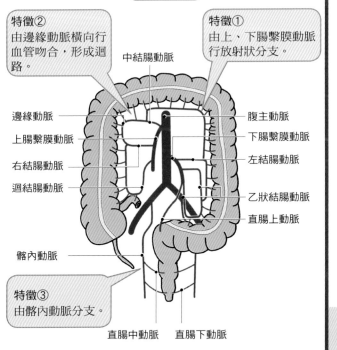

特徵②
由邊緣動脈橫向行血管吻合，形成迴路。

特徵①
由上、下腸繫膜動脈行放射狀分支。

中結腸動脈

邊緣動脈
上腸繫膜動脈
右結腸動脈
迴結腸動脈

腹主動脈
下腸繫膜動脈
左結腸動脈
乙狀結腸動脈
直腸上動脈

髂內動脈

特徵③
由髂內動脈分支。

直腸中動脈　　直腸下動脈

疾病的形成

大腸癌

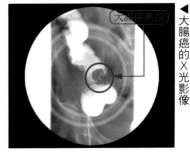

◀ 大腸癌的X光影像

大腸癌患部

發生於大腸的癌症，在日本好發於直腸與乙狀結腸，且近年來有增加的趨勢。原因不完全清楚，但一般認為與食物纖維攝取不足、動物脂肪攝取過多等飲食習慣的西化有關。

症狀 症狀依發生部位而不同。發生於大腸前半部的癌症為腹痛、腹瀉；後半部的癌症為便祕、腹痛；乙狀結腸與直腸為血便、黏液便、糞便變細、腹脹等症狀。

治療 基本治療法是切除癌症患部，切除的方法及範圍，依癌症部位及擴散方式而不同。依切除部位可能會裝置人工肛門，會配合進行化療及放射線療法。

向大腸輸送養分的動脈，是從腹主動脈延伸的上、下腸繫膜動脈進行放射狀分支。各動脈在到達大腸前，會由邊緣動脈橫向進行血管吻合，形成迴路。

從大腸蒐集血液的靜脈幾乎是與動脈平行，但血液流向相反，最後集中於肝門靜脈，進入肝臟。

直腸下半部的血管來源與其他部分不同，動脈是由髂內動脈分支而來，靜脈則是由直腸靜脈叢經髂內靜脈進入下腔靜脈。

直腸與排便的結構

直腸是排便前的糞便停留處，累積一定的糞便量後，直腸內的壓力會升高，這就是排便的訊號。

● DATA
直腸長度：約 20 公分
肛管長度：
男性：約 3～4 公分
女性：約 2～3 公分

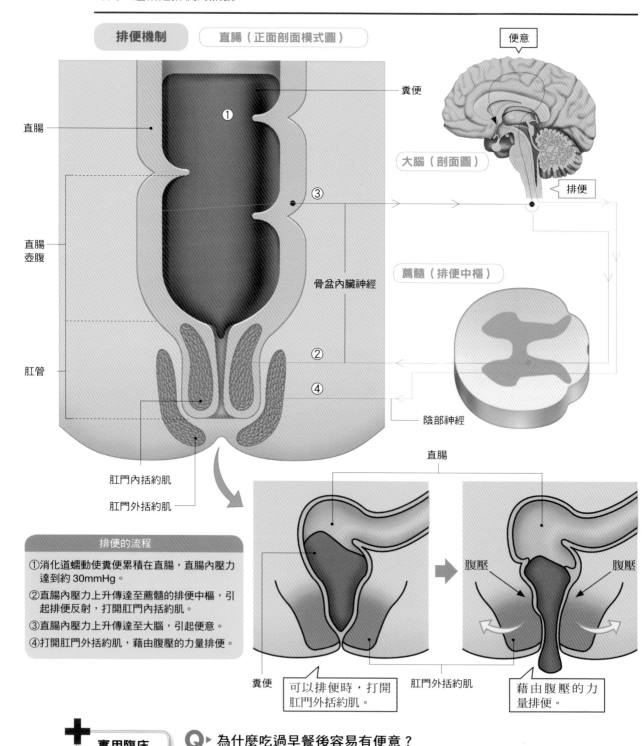

排便機制　　**直腸（正面剖面模式圖）**

便意

糞便

①

直腸

③

骨盆內臟神經

直腸
壺腹

②

肛管

④

肛門內括約肌

肛門外括約肌

大腦（剖面圖）

薦髓（排便中樞）

排便

陰部神經

直腸

腹壓　　腹壓

糞便　　可以排便時，打開
肛門外括約肌。

肛門外括約肌　　藉由腹壓的力量排便。

排便的流程

①消化道蠕動使糞便累積在直腸，直腸內壓力達到約 30mmHg。
②直腸內壓力上升傳達至薦髓的排便中樞，引起排便反射，打開肛門內括約肌。
③直腸內壓力上升傳達至大腦，引起便意。
④打開肛門外括約肌，藉由腹壓的力量排便。

實用臨床 小知識

Q ▶ 為什麼吃過早餐後容易有便意？

A ▶ 食物進入胃裡後，降結腸與乙狀結腸會激烈蠕動，一口氣將糞便送到直腸，稱為胃結腸反射。這種反射一天只會出現 1～2 次，最容易出現在吃過早餐後、食物進入空的胃部時。

直腸是大腸的一部分

乙狀結腸下連**直腸**，直腸是大腸（p.158）的一部分，由下腹部中央、薦骨前方下行，連接肛門。直腸貫通構成骨盆底部的盆膈（由提肛門肌等構成），從盆膈至肛門為止約3公分的管道為**肛管**。

從正面看，直腸是垂直的，但是從橫切面看卻有很大幅度的彎曲。特別是肛管部分，是連接其上方的**直腸壺腹**，並以直角角度向後方彎曲（見下圖）。

肛管是由**肛門內括約肌**與**肛門外括約肌**包裹住。肛管上半部的黏膜上有小小隆起的肛門柱，其下緣稱為**梳狀線（齒狀線）**，黏膜組織與皮膚組織的交界處在此。

糞便累積就會引起排便反射

糞便會暫時停留在乙狀結腸，然後以**蠕動運動**慢慢降至直腸。糞便在直腸累積，直腸內壓力超過約30mmHg時，這個資訊就會傳達至薦髓的**排便中樞**（見左頁②～④），引起**排便反射**。

排便反射引起直腸蠕動，打開肛門內括約肌（不隨意肌）。另一方面，直腸內壓力上升的資訊傳達至大腦，引起便意。

此時若可以排便，就會打開肛門外括約肌（隨意肌），藉由腹壓的力量排便；若不能排便時，大腦會命令關閉肛門外括約肌。排便反射由**副交感神經**促進，由**交感神經**抑制。

直腸與其周圍的臟器

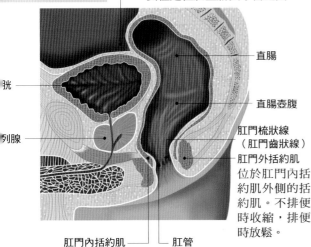

男性的直腸周圍（矢狀剖面圖）

直腸膀胱陷凹（道格拉斯窩）
男性是位於直腸與膀胱之間，女性是位於直腸與子宮之間。

直腸

直腸壺腹

肛門梳狀線（肛門齒狀線）

肛門外括約肌
位於肛門內括約肌外側的括約肌。不排便時收縮，排便時放鬆。

膀胱

前列腺

肛門內括約肌
位於肛管中的括約肌，有排便反射時會放鬆。

肛管
直腸的終點部分。排出累積在直腸的糞便。

直腸前方除了有膀胱之外，男性有前列腺，女性有陰道與子宮。直腸上方包裹有腹膜，男性的該腹膜會與包裹膀胱的腹膜相連，女性的該腹膜會與包裹子宮的腹膜相連。

男性的直腸與膀胱之間有陷凹，女性的直腸與子宮之間有陷凹，名為道格拉斯窩。肛管上半部黏膜的裡層分布有許多靜脈，構成了直腸靜脈叢。另外，肛管下半部覆有皮膚組織的部分的痛覺比上半部敏感。

疾病的形成

便祕

飲食習慣不良

依賴治療便祕的藥物

其他疾病的影響

便祕的原因

精神壓力

生活習慣不規律

主訴症狀為排便次數顯著下降、糞便過硬、無法順利排便，且排便頻率並無基準。一般來說原因是運動不足及飲食習慣，但大腸癌及腸沾黏也是便祕的原因。

症狀 排便次數下降、無法每天排便、殘便感、糞便過硬過少、不用力就無法排便等症狀。有時會伴隨腹痛、腹帳。慢性便祕可能引發痔瘡和肛裂。

治療 因癌症等其他疾病而引起便祕時，會治療該疾病；若不是疾病引起，會要求患者改善生活習慣。例如：一定要吃早餐、充分攝取食物纖維與水分、適度運動、不忍便等。

胰臟

胰臟可分泌強化消化液，能夠消化三大營養素「醣類、蛋白質、脂質」。

● DATA
胰臟的長度：約 15 公分
胰臟的重量：約 70 公克

胰臟與其周邊部位

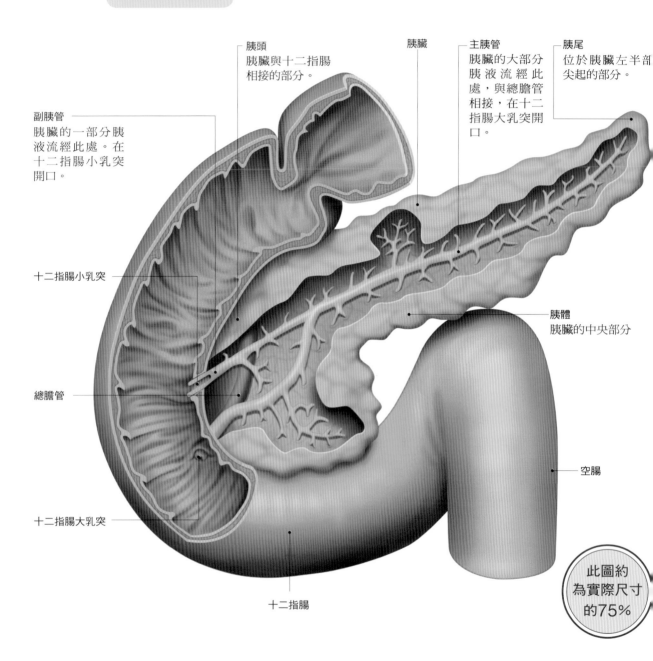

胰頭
胰臟與十二指腸
相接的部分。

胰臟

主胰管
胰臟的大部分胰液流經此處，與總膽管相接，在十二指腸大乳突開口。

胰尾
位於胰臟左半部尖起的部分。

副胰管
胰臟的一部分胰液流經此處。在十二指腸小乳突開口。

十二指腸小乳突

總膽管

十二指腸大乳突

胰體
胰臟的中央部分

空腸

十二指腸

此圖約為實際尺寸的75%

實用臨床
小知識

Q ▶ 如何調整胰液的分泌？

A ▶ 味覺被刺激時，迷走神經的作用會增加胰液的分泌。胃中的內容物和脂肪等接觸到十二指腸時，黏膜會分泌胰泌素與膽囊收縮素等荷爾蒙，以促進分泌胰液。

蒐集胰液並注入十二指腸的胰管

胰臟是位於胃部後方的細長形臟器，右側看似被十二指腸環抱。與十二指腸相接的部分為**胰頭**，下半部朝下突出。胰臟的中央部分為**胰體**，左半部尖起的部分為**胰尾**。胰尾與脾臟相接。

胰臟中有呈現樹枝狀的**胰管**，胰管會蒐集胰臟分泌的胰液並注入十二指腸。大部分的胰管匯集於**主胰管**，主胰管在胰頭與來自膽囊的總膽管合流進入十二指腸，這個部位稱為**十二指腸大乳突**。另外還有一個副胰管進入十二指腸的開口，叫做十二指腸小乳突。

可消化三大營養素

胰液是鹼性的，可以中和從胃流過來的酸性內容物。

胰液中含有可消化三大營養素（醣類、蛋白質、脂質）的消化酵素。分解醣類的消化酵素包括：將澱粉質變為麥芽糖的**胰澱粉酶**，以及將麥芽糖變為葡萄糖的**麥芽糖酶**。

分解蛋白質的消化酵素，含有將胃蛋白酶消化過的東西變為肽的**胰蛋白酶**；分解脂質的消化酵素，則含有將脂肪變為脂肪酸與甘油的**胰脂酶**。

胰臟除了有消化功能以外，還具有**內分泌**（p.198）的功能。

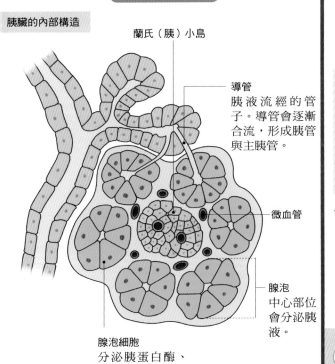

胰臟的內部構造

胰臟的腺泡細胞

蘭氏（胰）小島

導管
胰液流經的管子。導管會逐漸合流，形成胰管與主胰管。

微血管

腺泡
中心部位
會分泌胰液。

腺泡細胞
分泌胰蛋白酶、
胰凝乳蛋白酶等
酵素。

分泌胰液的是腺泡細胞所構成的腺泡，胰臟中有90％為腺泡。腺泡細胞聚集成球狀，將胰液分泌到中心部位的空間。分泌出來的胰液經由導管流出腺泡，導管會逐漸合流形成胰管，最後聚集為主胰管。

疾病的形成

急性胰臟炎

輕微急性胰臟炎
- 胰臟發炎
- 浮腫
- 胰臟周圍發炎

嚴重急性胰臟炎
- 呼吸困難
- 全身性出血
- 多種器官衰竭
- 休克
- 嚴重感染症狀

▲輕微與嚴重急性胰臟炎的差別

胰液開始分解胰臟本身，引起嚴重發炎的疾病，膽結石與酒精攝取過度是兩大原因。一般認為是因胰液累積在胰臟內，並混合膽汁而活化，進而開始分解胰臟本身。

症狀 左上腹及胸骨下方疼痛，有時在背部和腰部會突然出現劇烈疼痛。有時會伴隨噁心、嘔吐、發高燒、惡寒等症狀。嚴重時，臍周和腰間會出現皮下出血，並引起休克。

治療 禁食、給予鎮痛劑和阻斷胰臟酵素的藥物，並要求病人靜養。因為易引起感染，會給予抗生素。若膽結石是病因，會以內視鏡手術去除膽結石。

肝臟

肝臟是人體最大的臟器，會進行各種化學反應。由於肝臟就算生病了，也不會出現明顯的症狀，所以被稱為沉默的臟器。

● DATA
肝臟的大小：
寬約 25 公分、高約 15 公分
胰臟的重量：
男性：約 1000～1500 公克
女性：約 900～1350 公克

肝臟與其周邊部位

此圖約
為實際尺寸
的50%

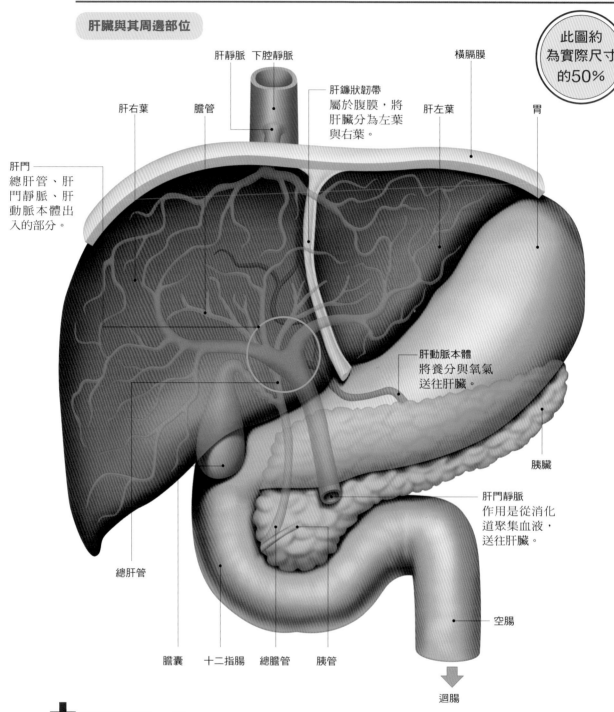

肝靜脈　下腔靜脈

肝鐮狀韌帶
屬於腹膜，將
肝臟分為左葉
與右葉。

橫膈膜

肝右葉　膽管

肝左葉　胃

肝門
總肝管、肝
門靜脈、肝
動脈本體出
入的部分。

肝動脈本體
將養分與氧氣
送往肝臟。

胰臟

肝門靜脈
作用是從消化
道聚集血液，
送往肝臟。

總肝管

空腸

膽囊　十二指腸　總膽管　胰管

迴腸

✚ 實用臨床
小知識

Q▸ 肝臟被切除也能再生嗎？

A▸ 若肝細胞健康的話，就算切除四分之三的肝臟，也能在大約 4 個月後復原到原來的大小。但是，若肝臟組織患有不可逆的病變（如肝硬化），肝臟是無法再生的。

從消化道蒐集血液的肝臟

　　肝臟位於右上腹、橫膈膜的下方。位於胃及十二指腸的前上方，一部分與結腸相連。肝臟整體呈三角椎形狀，分為占整個肝臟五分之四的**肝右葉**與較小的**肝左葉**，肝左葉與肝右葉由進入腹膜的**肝鐮狀韌帶**分開。

　　下面有**肝門**，從消化道蒐集血液的**肝門靜脈**、將養分與氧氣送往肝臟本身的**肝動脈本體**、將肝臟製造的**膽汁**送到膽囊的**總膽管**出入於此。**肝靜脈**負責蒐集從肝臟回流至心臟（p.108）的血液，直接進入外表看起來像是陷入肝臟的、縱行的下腔靜脈。

負責進行各種化學反應

　　肝臟被稱為人體的化學工廠，功能包括了代謝物質、製造膽汁、將有毒物質及藥物解毒、製造凝血因子、儲存血液、儲存維他命等。

　　肝臟會把消化道吸收的**葡萄糖**與**肝醣**結合並儲存起來，在血糖值下降以及受到壓力等必要的時候，將葡萄糖放出至血液中。另外，肝臟還會以吸收到的胺基酸為原料，合成血清白蛋白及膠原蛋白等**蛋白質**並送往全身，或是分解排泄不需要的胺基酸。

　　肝臟也會合成**膽固醇**，膽固醇是荷爾蒙及細胞膜等的材料。此外，鈍化部分荷爾蒙也是肝臟的功能。

肝小葉的構造

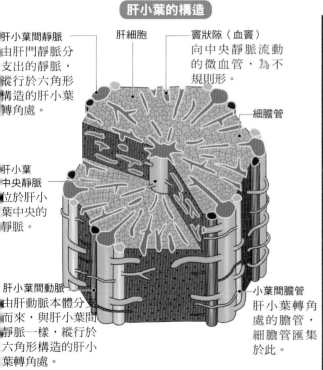

肝小葉間靜脈
由肝門靜脈分支出的靜脈，縱行於六角形構造的肝小葉轉角處。

肝細胞

竇狀隙（血竇）
向中央靜脈流動的微血管，為不規則形。

細膽管

肝小葉中央靜脈
位於肝小葉中央的靜脈。

肝小葉間動脈
由肝動脈本體分而來，與肝小葉間靜脈一樣，縱行於六角形構造的肝小葉轉角處。

小葉間膽管
肝小葉轉角處的膽管，細膽管匯集於此。

　　把肝臟擴大來看的話，可看見直徑約1～2厘米的六角形構造。這叫肝小葉。

　　肝小葉間動脈與肝小葉間靜脈的血液會合流於竇狀隙，而竇狀隙是位於肝細胞之間，朝著中間的肝小葉中央靜脈流動的微血管。肝小葉中央靜脈逐漸匯流，最後變成肝靜脈，流入下腔靜脈。

　　有別於竇狀隙，肝細胞之間還有細膽管，肝細胞製造出的膽汁會進入此處。細膽管匯集於縱行的小葉間膽管，最後經總膽管出肝門。

疾病的形成

肝癌

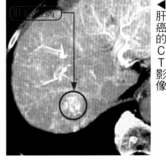

◀肝癌的CT影像

　　發生於肝臟的癌症，分為肝臟本身發生的原發性肝癌，與其他部分的癌症轉移過來的轉移性肝癌。原發性肝癌的原因，多為感染C型肝炎多年而引起的慢性肝炎和肝硬化。

症狀　慢性肝炎階段易有倦怠感，所以容易被當作單純的疲勞而忽略。慢性肝炎與肝硬化惡化後，會出現強烈倦怠感、黃疸、體重減輕、腹水、腹脹以及肝性昏迷引起的意識障礙等。

治療　若能維持肝功能，就將患部切除；若肝功能顯著下降，就不能切除患部。此時可能會採取其他的治療方式，如堵住輸送血液至患部的血管、將抗癌藥物注射至離患部近處、肝移植等。

膽囊

膽囊是一個袋子，用來暫時儲存並濃縮肝臟所製造的膽汁，膽汁雖然
不含消化酵素，但是具有幫助脂肪消化的作用。

● DATA
膽囊全長：
約 7～10 公分
寬：約 2～4 公分
容量：約 30～70 毫升

膽囊的位置與名稱

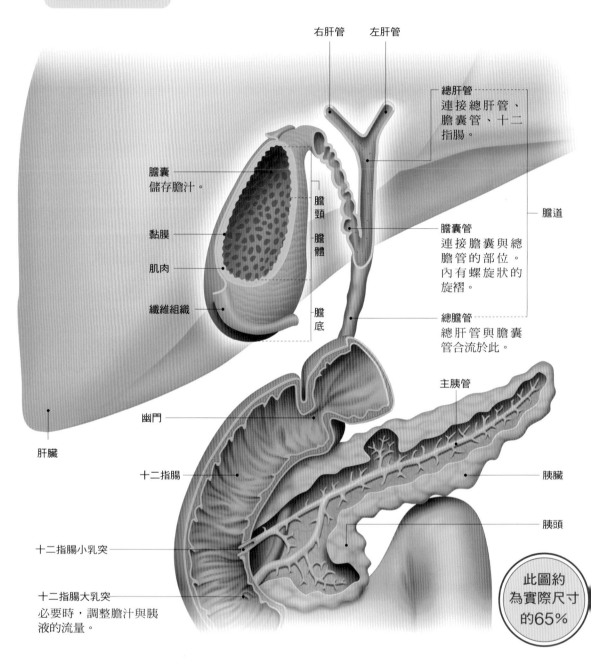

右肝管　左肝管

總肝管
連接總肝管、
膽囊管、十二
指腸。

膽囊
儲存膽汁。

膽頭
膽體

黏膜

肌肉

纖維組織

膽底

膽囊管
連接膽囊與總
膽管的部位。
內有螺旋狀的
旋褶。

總膽管
總肝管與膽囊
管合流於此。

膽道

主胰管

幽門

肝臟

十二指腸

胰臟

胰頭

十二指腸小乳突

十二指腸大乳突
必要時，調整膽汁與胰
液的流量。

此圖約
為實際尺寸
的65%

**實用臨床
小知識**

Q▶ 膽汁的成分為何？

A▶ 脾臟與肝臟會破壞變老的紅血球，取出其中的血紅素。血紅素經
化學變化成為間接膽紅素，再由肝臟處理變為直接膽紅素，這就
是膽汁的成分。

茄子形狀的膽囊

　　膽囊是位於肝右葉（p.164）下方、呈茄子形狀的袋子。前端圓形的部分是膽底、中間的部分是膽體，較細的部分是膽頸。連接膽頸的管子是膽囊管，從膽頸延伸出來，彎曲角度相當大。另外，膽囊管裡面還有螺旋狀的旋褶。

　　從肝臟的肝門出來的**右肝管**與**左肝管**會匯流為**總肝管**，並與膽囊管合流為**總膽管**。

　　總膽管貫通胰臟（p.162）的胰頭，與主胰管合流，在十二指腸開口進入，稱為十二指腸大乳突。十二指腸大乳突內側有歐蒂氏括約肌，會在必要時打開。

膽汁不含消化酵素

　　膽汁由肝臟製造，一天約分泌600～800毫升至十二指腸。膽汁由肝管經膽囊管送至膽囊。在膽囊中等待分泌的時間裡，會被濃縮成約4～10倍的濃度。

　　膽汁呈鹼性、黃褐色，含有膽酸、**膽紅素**、**磷脂**等。其中，膽酸由膽固醇所製成，而膽紅素是破壞變老的紅血球後，以取出的血紅素為原料所製造。

　　膽汁雖然可以幫助小腸吸收脂質，卻不含消化酵素。另外，膽汁與胰液混合後，具有活化胰液消化酵素的效果。

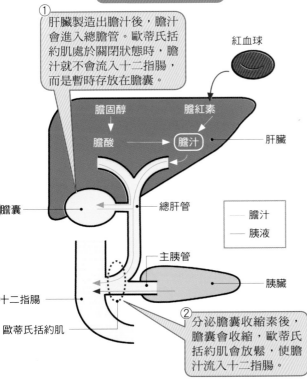

膽汁的流動及分泌

① 肝臟製造出膽汁後，膽汁會進入總膽管。歐蒂氏括約肌處於關閉狀態時，膽汁就不會流入十二指腸，而是暫時存放在膽囊。

紅血球

膽固醇　膽紅素

膽酸　→　膽汁　←　肝臟

膽囊　　　總肝管

　　膽汁
　　胰液

十二指腸

歐蒂氏括約肌

主胰管

胰臟

② 分泌膽囊收縮素後，膽囊會收縮，歐蒂氏括約肌會放鬆，使膽汁流入十二指腸。

　　當十二指腸大乳突的歐蒂氏括約肌，處於關閉狀態時，肝臟製造的膽汁就會存放在膽囊。膽汁在膽囊被濃縮，等待需要分泌的時刻到來。

　　從胃流過來的內容物的脂質碰到十二指腸黏膜時，就會分泌叫做膽囊收縮素（也被稱為胰酶泌素）的消化道荷爾蒙。作用是使膽囊收縮，放鬆歐蒂氏括約肌，然後膽汁與胰液就會一起被注入十二指腸。

疾病的形成

膽結石

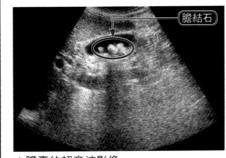

膽結石

▲膽囊的超音波影像

　　膽囊出現結石的疾病。因為膽結石的成分是膽汁凝固而來，所以有膽固醇結石、膽紅素凝固後的黑色素結石、混合型（鈣質加膽紅素）結石等種類。此症好發於四十幾歲的肥胖多產女性。

症狀　很多案例都沒有症狀。若膽結石阻塞防礙膽汁流動、引發發炎症狀，會出現黃疸、噁心、嘔吐等症狀，特別是吃過高脂肪含量的食物後，右上腹部會反覆出現激烈疼痛（疝痛發作）。

治療　如果沒有症狀，就減少攝取脂質，並監控病況。治療方式包括給予分解結石的藥物，或是由體外以衝擊波擊碎結石，有時會以腹腔鏡和開腹手術摘除膽囊。

消化系統的疾病與症狀

消化系統的疾病多半是源於飲食生活、吸菸、飲酒等原因。症狀多為腹痛、噁心、糞便形狀顏色異常等。

消化系統疾病的主要症狀

腹痛

腹部集中了許多臟器、器官及主要血管，所以腹痛也有許多原因，有時起因不是腹部臟器，而是胸部臟器生病。

腹部的範圍很廣，因疾病不同，疼痛的部位也不同。但反過來說，由疼痛的部位及方式，也可以推測是哪個臟器發生問題。

一般會將腹部分為 10 個區域來觀察腹痛狀況，較易掌握。10 個區域分別為心窩（上腹部中央）、右上腹、左上腹、腹部中央（臍周）、右側腹、左側腹、右下腹、左下腹、下腹部中央及整個腹部。

腹痛也分許多等級，突然出現激烈疼痛時，腹壁肌肉因疼痛而緊張僵硬，呈現肌性防禦時就需急救措施。需緊急手術的激烈腹痛狀況，稱為急性腹症。

治療

伴隨肌性防禦的激烈腹痛，有可能是發生了嚴重的腸阻塞或腸套疊、箝閉性疝、消化道穿孔、急性胰臟炎、子宮外孕、卵巢囊腫蒂扭轉、腹膜炎、急性心肌梗塞及腹部大動脈瘤破裂等，常需要緊急手術處置。

消化道、腎臟、胰臟等臟器發炎時，因為會發燒，所以會請患者休息以減少體力消耗，並給予抗生素和消炎藥、監控病況變化。腸炎等消化道發炎，會請患者禁食以讓消化道休息。

食道	馬魏氏症候群、食道自發性破裂等
胃	胃炎、胃癌、胃黏膜病變、胃潰瘍等
小腸	十二指腸潰瘍、腸阻塞等
大腸	感染性腸炎、闌尾炎、腸阻塞、過敏性腸道症候群、大腸癌、大腸炎等
膽囊、胰臟、腹膜	膽結石、膽囊炎、急性胰臟炎、腹膜炎等

▲會引起腹痛的主要消化系統疾病

噁心、嘔吐

會想要發出「噁啊」的聲音，把胃裡的東西吐出來的強烈感覺，就是噁心。嘔吐是胃部突然發生強烈的逆蠕動，橫膈膜、呼吸肌及腹肌肌群的急遽收縮，使胃中內容物突然被吐出。

嘔吐分為延髓的嘔吐中樞被刺激而引起的中樞性嘔吐，以及末梢臟器被刺激而引起的反射性嘔吐。中樞性嘔吐的原因可能有腦中風、髓膜炎、糖尿病昏迷、腎衰竭、精神壓力、暈車暈船等；反射性嘔吐的原因有急性胰臟炎、膽結石、腸阻塞（p.155）、胃炎、食物中毒、聞到令人不舒服的氣味等。

上消化道出血而血液伴隨嘔吐吐出者為吐血；因氣道出血而吐出的叫咯血，是因血液刺激咽部而誘發嘔吐，所以看起來像吐血。

治療

出現意識障礙、激烈頭痛及腹痛、肌性防禦、休克等症狀時，需要急救措施。必須儘早找出並處理其原因，有時需要緊急手術。伴隨發燒、腹瀉、腹痛時，可能是消化道感染，患者需禁食，並給其抗生素。

若持續嘔吐，可能引起嚴重脫水症狀。因為會想吐，所以不能經口攝取飲食，此時會以點滴給予必要的水分與礦物質。

食道	逆流性食道炎
胃	急性胃炎、胃潰瘍
十二指腸	十二指腸潰瘍
小腸、大腸	急性闌尾炎、腸阻塞
胰臟	急性胰臟炎
肝臟	肝炎、肝衰竭
腹膜	急性腹膜炎

▲會引起噁心、嘔吐的主要消化系統疾病

肝炎

因肝臟發炎，肝細胞會被破壞。急性肝炎的症狀很激烈，有時惡化很快，嚴重時可能致死。慢性肝炎會使肝臟組織慢慢產生不可回復的病變。

肝炎多半為因感染 A 型、 B 型、 C 型病毒而生的病毒型肝炎，另外也有酒精型肝炎、自體免疫性肝炎和藥物性肝炎等。特別是 C 型肝炎，會在感染後經過幾十年才出現慢性肝炎、肝硬化、肝癌等，因此早期發現很重要。

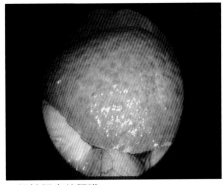
▲慢性肝炎的肝臟

症狀

急性肝炎會出現發燒、倦怠感、食慾不振、腹痛、噁心及嘔吐等症狀，嚴重會出現黃疸、肝臟腫大等。一部分急性肝炎會發展為猛爆性肝炎，並引起高度的肝功能障礙及意識障礙（肝因性腦病變），可能致死。

所謂慢性肝炎是持續6個月以上的肝功能障礙狀態。少有自覺症狀，多半只有倦怠感、食慾不振等，若發展至肝硬化，會出現黃疸等症狀。

治療

猛爆性肝炎除了靜養與禁食外，還會進行呼吸及循環系統的管理、血漿置換術、給予保護肝細胞的藥物等急救措施。急性肝炎也是以靜養第一，以點滴給予必要的營養，並給予抗病毒劑干擾素、肝庇護劑等。

針對慢性肝炎會給予干擾素等，此外，會要求病患一邊攝取高熱量、高蛋白的食物，同時定期回診，以確認肝硬化是否惡化。

肝硬化

病毒型肝炎和酒精型肝炎等變成慢性肝炎，肝臟組織慢慢的變硬且纖維化。肝臟是再生能力高的臟器，但是一旦發炎呈慢性且持續性，讓正常組織的再生速度追趕不上，就會使受傷組織纖維化。剩下的柔軟部分向上隆起，使肝臟表面呈現凹凸起伏的狀態。

纖維化的肝臟組織不會復原，因此服藥及生活習慣都要遵守醫師指示，以維持剩下的肝臟功能，必須定期回診。

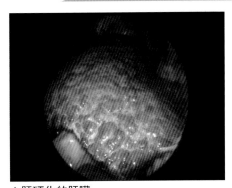
▲肝硬化的肝臟

症狀

出現強烈倦怠感、易感疲憊、黃疸、皮膚搔癢等症狀。有時會出現手心變紅的手掌紅斑、皮下微血管成放射狀浮起的蜘蛛樣血管瘤。

嚴重會出現撲翼樣震顫（手掌翻面時手會發抖），因進入肝臟的門脈壓力升高而引起的腹水和腹壁靜脈曲張（梅杜莎之首）、食道靜脈瘤等。有時還會引起定向力障礙、譫妄、意識障礙等肝因性腦病變（肝昏迷）。

治療

必須禁酒及靜養，靜臥時肝臟血流量會增加，所以可以促進肝細胞再生，會給予肝庇護劑及維他命等。病患需要攝取高熱量、高蛋白與高維生素的食物，但肝功能低下到一定程度或發生肝因性腦病變時，會限制蛋白質攝取。

配合症狀會給予利尿劑、新鮮冷凍血漿、抗生素等藥物，有時也會進行肝移植。

闌尾炎

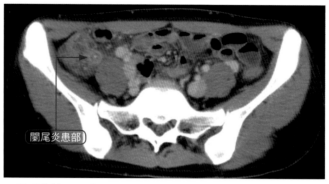

(闌尾炎患部)

▲闌尾炎的CT影像

　　一般稱「盲腸炎」，但不是盲腸發炎，而是從盲腸下垂的闌尾發炎。原因可能是從闌尾連接盲腸的開口處進入糞便、異物或是因腫瘤而堵塞，引起闌尾內的細菌感染，但原因並不明確。

　　發炎後闌尾穿孔，且膿或糞便汁液從穿孔處漏至腹腔會引起腹膜炎，如果嚴重的話會死亡。闌尾炎是急性腹症中最常出現的疾病。

症狀

　　心窩部位及臍週疼痛，伴隨噁心、嘔吐、食慾不振、發燒等。隨著時間經過，腹痛會移動至右下腹闌尾處。按壓右下腹後放開的瞬間會出現疼痛，這稱為布魯伯氏徵象（Blumberg's symptom）。但是有時在高齡者身上，卻不會出現這個典型的症狀。

　　闌尾穿孔的話，會出現激烈的腹痛，腹壁會緊張僵硬，進而出現肌性防禦。

治療

　　如果不是闌尾穿孔，而是較輕微的闌尾發炎，會要求病患禁食及給予抗生素等內科性質的治療，並等待回復，但是這種做法有可能會復發。

　　發炎症狀嚴重，有闌尾穿孔的疑慮或發生腹膜炎時，必須進行緊急手術，會經由開腹或腹腔鏡手術來切除闌尾。

　　闌尾炎的原因多為便祕，所以必須注意排便是否順暢。

筆記

大腸激躁症（IBS）

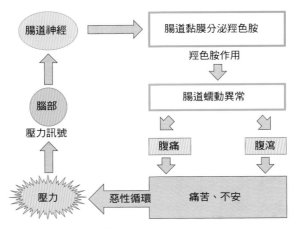

腸道神經 → 腸道黏膜分泌羥色胺

羥色胺作用 ↓

腸道蠕動異常

腹痛　　腹瀉

腦部　壓力訊號

壓力　←惡性循環←　痛苦、不安

▲大腸激躁症的機制

　腸道沒有發炎和腫瘍等疾病，卻反覆出現腹痛、腹瀉等現象。

　與壓力有很大的關係。腸道虛弱、性格神經質、生活不規律等問題再加上強大的壓力，會使感測到壓力的腦部將這個訊號傳達到腸道，使腸道黏膜分泌羥色胺。羥色胺會使腸道蠕動異常，引起突然的腹痛、腹瀉、便祕等；接著，突然的腹痛、腹瀉本身又會引起壓力，造成惡性循環。

　醫師會先確認具有其特徵的症狀，再利用Ｘ光檢查大腸等處是否有發炎，才能確診。

症狀

　在電車中或會議中，碰到特定的人和事時，就會突然腹痛、腹瀉等。

　一般來說，只要拉完肚子，腹痛就會緩解，但是有時會持續腹痛，其他還有肚子咕嚕咕嚕響、放屁、腹脹等症狀，分為只有腹瀉、只有便祕、反覆腹瀉與便祕型。有時會伴隨食慾不振、頭痛、疲勞感、頭暈等症狀。

治療

　首先要改善生活習慣，不可暴飲暴食，三餐要均衡，經由充足的睡眠、適度的運動等來減輕壓力。戒菸和不過度飲酒也很重要。

　依症狀會給予羥色胺受體拮抗劑和消化道運動調整劑、抗焦慮劑等藥物療法，也可能採取心理療法。有時需要長期治療，必須保持耐心。

筆記

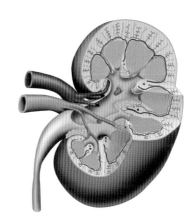

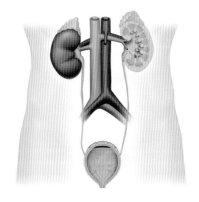

腎臟及泌尿系統

腎臟及泌尿系統扮演著維持體內恆定狀態的重要角色。腎臟過濾血液，集中體內生成的可溶於水的代謝物，以及不需要的水分與電解質，並製成尿液，而泌尿系統負責將之排泄出體外。

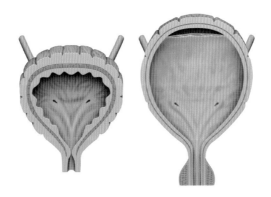

腎臟

腎臟將體內生成的代謝物及不需要的成分製成尿液並排泄，這個器官
有許多血液流過，也擔任監控血壓與血液的角色。

● DATA

腎臟長度：約10公分
腎臟寬度：約5公分
腎臟厚度：約3公分
腎臟重量：
約110～130公克

腎臟的構造

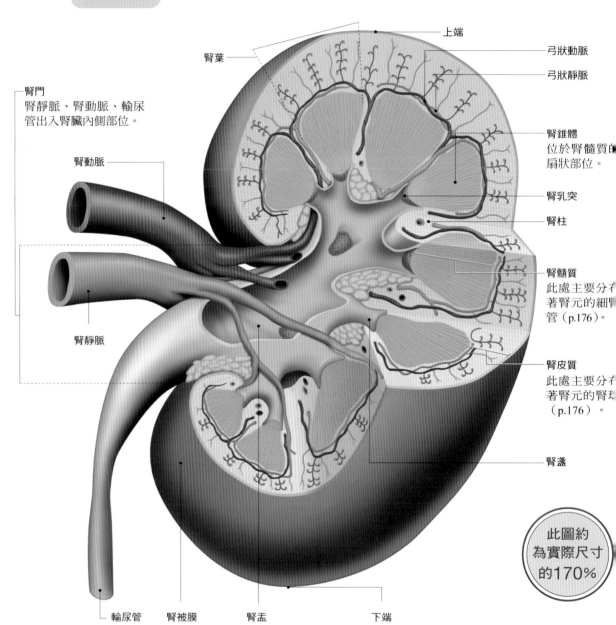

腎葉

上端

弓狀動脈

弓狀靜脈

腎門
腎靜脈、腎動脈、輸尿
管出入腎臟內側部位。

腎動脈

腎錐體
位於腎髓質的
扇狀部位。

腎乳突

腎柱

腎靜脈

腎髓質
此處主要分布
著腎元的細尿
管（p.176）。

腎皮質
此處主要分布
著腎元的腎球
（p.176）。

腎盞

此圖約
為實際尺寸
的170%

輸尿管　　腎被膜　　腎盂　　　　下端

**實用臨床
小知識**

Q▶ 腎臟與骨骼有關係嗎？

A▶ 腎臟具有活化維他命D的功能，而擁有生物活性的維他命D可以
幫助吸收鈣質，讓鈣質沉積在骨頭和牙齒裡，所以若腎臟出現問
題，骨骼代謝（p.19）也會異常。

腎臟的外觀與構造

腎臟是個蠶豆形的臟器，左右背側各有一個，共一對。腎臟位於腹膜後方，為**腹膜後器官**（p.153）。

左右兩個腎臟以蠶豆形的凹側相對，**腎動脈**、**腎靜脈**、**輸尿管**出入於這個凹陷的部分，這個部分叫**腎門**。

腎臟表面約三分之一的部分為**腎皮質**，內部為**腎髓質**。腎皮質中有許多血管，腎髓質中有呈圓椎狀的**腎錐體**，而腎錐體與腎錐體之間的部分為**腎柱**。腎錐體往腎門方向的凸起部分叫**腎乳突**，**腎盞**連接於此處。

左右腎臟的位置

腎臟的高度約從第 12 胸椎至第 3 腰椎，位於脊柱的左右兩側。從CT影像剖面圖可以看出，腎臟位於脊椎左右兩側凹陷處。與腎臟位於同樣高度的還有胰臟、十二指腸、肝臟、腹主動脈、下腔靜脈等。

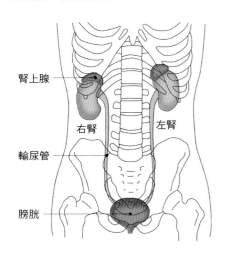

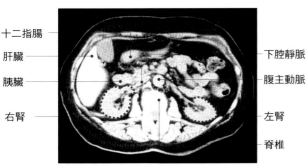

▲腎臟及其周邊部位的CT影像

製造尿液與其他工作

腎臟的主要作用是要製造**尿液**（p.176）並排泄，以維持**體內恆定狀態**（Homeo-stasis）。它會將全身製造出來的尿素、尿酸等代謝物排泄出去，並調整體內的水分、體液酸鹼值及滲透壓等。如果不能製造尿液的話，體內恆定狀態就會瓦解，進而有生命危險。

為了從血液製造出尿液，每一分鐘約有 1 公升的大量血液流經腎臟。腎臟會監控這些血液，若含氧量太低，就會分泌促進紅血球（p.130）生成的**紅血球生成素**。

若血流量太少，會分泌一種物質活化提升血壓的荷爾蒙。若血壓太高，則會分泌減低該荷爾蒙活性的物質。

疾病的形成

腎臟炎

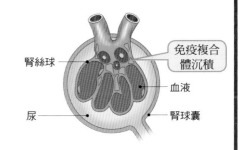

▲腎絲球腎炎的機制

病名雖是腎臟發炎，但正確來說是腎絲球性腎炎，多發生於兒童，分為慢性與急性。因細菌及病毒感染，抗原、抗體、補體結合而形成免疫複合體，免疫複合體沉積在腎臟的腎絲球，造成腎絲球腎炎。

症狀 咽頭炎及扁桃腺炎等發生後約 2 週，出現水腫、血尿、高血壓（三大病徵）及頭痛、蛋白尿等症狀。就算是急性腎臟炎的血尿也會持續 1～6 個月；血尿和蛋白尿持續一年以上者為慢性腎絲球腎炎。

治療 靜養，並進行基本的飲食療法，如攝取高卡洛里、低蛋白質、減鹽、限制水分等。蛋白質及鹽分攝取依病況而定，必要時會給予利尿劑及抗生素。

腎元與製造尿液的結構

腎臟中製造尿液的裝置叫腎元（腎單位），由細腎管（腎小管）與腎球組成；而腎球則是由腎絲球與腎球囊構成。

● DATA

腎球的直徑：
約 0.1～0.2 公厘
腎元的數量（單邊腎）：
約 100 ～ 120 萬個
一日尿量：約 1.5 公升

腎元的構造

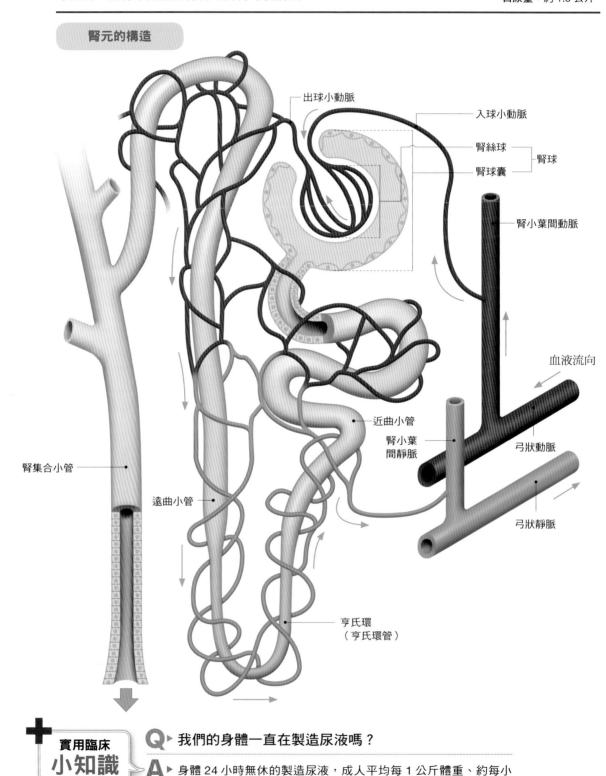

出球小動脈

入球小動脈

腎絲球
腎球
腎球囊

腎小葉間動脈

血液流向

腎小葉間動脈

近曲小管
腎小葉
間靜脈

弓狀動脈

腎集合小管

遠曲小管

弓狀靜脈

亨氏環
（亨氏環管）

實用臨床 小知識

Q ▶ 我們的身體一直在製造尿液嗎？

A ▶ 身體 24 小時無休的製造尿液，成人平均每 1 公斤體重、約每小時製造 1 毫升，但尿液量會依流汗量與水分攝取量等條件，而有所改變。

腎元的構造

腎元負責過濾血液並製造尿液，又叫**腎單位**，由細腎管與腎球組成。

腎球由**腎絲球**以及將腎絲球包裏於其中的**腎球囊**組成，腎絲球是由微血管以像是捲毛線球一樣的方式纏成的一個小球體。細腎管由腎球囊伸出，由近曲小管開始，變細為呈迴轉道形狀的亨氏環（亨氏環管），然後再變粗為**遠曲小管**，合流於**腎集合小管**。

腎小葉間動脈分支為入球小動脈，由入球小動脈形成腎絲球，再變為出球小動脈離開腎絲球。出球小動脈會形成微血管網包住細腎管，最後合流於腎小葉間靜脈。

過濾血液並製造尿液

腎球囊從流過腎絲球的血液過濾出水分、礦物質、離子及包含尿酸在內的代謝物等分子較小的物質。

血球及高分子蛋白質等物質會留在腎絲球裡；腎球囊所過濾出的東西叫做**原尿**。

原尿流過細腎管時，會由纏在周圍的微血管將身體所需的水分、礦物質、葡萄糖等**再回收**。另外，微血管也會將不要的東西**分泌**至細腎管。經過這個過程形成的尿，會從細腎管集中至腎集合小管。每天製造的原尿有150公升，但經由細腎管再回收及分泌的結果，尿會濃縮為約1／100的程度。

製造尿液的機制

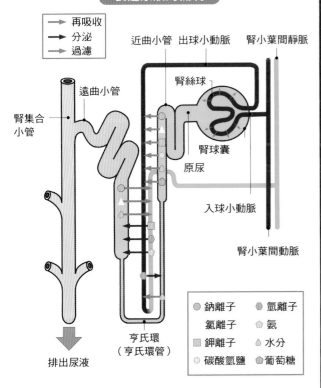

→ 再吸收
→ 分泌
→ 過濾

近曲小管　出球小動脈　腎小葉間靜脈
遠曲小管
腎絲球
腎集合小管
腎球囊
原尿
入球小動脈
腎小葉間動脈
排出尿液
亨氏環（亨氏環管）

● 鈉離子　　● 氫離子
● 氯離子　　⬠ 氨
◻ 鉀離子　　◊ 水分
○ 碳酸氫鹽　● 葡萄糖

近曲小管會從原尿再吸收約80％的成分，特別是身體需要的葡萄糖，在這裡會100％被回收。亨氏環會回收水分及鈉離子，遠曲小管回收鈉離子及碳酸氫鹽。另外，經過了前面的過程，遠曲小管若判斷不需要某些物質（如鉀離子和氫離子），就會將之排出，以尿液形式排泄掉。

疾病的形成

慢性腎臟病（CKD）

▼CKD分級

原因疾病			A1	A2	A3
糖尿病	尿中血清蛋白一日量（mg/日）尿中血清蛋白/肌酸酐（mg/g Cr）		正常	微量尿中血清白蛋白	顯性尿中血清白蛋白
			未滿30	30～299	300以上
高血壓、腎臟炎、多囊性腎臟病、移植腎、不明、其他	尿蛋白質一日量（g/日）尿蛋白質/肌酸酐（g/g Cr）		正常	輕度至中度	重度蛋白尿
			未滿0.15	0.15～0.49	0.5以上
GFR區分（mL/分/1.73m²）	G1	正常或偏高	≧90		
	G2	正常或輕度	60～89		
	G3a	輕度～中度	45～59		
	G3b	中度～重度	30～44		
	G4	重度	15～29		
	G5	末期腎衰竭（ESKD）	<15		

綠色為標準程度，嚴重度依黃、橘、紅之順序上升（此標準是將《腎臟病全球改善預後治療指引》〔KDIGO CKD guideline 2012〕改為適合日本人的版本）。

CKD是指慢性腎病變，最終有很高的可能會發展為腎衰竭（p.186），需要人工透析或腎移植。

腎絲球腎炎、糖尿病腎病變、腎硬化症候群、多囊性腎臟病等各種慢性腎病皆屬CKD。

症狀 CKD的判斷基準，是以「腎絲球過濾率」（腎絲球一分鐘內過濾的血量，簡稱GFR）推算出「腎絲球過濾率估計值」（EGFR）之後來判斷。這個數值需要把血清肌酸酐、年齡和性別列入計算，再考量尿蛋白及有無血尿。

治療 依重症度分級進行減鹽、限制蛋白質攝取、血壓控制、血糖值及血脂管理、戒菸、改善肥胖狀態等。儘早開始治療及改善生活習慣，對於預防腎病變惡化相當重要。

腎盂及輸尿管

腎盂及輸尿管是將腎臟製造的尿液輸送至膀胱的器官，其壁面為發達的平滑肌，可主動將尿液送至膀胱。

● DATA
輸尿管的長度：
約 25～27 公分
輸尿管的直徑：
約 5～7 公厘

連接腎臟與膀胱的輸尿管

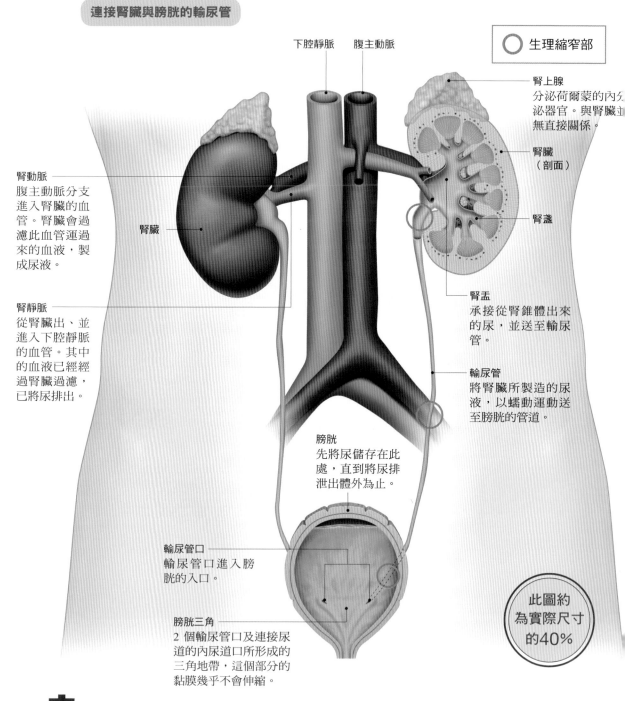

○ 生理縮窄部

下腔靜脈

腹主動脈

腎上腺
分泌荷爾蒙的內分泌器官。與腎臟並無直接關係。

腎臟（剖面）

腎動脈
腹主動脈分支進入腎臟的血管。腎臟會過濾此血管運過來的血液，製成尿液。

腎臟

腎盞

腎盂
承接從腎錐體出來的尿，並送至輸尿管。

腎靜脈
從腎臟出、並進入下腔靜脈的血管。其中的血液已經經過腎臟過濾，已將尿排出。

輸尿管
將腎臟所製造的尿液，以蠕動運動送至膀胱的管道。

膀胱
先將尿儲存在此處，直到將尿排泄出體外為止。

輸尿管口
輸尿管口進入膀胱的入口。

此圖約為實際尺寸的40%

膀胱三角
2 個輸尿管口及連接尿道的內尿道口所形成的三角地帶，這個部分的黏膜幾乎不會伸縮。

✝ 實用臨床 小知識

Q ▶ 尿路是指哪裡？

A ▶ 尿路是指尿通過的路徑，也就是腎盞、腎盂、輸尿管、膀胱、尿道。尿路沒有調整尿液成分的功能，它和腎臟合稱為泌尿系統。

負責蒐集尿液並送出的腎盞與腎盂

腎髓質（p.174）中並排有腎錐體，腎錐體內有腎乳突，腎乳突上開有腎元的細腎管合流而成的腎集合小管。腎乳突上有成杯子狀的**腎盞**，腎盞會承接從腎集合小管流出來的尿液。

2～3個腎盞會先合流成一個，然後全部集合成一個大的漏斗形，這就是**腎盂**，而腎盂會連接著輸尿管。

腎盞與腎盂的作用是蒐集腎集合小管流出的尿液，並送至輸尿管。從腎集合小管會一直緩慢流出腎元製造的尿液，腎盞與腎盂會蒐集這些尿液，利用管壁上的平滑肌蠕動（見下圖）送出至輸尿管。

將尿液從腎盂送往膀胱的輸尿管

輸尿管是將腎盂蒐集到的尿液送往膀胱（p.180）的管子，與腎盞及腎盂一樣，不會製造尿液或調整尿液成分。

輸尿管出腎門後會從腹腔內下行，有如從膀胱後壁斜插進膀胱一樣的進入膀胱。

輸尿管途中會有 3 處稍窄。分別是從腎盂轉至輸尿管的部位、與髂總動脈交叉處、貫通膀胱壁的部位，這些稱為**生理縮窄部**，輸尿管結石容易卡在這些部位。輸尿管管壁由平滑肌組成，以蠕動運動將尿液送往膀胱。

腎盂與輸尿管的蠕動

腎盂與輸尿管不只是單純的讓尿液通過，還會主動輸送尿液，由腎盂及輸尿管管壁上的平滑肌行蠕動運動所進行，所以不管是躺在床上、倒立或處於無重力狀態下，尿液都會累積在膀胱內。尿液導向膀胱，正常狀態下不會逆流。

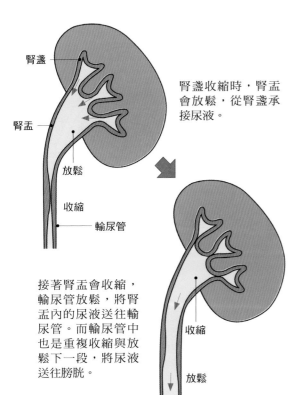

腎盞收縮時，腎盂會放鬆，從腎盞承接尿液。

接著腎盂會收縮，輸尿管放鬆，將腎盂內的尿液送往輸尿管。而輸尿管中也是重複收縮與放鬆下一段，將尿液送往膀胱。

腎盞／腎盂／放鬆／收縮／輸尿管／收縮／放鬆

疾病的形成

輸尿管結石

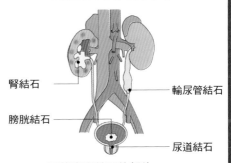

腎結石／輸尿管結石／膀胱結石／尿道結石

▲可能出現結石的部位

輸尿管結石是腎盂等處形成的結石阻塞在輸尿管中，突然產生激烈疼痛的疾病。尿液成分凝固成結石的原因，包括了飲食習慣不良造成的尿液酸鹼值失衡、臥病在床造成的尿停滯、痛風、尿路感染及水分攝取不足等。

症狀 如果結石只是在腎盂及膀胱內，有時並不會出現症狀，但若結石卡在輸尿管中，則腹部、腰部、背部等處會突然出現激烈疼痛。有時會因過於疼痛而引起噁心和嘔吐，還會出現血尿。

治療 給予鎮痛劑，多攝取水分以自然排出結石。若這樣無法自然排出，則會以體外震波打碎結石後，再讓其自然排出。因為容易復發，所以必須多攝取水分並改善飲食習慣。

膀胱

膀胱是排尿前儲存尿液的袋子，因此相當富有伸縮性。人體排尿時會收縮膀胱壁的平滑肌，從尿道將尿排出。

● DATA
膀胱容量：
約 300～500 毫升
膀胱壁厚度：
約 3～15 公厘

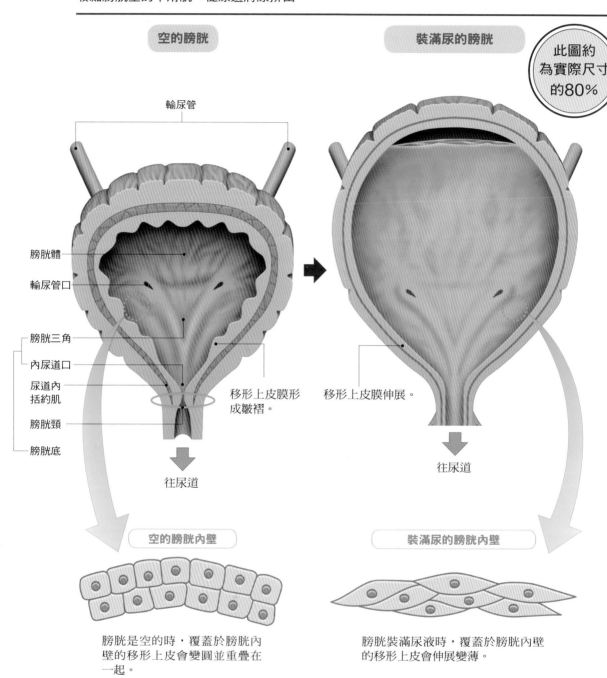

空的膀胱

裝滿尿的膀胱

此圖約為實際尺寸的80%

輸尿管

膀胱體

輸尿管口

膀胱三角

內尿道口

尿道內括約肌

膀胱頸

膀胱底

移形上皮膜形成皺褶。

移形上皮膜伸展。

往尿道

往尿道

空的膀胱內壁

裝滿尿的膀胱內壁

膀胱是空的時，覆蓋於膀胱內壁的移形上皮會變圓並重疊在一起。

膀胱裝滿尿液時，覆蓋於膀胱內壁的移形上皮會伸展變薄。

實用臨床
小知識

Q ▶ 膀胱裝滿尿液時，尿液會逆流回輸尿管嗎？

A ▶ 膀胱裝滿尿液時，膀胱壁在變薄的同時還會向膀胱壁施加壓力，而貫通膀胱壁的輸尿管會被擠壓。因此正常來說，已進入膀胱的尿液不會逆流回輸尿管。

膀胱是平滑肌組成的袋子

尿液由腎臟（p.174）製造出來後，**膀胱**是暫時儲存尿液的器官，位於骨盆（p.207、211）上的恥骨後方。男性的膀胱後方是直腸（p.160），女性的膀胱後上方是子宮（p.206）。

膀胱是平滑肌組成的袋子，左右輸尿管由後上方以斜插入膀胱後壁稍下方的方式進入膀胱，形成**輸尿管口**；而膀胱下方有連接尿道的**內尿道口**。

2 個輸尿管口與內尿道口形成的倒三角形稱為**膀胱三角**，而包含膀胱三角附近的膀胱後壁稱為**膀胱底**。膀胱上部與膀胱底之間的部分，稱為**膀胱體**。

膀胱收縮與膨脹的機制

膀胱壁的平滑肌收縮，將尿液排出使膀胱變空後，膀胱壁厚度會變為大約15公厘。若累積尿液而膨脹時，平滑肌就會放鬆，膀胱壁會變成只有數公厘的厚度。

膀胱內的黏膜是被稱為**移形上皮**的組織，因為膀胱收縮時細胞會變厚，黏膜就跟著變厚；而膀胱膨脹時，細胞變扁平，所以黏膜也會跟著變薄。

膀胱不是以原本的形狀收縮和膨脹。內尿道口周邊的**膀胱頸**、膀胱底是與周圍固定在一起的，所以不會動。膀胱的伸縮動作，主要是由膀胱體的上半部向上方成圓形膨起及凹下。

採集尿液前的膀胱

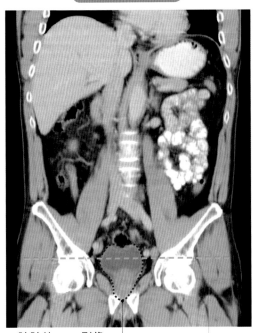

▲膀胱的 MRI 影像

膀胱　　　　　恥骨上緣

膀胱是空的時候，會比恥骨上緣的位置要低。積滿尿液時，膀胱體的上部往上膨脹，使膀胱變成球形，從上圖可以看見膀胱會超過恥骨上緣。從恥骨的稍上方，以穿刺方式採集尿液的恥骨上膀胱穿刺法，就是利用此點。

但是一般來說，在膀胱體膨脹到恥骨上緣之前，就會引起尿意了。

疾病的形成

膀胱癌

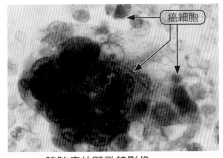

癌細胞

▲膀胱癌的顯微鏡影像

發生於膀胱黏膜的癌症，病患多為50～69歲的男性，有多發性傾向，且容易復發。芳香族胺化物等染料與膀胱癌有關，所以從事芳香族胺化物相關職業者發病傾向較高。

症狀　不太有自覺症狀，會突然出現血尿，有時肉眼看不出血尿，是進行尿檢時才發現的。惡化後，會出現下腹部不適與排尿疼痛，一旦癌細胞阻塞尿道，就會引起尿閉症。

治療　基本治療法是切除癌細胞部分，也會進行放射線治療與化療。切除膀胱後，會失去儲存尿液的地方，所以會製作另一個尿路通道，例如利用一部分腸道代替膀胱，或直接將輸尿管開口於腹壁等。

第7章 腎臟及泌尿系統

尿道

尿道是將尿從膀胱排出體外的管道，男性的尿道同時擔任生殖器的角色，與女性尿道的路徑及長度有很大的區別。

● DATA
男性的尿道：
約 15～20 公分
女性的尿道：
約 3～4 公分

男性尿道及其周邊部位

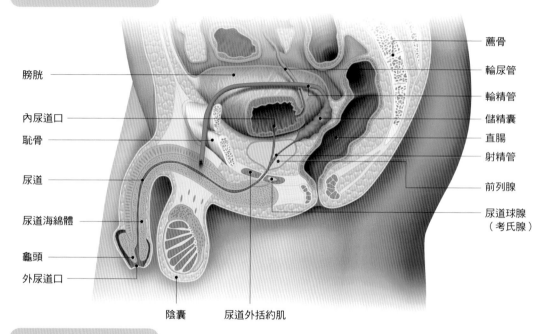

膀胱
內尿道口
恥骨
尿道
尿道海綿體
龜頭
外尿道口

薦骨
輸尿管
輸精管
儲精囊
直腸
射精管
前列腺
尿道球腺
（考氏腺）

陰囊　尿道外括約肌

女性尿道及其周邊部位

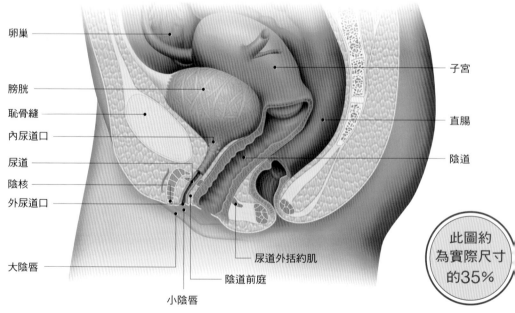

卵巢
膀胱
恥骨縫
內尿道口
尿道
陰核
外尿道口
大陰唇

子宮
直腸
陰道

尿道外括約肌
陰道前庭
小陰唇

此圖約
為實際尺寸
的35%

實用臨床
小知識

Q▶ 為什麼女性容易漏尿？

A▶ 尿道短是一個原因，但是和尿道外括約肌的形狀也有關係。男性的尿道外括約肌包裹著整個尿道，但是女性的尿道外括約肌在陰道後方，並未連起包住尿道，所以關閉的力道較弱。

男性的尿道

從膀胱（p.180）下半部的內尿道口到外尿道口為止是**尿道**。其中，男性的尿道也擔任**生殖器**的角色，所以構造複雜且路徑較長。

出內尿道口後，尿道會通過**前列腺**，接著貫穿骨盆底的**尿道外括約肌**，朝向位於**尿道海綿體**中的外尿道口而行。途中會與從**射精管、儲精囊、尿道球腺**（考氏腺）延伸而來的導管合流（p.210）。

從側面看尿道的話，從內尿道口往下走，尿道會在恥骨下方進入尿道海棉體處，並往前方彎曲，然後在恥骨前方往下彎曲，整體呈現一個 S 形。

女性的尿道

女性的尿道構造非常簡單，從膀胱下半部的**內尿道口**出來後以幾乎垂直的角度往下走，並在**外尿道口**開口。外尿道口位於陰道前庭，而陰道前庭位於恥骨縫下緣的後方、兩片小陰唇之間的陰道口前。

因為女性的尿道較短，所以容易因外部細菌等的侵入，造成尿道炎及膀胱炎。最常發生的病例，也包括感染細菌沿著輸尿管往上行而引起的腎盂腎炎。

內尿道口處則有**尿道內括約肌**（p.180），尿道貫穿泌尿生殖膈膜處有**尿道外括約肌**。泌尿生殖膈膜是包覆骨盆底的肌群所構成的。這兩處括約肌的位置與男性大約相同。

前列腺肥大與尿道

正常的前列腺

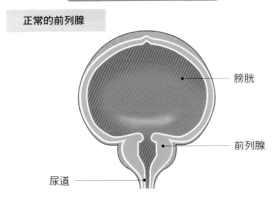

膀胱
前列腺
尿道

前列腺肥大的狀態

因為前列腺肥大，壓迫到膀胱及尿道，使尿液不易排出、尿流變細。

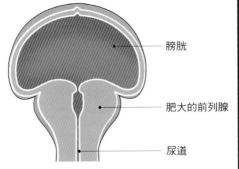

膀胱
肥大的前列腺
尿道

前列腺位於膀胱的下方，包圍住部分的尿道，隨著老化會逐漸變大。前列腺肥大是因為前列腺一邊壓迫到尿道一邊變大，有時還會壓迫到膀胱底部，所以會造成尿液不易排出、尿流變細、從開始排尿至尿液出來為止的時間變長等症狀，嚴重時會導致尿不出來（尿閉症）或尿失禁等症狀。

疾病的形成

尿道炎

菌種	潛伏期	症狀
淋病雙球菌	約2～3日	• 強烈的排尿疼痛 • 出現偏黃色的膿
披衣菌	約1～3週	• 尿道不適 • 排尿疼痛 • 出現偏白色或透明的膿

▲因菌種不同而造成不同的尿道炎

細菌等侵入尿道造成發炎，但一般是指男性的尿道炎，因為女性多半同時發生膀胱炎，很少只有尿道炎。男性的尿道炎則多半是淋病雙球菌及披衣菌等引起的性感染症。

症狀 症狀依病菌而不同，但基本上會出現尿道不適與疼痛，也會有搔癢症狀或出現混合了膿的膿尿。外尿道口會發紅腫脹，有時感染會擴散至前列腺和副睪。

治療 會針對造成尿道炎的病菌給予抗生素。如果延遲就醫，發炎會擴散，且會經由性行為傳染給他人，所以若察覺異狀需儘早至泌尿科就醫。

排尿的結構

膀胱中累積一定的尿量後，就會發出開始排尿的訊號。排尿過程的一部分是反射動作，屬不隨意動作，另一部分則屬隨意動作。

● DATA
一次的排尿量：
約 200～400 毫升
排尿所花時間：
約 20～30 秒

排尿的原理

排尿的過程

①膀胱中累積一定的尿量後，膀胱壁壓升高，傳達至排尿中樞。
②引起排尿反射，膀胱壁平滑肌收縮，尿道內括約肌打開。
③將膀胱中累積有一定尿量的資訊傳達至大腦，引起尿意。
④打開尿道外括約肌，進行排尿。

大腦（前方剖面圖）

膀胱（剖面圖）

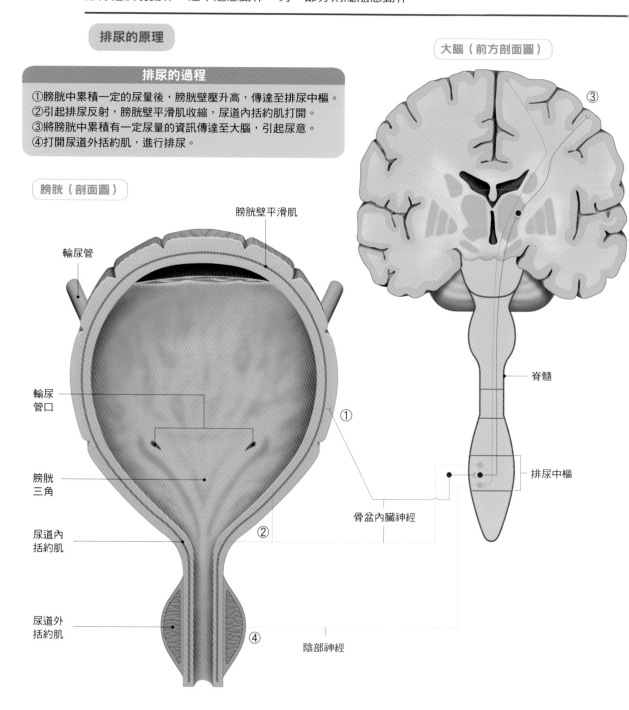

膀胱壁平滑肌

輸尿管

輸尿管口

膀胱三角

尿道內括約肌

尿道外括約肌

③

脊髓

①

②

④

骨盆內臟神經

排尿中樞

陰部神經

實用臨床
小知識

Q ▶ 什麼是夜間頻尿？

A ▶ 就寢後為了排尿而起床 2～3 次以上，就算是夜間頻尿。原因包括因老化而造成的夜間尿濃縮功能低下、就寢前飲用具利尿作用的飲料，以及心臟衰竭造成的水腫（因躺臥造成尿量增加）等。

排尿的機制

膀胱（p.180）中累積約200毫升的尿量後，**膀胱壁**會感測其壓力，並將這個資訊傳達至薦髓的**排尿中樞**（見左頁②～④），就會引起**排尿反射**，膀胱壁的**平滑肌**收縮，因膀胱內壓升高而打開**尿道內括約肌**。

另一方面，膀胱中累積一定尿量後，資訊也會傳達至大腦，引起尿意。這個時候如果可以排尿的話，就會依個人意志打開屬於隨意肌的**尿道外括約肌**，進行排尿；如果不能馬上排尿的話，則會關閉尿道外括約肌。

拚命忍尿的話，膀胱可以累積約500～800毫升的尿量。

何謂正常的排尿

排尿的原動力基本上只靠膀胱壁的收縮，正常狀況下，就算腹部不用力、不用手去壓下腹部，也會順暢的排尿。出現排尿時水勢不夠強、排尿中斷、排尿時要花比較多時間等症狀時，原因可能是膀胱壁收縮功能低下或**尿道狹窄**等。

正常狀況下，就算有很清晰的尿意，有忍耐的必要時也能一定程度的忍耐。夜晚睡覺時，人體可以濃縮尿液，不會因尿意而醒過來。

一次的排尿量約為200～400毫升，一日的排尿次數平均約為5～7次，但是會依一日水分攝取量及流汗量等增減排尿量及排尿次數。

排尿障礙的種類

種類	症狀	原因
頻尿	一日排尿8～10次以上	多尿、膀胱容量變小、膀胱炎、神經障礙、精神性頻尿
夜間頻尿	就寢後為了排尿而起床2～3次以上	老化、腎功能低下、心臟衰竭、就寢前喝太多水
尿閉症	膀胱內有尿卻排不出來	前列腺肥大、癌症、結石、控制排尿的末梢或中樞神經障礙
無尿症／乏尿症	1日尿量在100毫升以下為無尿症；400毫升以下為乏尿症	泌尿道阻塞、腎動脈完全阻塞、腎功能低下
多尿症	1日尿量在2500毫升以上	喝太多水、糖尿病、尿崩症、慢性腎衰竭前期
排尿遲滯／排尿延長	排尿遲滯為剛開始排尿時，要等上一段時間才尿得出來。排尿延長為排尿所費時間長。	前列腺肥大、前列腺癌、神經性膀胱障礙、尿道狹窄
遺尿症	睡眠中無意識的排尿	夜間多尿、睡眠中膀胱過度活動、覺醒障礙症
尿失禁	詳見右欄	

疾病的形成

尿失禁

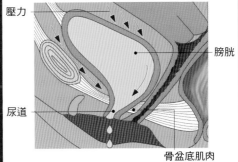

壓力　膀胱　尿道　骨盆底肌肉

尿液違反本人意志漏出。分為器質性尿失禁及功能性尿失禁，器質性尿失禁是因為排尿構造出問題，功能性尿失禁是因失智症及麻痺等造成無法正常排尿。原因可能為老化、膀胱炎、中樞神經異常等。

症狀 尿失禁有咳嗽時漏出的腹壓性尿禁；因膀胱炎等造成膀胱過敏而趕不及上廁所的迫切性尿失禁；殘尿過多使膀胱內壓上升而漏出的溢流性尿失禁；中樞神經異常，造成沒有感受到尿意就排尿的反射性尿失禁等。

治療 若原因起於某種可以治療的疾病，則會進行藥物治療和手術。此外還會因應病患狀況進行骨盆底肌群訓練、有規律的上廁所（誘導排尿）、自我導尿護理等。

腎衰竭

所謂腎衰竭,是指腎臟功能顯著低下,而不是特指某種疾病。腎衰竭分為急性與慢性,因為無法維持體內恆定狀態,所以會造成體內水分、酸鹼值、體液中的礦物質濃度、血壓等異常,嚴重時會致死。

急性腎衰竭

急性腎衰竭的發作急速,原因可能有大出血、脫水、休克、急性腎絲球性腎炎等的急速惡化、輸尿管完全阻塞等。急性腎衰竭的腎功能障礙是可復原的,只要經過適當治療便可望痊癒。

症狀

因為尿不出尿,水分累積在體內,所以造成高血壓、水腫、淤血性心臟衰竭或肺水腫等急速惡化。有時會出現噁心與頭痛,嚴重的話會引起意識混濁與痙攣,死亡率約為50%。

大出血及休克引起的腎前性腎衰竭,是因血液無法送至腎臟,所以無法製造出尿液;而腎臟本身病變所引起的腎因性腎衰竭,會出現水腫及酸中毒。

因尿路阻塞所引起的腎後性腎衰竭,則會出現腎盂擴張的腎水腫。

治療

必須治療造成腎衰竭的出血、休克及輸尿管阻塞等。

腎前性腎衰竭需進行止血,並以輸血及輸液等確保循環血量。

與腎前性腎衰竭及腎後性腎衰竭相比,腎因性腎衰竭的預後有較差的傾向,治療此病會因應排尿及無感發汗等排泄量來給予水分、改善會造成心跳停止的高血鉀症、補正體內恆定狀態及進行營養管理等。

對於腎後性腎衰竭,會使用導尿管來保持尿路暢通,或是進行腎造瘻術,將尿液從其他路徑排出。

筆記

慢性腎衰竭

▼慢性腎衰竭的主要症狀

貧血　　　牙齦出血　　　水腫

　　慢性腎衰竭是所有腎臟疾病惡化的最終階段，原因包括慢性腎絲球性腎炎、糖尿病腎病變、惡性腎硬化等。慢性腎衰竭的腎功能障礙是不可逆的，無法完全治癒。

　　因為無法完全治癒，所以延緩慢性腎衰竭的惡化非常重要，需要病患本人對於腎衰竭的病況有所認識，以及從事飲食療法等治療。

症狀

　　慢性腎衰竭是指腎絲球過濾量（GFR，指腎絲球可以過濾多少血液）處於30毫升／分鐘以下的慢性狀態。

　　GFR處於30毫升／分鐘的狀態時，自覺症狀大概只有倦怠感及容易累而已，但因為夜間尿濃縮功能低下，所以夜間尿量會增加。

　　腎衰竭惡化，GFR變為低於10毫升／分鐘的狀態時，會無法排出體內代謝物，而出現水腫、倦怠感、頭痛、意識障礙、痙攣、高血壓、胸水、牙齦及皮下出血、皮膚搔癢、噁心和貧血等尿毒症症狀。

治療

　　就算治療慢性腎衰竭的腎功能障礙，也無法完全回復腎臟功能。

　　為維持剩下的腎功能，需攝取低蛋白、高卡洛里的飲食，並限制鈉、鉀、磷、水分的攝取。

　　針對高血壓給予降血壓藥，針對高血鉀症會給予鉀離子交換樹脂，貧血則給予紅血球生成素等，依據症狀給予藥物治療。

　　慢性腎衰竭最終需要以透析裝置淨化血液，即所謂的人工透析（洗腎），或是進行腎臟移植以獲得新的腎臟。

筆記

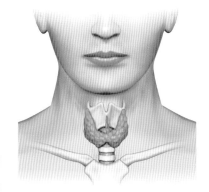

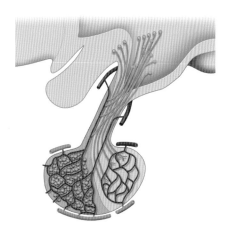

第 8 章

內分泌

內分泌腺所分泌至血液中的荷爾蒙，會隨
著血流傳送至其目標器官，以促進或抑制
該器官機能。內分泌系統會與自律神經一
起調整身體的各項機能。

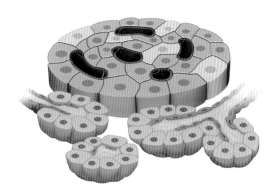

下視丘

下視丘是內分泌系統的中樞，位於間腦前方，具有許多神經核，主要負責分泌刺激腦下垂體的荷爾蒙。

● DATA

下視丘的大小：豆粒大小
下視丘的重量：約 4 公克
下視丘中主要的神經核：
10 個

下視丘的位置（大腦正中剖面圖）

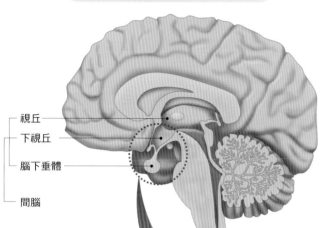

- 視丘
- 下視丘
- 腦下垂體
- 間腦

神經核名稱	作用
外側視前核	與抑制睡眠等相關
內側視前核	與攝食行為相關
視上核	製造抗利尿素
視交叉上核	控制生理時鐘
視前核	分泌促性腺激素釋放激素
旁室核	為內分泌系統與自律神經系統的中核
下視丘背側	投射於脊髓的交感神經節前神經元
下視丘腹背核	與本能行為及調節自律神經相關
後核	負責與交感神經連絡
外核	負責與交感神經連絡
下視丘腹中核	抑制攝食行為
乳頭狀體核	與體溫調節、攝食行為、防禦反應等功能相關
漏斗核	調整生長激素、黃體激素等之分泌

下視丘分泌的荷爾蒙（激素）

釋放激素

- 生長激素釋放激素
- 催乳素釋放激素
- 促甲狀腺釋放激素
- 腎上腺皮質刺激素釋放激素
- 促性腺激素釋放激素
- 促黑激素釋放激素

抑制激素

- 生長激素抑制激素
- 催乳素抑制激素
- 促黑激素抑制激素

腦下垂體後葉激素

- 催產素
- 抗利尿素

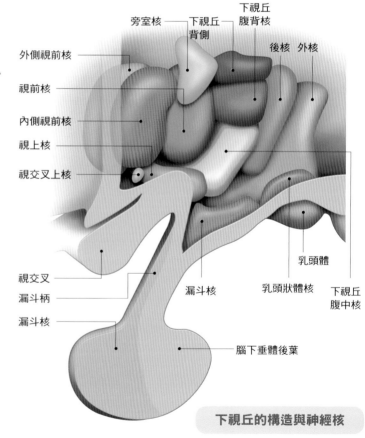

旁室核　下視丘背側　下視丘腹背核　後核　外核
外側視前核
視前核
內側視前核
視上核
視交叉上核
視交叉
漏斗柄
漏斗核
漏斗核
乳頭體
乳頭狀體核
下視丘腹中核
腦下垂體後葉

下視丘的構造與神經核

實用臨床 小知識

Q ▶ 何謂下視丘的神經核？

A ▶ 神經核為神經細胞的集合。每個神經核的作用不同，包括製造荷爾蒙、控制本能行為、攝食行為、睡眠及體溫調節等，還有連絡大腦邊緣系統及自律神經等。

下視丘的位置與構造

下視丘位於腦幹（p.44）前方。由視神經組成的視交叉後方是漏斗柄，而漏斗柄後方是乳頭體，其上方就是下視丘。下視丘下連漏斗柄，漏斗柄下方垂吊著腦下垂體（p.192）。

下視丘有集合神經細胞的**神經核**，這些神經核各自負擔著製造荷爾蒙、某些身體功能中樞或是連絡大腦邊緣系統（p.42）與自律神經（p.54）的角色。

除此之外，下視丘與大腦皮質、大腦邊緣系統、腦幹、視丘之間還有複雜的神經纖維的結合。

自律神經系統與內分泌系統的中樞

下視丘既是自律神經系統的中樞，也是內分泌系統的中樞。下視丘會分泌荷爾蒙，用來刺激位於其正下方的腦下垂體，也會分泌某些荷爾蒙送至**腦下垂體後葉**後，再由腦下垂體後葉分泌至身體各處。

用來刺激腦下垂體前葉的荷爾蒙，包括促進腦下垂體分泌荷爾蒙的**釋放激素**，以及與其功能相反的**抑制激素**。前者包括生長激素釋放激素與促甲狀腺釋放激素，後者包括生長激素抑制激素。

腦下垂體後葉荷爾蒙包括催產素與抗利尿素，由下視丘的神經核製造後，再送到腦下垂體後葉。

負回饋機制

下視丘
腦下垂體

④ ①
③
下位內分泌腺
②
目標細胞

① 荷爾蒙A刺激
② 荷爾蒙B分泌
③ 傳送資訊
④ 抑制分泌

內分泌系統具備調整血中荷爾蒙濃度的機制。舉例來說，從腦下垂體分泌出刺激下位內分泌腺的荷爾蒙A，而下位內分泌腺接收到刺激，將荷爾蒙B分泌至血液中，作用於目標細胞。血液中的荷爾蒙B增加後，這個資訊會傳送給下視丘與腦下垂體，抑制荷爾蒙A的分泌。另外，這個資訊也會傳送給下位內分泌腺，抑制荷爾蒙B的分泌。

如此一來，荷爾蒙分泌的增加，同時也會抑制其分泌，這叫做負回饋機制。荷爾蒙的分泌量會依狀況而細緻的調整。

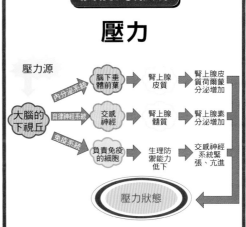

疾病的形成

壓力

壓力源

大腦的下視丘
内分泌系統 → 腦下垂體前葉 → 腎上腺皮質 → 腎上腺皮質荷爾蒙分泌增加

自律神經系統 → 交感神經 → 腎上腺髓質 → 腎上腺素分泌增加

免疫系統 → 負責免疫的細胞 → 生理防禦能力低下 → 交感神經系統緊張、亢進

壓力狀態

壓力是在遭遇威脅時的生理反應。威脅即所謂的「壓力源」，包括寒冷、噪音、感染、疼痛、不安、憤怒等。為了適應這些壓力源，自律神經系統及內分泌系統會起作用，引起壓力反應。

症狀 如果壓力源只是暫時性的，當下便會心跳數增加及血壓上升。若持續處於壓力狀態，則會出現如胃痛、便祕、腹瀉、肩頸僵硬、腰痛、頭痛、倦怠感及集中力下降；還可能引發糖尿病、高血壓及消化性潰瘍。

治療 以去除壓力源為優先，需要充分的休養、均衡的飲食、適度運動及規律生活。除了心理療法外，還會併用藥物療法。

腦下垂體

腦下垂體是從下視丘往下垂吊的小內分泌腺，與下視丘同為內分泌系統的中樞角色。

● DATA
腦下垂體的大小：
小指指頭大小
腦下垂體的重量：
約 0.5～0.7 公克

腦下垂體的構造

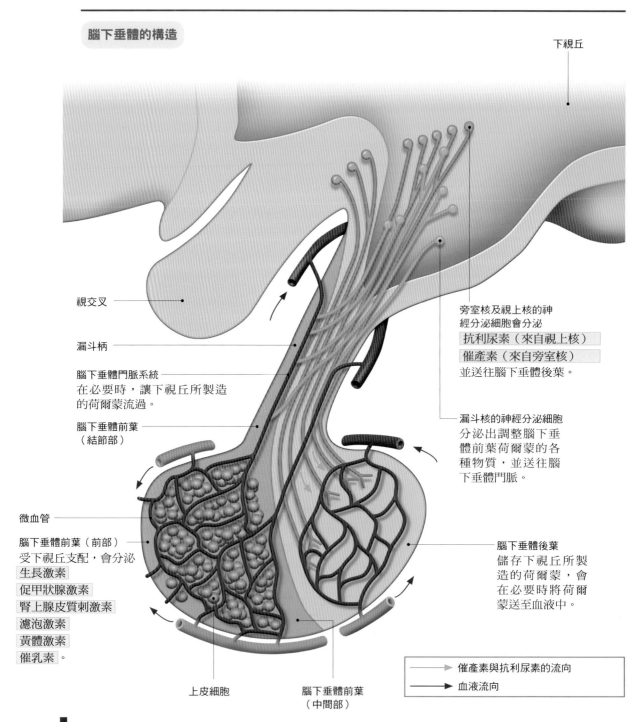

下視丘

視交叉

漏斗柄

腦下垂體門脈系統
在必要時，讓下視丘所製造
的荷爾蒙流過。

腦下垂體前葉
（結節部）

微血管

腦下垂體前葉（前部）
受下視丘支配，會分泌
生長激素
促甲狀腺激素
腎上腺皮質刺激素
濾泡激素
黃體激素
催乳素。

旁室核及視上核的神
經分泌細胞會分泌
抗利尿素（來自視上核）
催產素（來自旁室核）
並送往腦下垂體後葉。

漏斗核的神經分泌細胞
分泌出調整腦下垂
體前葉荷爾蒙的各
種物質，並送往腦
下垂體門脈。

腦下垂體後葉
儲存下視丘所製
造的荷爾蒙，會
在必要時將荷爾
蒙送至血液中。

上皮細胞

腦下垂體前葉
（中間部）

→ 催產素與抗利尿素的流向
→ 血液流向

實用臨床 小知識

Q▶ 何謂腦下垂體門脈系統？

A▶ 漏斗柄的微血管網會先變成靜脈進入腦下垂體，然後在腦下垂體前葉再度變為微血管網，這就是腦下垂體門脈系統，是將荷爾蒙從下視丘送至腦下垂體的輸送路徑。

腦下垂體分為前葉與後葉

腦下垂體垂吊於下視丘（p.190）漏斗柄下方，位在組成顱底蝶骨的蝶鞍中。腦下垂體分為前半部的腺性腦下垂體，與後半部的神經性腦下垂體。其中，腺性腦下垂體被稱為**腦下垂體前葉**，神經性腦下垂體則被稱為**腦下垂體後葉**。

腦下垂體前葉進一步分為前部、中間部及結節部。腦下垂體分泌的荷爾蒙是由腦下垂體前葉所分泌；從結節部至前部分布有被稱為**腦下垂體門脈系統**的血管；中間部則不發達。

腦下垂體後葉經由神經纖維，通過漏斗柄與下視丘連結，它不是腺性組織，不會製造荷爾蒙。

腦下垂體前葉荷爾蒙與腦下垂體後葉荷爾蒙

腦下垂體荷爾蒙分為腦下垂體前葉荷爾蒙與腦下垂體後葉荷爾蒙。

腦下垂體前葉荷爾蒙除了生長激素與催乳素之外，還會分泌刺激甲狀腺、腎上腺、性腺等其他內分泌腺的荷爾蒙。其中有幾種荷爾蒙是由腦下垂體的上位內分泌腺，也就是下視丘所分泌的釋放激素與抑制激素來調節。

腦下垂體後葉荷爾蒙包括抗利尿素與催產素，但是它們卻不是由腦下垂體後葉所分泌。下視丘神經核所製造的荷爾蒙，經由神經纖維被運送到腦下垂體後葉，再由腦下垂體後葉送入血液中。

腦下垂體分泌的荷爾蒙

	荷爾蒙（激素）	主要的目標器官	主要的作用
腦下垂體前葉	生長激素（GH）	全身的骨骼及肌肉等	促進骨骼及肌肉的生長
	促甲狀腺激素（TSH）	甲狀腺	促使甲狀腺分泌荷爾蒙
	腎上腺皮質刺激素（ACTH）	腎上腺皮質	促使腎上腺皮質分泌荷爾蒙
	濾泡激素（FSH）	卵巢、睪丸	• 作用於卵巢，促進卵子發育 • 作用於睪丸，促進精子發育
	黃體激素（LH）	卵巢、睪丸	• 作用於卵巢，促進排卵，形成黃體 • 促進合成男性荷爾蒙
	催乳素	乳腺、卵巢	作用於乳腺，增加乳汁產量
腦下垂體後葉	抗利尿素（血管加壓素；ADH）	細腎管、腎集合小管	促進細腎管回收水分
	催產素	子宮、乳腺	• 收縮子宮 • 產出乳汁

腦下垂體荷爾蒙分為腦下垂體前葉荷爾蒙與腦下垂體後葉荷爾蒙。下視丘製造腦下垂體後葉荷爾蒙後，送到腦下垂體，再由腦下垂體接著運送。

疾病的形成

巨人症與肢端肥大症

共通症狀	肢端肥大症特有的症狀
• 舌頭肥大，並且出現溝槽 • 體毛變硬變濃，並且變多 • 發汗 • 頭痛 • 視野缺損	• 手腳肥大 • 下巴突出（凸頜畸形） • 聲音變粗、變沙啞 • 胸板變厚 • 關節痛 • 無月經（女性）

因腫瘤等原因，使得促進骨骼及軟組織生長的生長激素分泌過剩，導致身體長得過大。兒童期發病就會變成巨人症，若在成長期後發病，則會變成手腳等處肥大的肢端肥大症。

症狀 發生在兒童身上時，發育期的身高會長得特別快，會出現頭痛、視野缺損（兩顳側半盲）及發汗等症狀。有時會併發糖尿病、高血壓、血脂異常及無月經（女性）等。

治療 基本治療法是摘除腫瘤，從鼻腔削去顱底，然後再摘除。近年來也會採取減少生長激素分泌，或是注射抑制其作用的藥物等療法。

甲狀腺及副甲狀腺

位於喉嚨前方的甲狀腺，以及附於甲狀腺內側的小小副甲狀腺，兩者
的作用是調控身體代謝及調整血中鈣質。

● DATA
甲狀腺的重量
男性：約 17 公克
女性：約 15 公克
副甲狀腺的大小：
約 3～6 公厘

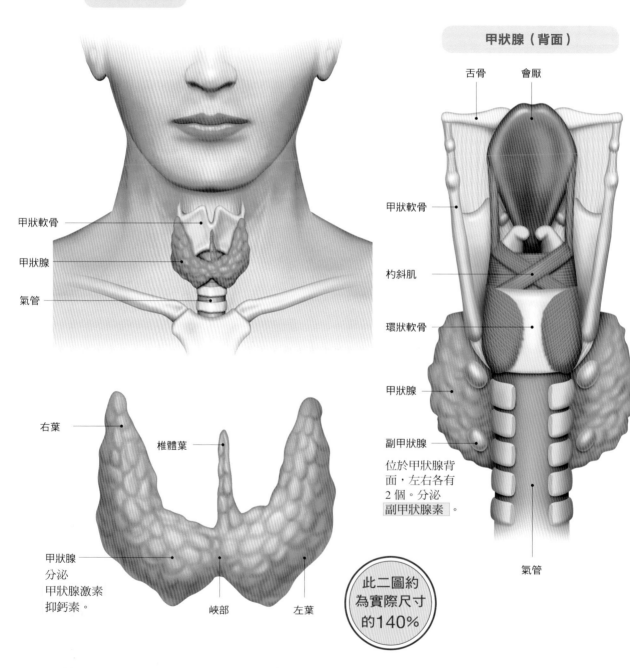

甲狀腺（正面）

甲狀軟骨
甲狀腺
氣管

甲狀腺（背面）

舌骨　會厭
甲狀軟骨
杓斜肌
環狀軟骨
甲狀腺
副甲狀腺

位於甲狀腺背
面，左右各有
2 個。分泌
副甲狀腺素。

氣管

右葉
椎體葉
甲狀腺
分泌
甲狀腺激素
抑鈣素。
峽部　左葉

此二圖約
為實際尺寸
的140%

實用臨床
小知識

Q▶ 甲狀腺與副甲狀腺的荷爾蒙目標器官是哪些？

A▶ 全身器官都是甲狀腺激素的目標器官。但抑鈣素作用於骨骼與腎
臟，副甲狀腺素作用於骨骼、腎臟及腸道，藉此調整血中鈣質的
濃度。

甲狀腺的構造與作用

甲狀腺位於頸部前方的甲狀軟骨下方，分為兩側的左葉、右葉以及中間的峽部，展開來是蝴蝶的形狀。在峽部還有一個向上突起的部分，稱為椎體葉。

甲狀腺由許多被稱為濾泡的袋狀物構成，濾泡的周圍被微血管包圍住。另外，濾泡周圍的間隙中分布有濾泡旁細胞（C 細胞）。

甲狀腺濾泡會分泌促進新陳代謝的甲狀腺激素，而濾泡旁細胞則會分泌降低血鈣濃度的抑鈣素。

副甲狀腺的構造與作用

副甲狀腺是位於甲狀腺背面，左右各有 2 個的小分泌腺，與甲狀腺的功能沒有直接關係。

副甲狀腺的主細胞會分泌副甲狀腺素。副甲狀腺素可經由數個程序提升血鈣濃度，促進骨蝕，將鈣質由骨骼放入血中，並促進腎臟的細腎管再吸收鈣質；還可以活化維他命 D，促進腸道吸收鈣質。

也就是說，副甲狀腺素的作用與甲狀腺所分泌的抑鈣素是相反的。

甲狀腺與副甲狀腺的荷爾蒙

	荷爾蒙	主要目標器官	主要作用
甲狀腺	甲狀腺激素（四碘甲狀腺素、三碘甲狀腺素）	全部器官	• 促進新陳代謝 • 維持中樞神經運作
	抑鈣素	骨骼、腎臟	• 促進骨骼形成 • 降低血鈣濃度
副甲狀腺	副甲狀腺素	骨骼、腎臟、腸道	• 提升血鈣濃度 • 活化維他命D • 活化蝕骨細胞

甲狀腺激素的分泌是由甲狀腺的上位內分泌腺，即腦下垂體所分泌的促甲狀腺釋放激素來促進。甲狀腺激素由胺基酸和碘組合而成，分為 2 種：有 3 個碘元素的是三碘甲狀腺素，有 4 個碘元素的是四碘甲狀腺素。

抑鈣素與副甲狀腺素的分泌受到血鈣濃度的影響：血鈣濃度高時，會增加分泌抑鈣素，並抑制副甲狀腺素的分泌；血鈣濃度低時會發生相反的現象。

疾病的形成

甲狀腺機能亢進（甲狀腺高能症）

眼球突出　　　　發汗　　　　手指顫抖

▲甲狀腺機能亢進的主要症狀

甲狀腺激素分泌過盛，使全身代謝亢進，就算靜下來時也與全力奔跑的身體狀態一樣。發病原因不明，具代表性的格雷氏病（突眼甲狀腺腫瘤）多發於20～49歲的年輕女性。

症狀 甲狀腺腫大（甲狀腺腫瘤）、脈搏過快及眼球突出，被稱為「梅爾澤堡三徵」（Merseburg triad）。其他還有心悸、發汗、微燒、腹瀉、食慾亢進，以及再怎麼吃還是瘦、手足顫抖、暴躁及抑鬱等症狀。

治療 給予抗甲狀腺劑，或是以放射性同位素（放射性碘）破壞過度活化的甲狀腺組織，有時也會切除一部分的甲狀腺。但是此病就算痊癒，眼球突出的現象也不會消失。

195

腎上腺

腎上腺位於左右兩腎的上方，但與腎臟功能沒有直接關聯。腎上腺皮質會分泌腎上腺皮質激素，腎上腺髓質則分泌腎上腺髓質激素。

● DATA
腎上腺的長度：約 5 公分
腎上腺的寬度：約 3 公分
腎上腺的厚度：約 0.6～1 公分
腎上腺的重量：約 7～8 公克

腎上腺的位置

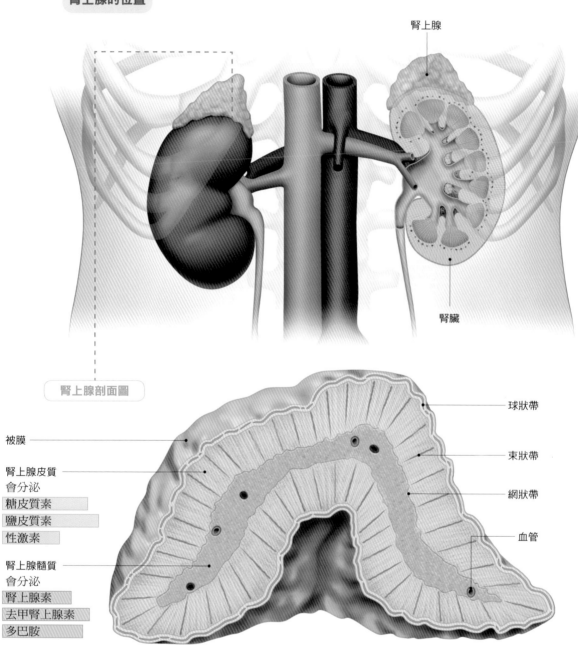

腎上腺

腎臟

腎上腺剖面圖

被膜

腎上腺皮質
會分泌
糖皮質素
鹽皮質素
性激素

腎上腺髓質
會分泌
腎上腺素
去甲腎上腺素
多巴胺

球狀帶

束狀帶

網狀帶

血管

實用臨床 小知識

Q▸ 腎上腺皮質激素真的可以當作藥來用嗎？

A▸ 可以。被稱為類固醇的藥物，就是腎上腺皮質激素中的糖皮質素所製成的藥物，特徵是具有高度抑制免疫功能與發炎症狀的效果，包括過敏、膠原病、感染症在內，被利用於治療許多疾病。

腎上腺皮質的構造與作用

　　腎上腺是位於左右兩腎的上方，重量約5～6公克的內分泌腺，又分為占整體80～90％的腎上腺皮質與中心部位的腎上腺髓質。兩者不管是從胚胎學的觀點，還是從功能來看，都是完全不同的組織。

　　腎上腺皮質是腺性組織，自外向內分為球狀帶、束狀帶和網狀帶等三層，各自分泌不同的荷爾蒙。球狀帶分泌鹽皮質素（礦皮質素），會促進腎臟細腎管進行鈉離子再吸收及排泄鉀離子。束狀帶分泌糖皮質素（glucocorticoid），具有升高血糖、消炎、利尿等作用；網狀帶會分泌男性荷爾蒙與微量的女性荷爾蒙。

腎上腺髓質的構造與作用

　　腎上腺髓質是腎上腺的中心部位。與腎上腺皮質不同，腎上腺髓質並非腺性組織，而是由神經組織分化而來。

　　腎上腺髓質會受交感神經（p.54）刺激，分泌被稱為腎上腺素及去甲腎上腺素的兒茶酚胺。這些荷爾蒙的作用與交感神經一樣，但是腎上腺素的強心作用、升血糖作用及代謝亢進作用較強，而去甲腎上腺素的升血壓作用則較強。

　　特別是腎上腺素，會在感受到壓力時分泌，由腦下垂體（p.192）所分泌的促腎上腺皮質素來刺激其分泌。

腎上腺分泌的荷爾蒙

	荷爾蒙	主要目標器官	主要作用
腎上腺皮質	糖皮質素	• 肌肉 • 全部器官	促進蛋白質分解，合成糖分，使血糖升高 • 消炎作用 • 利尿作用 • 精神興奮作用
	鹽皮質素	• 細腎管 • 全部器官	• Na^+的再吸收及K^+的排泄 • 維持體液量
	性激素	生殖器	性功能分化
腎上腺髓質	• 腎上腺素 • 去甲腎上腺素	• 肌肉 • 全部器官	促進分解肝醣，並升高血糖 • 強心作用 • 血管收縮作用 • 支氣管擴張作用
	多巴胺	腎臟	擴張腎動脈，以產生利尿作用

　　腎上腺分泌的荷爾蒙分為腎上腺皮質激素與腎上腺髓質激素。

疾病的形成

庫欣氏症候群

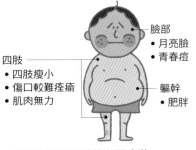

臉部
• 月亮臉
• 青春痘

四肢
• 四肢瘦小
• 傷口較難痊癒
• 肌肉無力

軀幹
• 肥胖

▲庫欣氏症候群的主要症狀

　　腎上腺皮質激素中的糖皮質素過剩而造成的疾病。原因包括腎上腺皮質增生或腎上腺皮質腫瘤、腦下垂體腺腫造成給予腎上腺皮質的刺激過多、其他部位出現會分泌腎上腺皮質激素的腫瘤等。

症狀　會出現臉部渾圓如滿月（月亮臉），向心性肥胖（軀幹肥胖）、高血壓、肌肉無力、骨質疏鬆、水腫、傷口較難痊癒及憂鬱傾向等症狀，而女性可能會月經不規則。

治療　治療方法包括切除造成此病的腫瘤，或是進行放射治療及化療。如果是切除腎上腺皮質腫瘤的話，有可能造成正常的部分也跟著萎縮，所以會在術後暫時給予糖皮質素。

胰島的構造

胰島是胰臟中細胞的集合，α（A）細胞與β（B）細胞負責分泌荷爾蒙。

● DATA
胰島的數量：
約 100 萬個
胰島的大小：
約 0.1 公厘

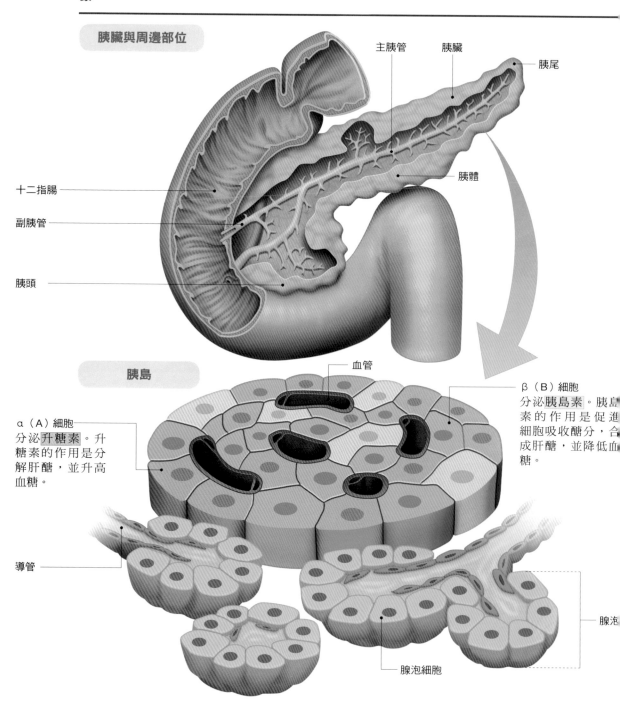

胰臟與周邊部位

主胰管　胰臟　胰尾

胰體

十二指腸

副胰管

胰頭

胰島

血管

β（B）細胞
分泌胰島素。胰島素的作用是促進細胞吸收醣分，合成肝醣，並降低血糖。

α（A）細胞
分泌升糖素。升糖素的作用是分解肝醣，並升高血糖。

導管

腺泡

腺泡細胞

**實用臨床
小知識**

Q ▶ 糖尿病與胰島素的分泌有什麼關聯？

A ▶ 第一型糖尿病是胰島素分泌減少或幾乎停止分泌；第二型糖尿病是胰島素的效用變差，初期反而會增加分泌，但是胰臟最終會因為疲勞而減少分泌。

胰島的作用

胰臟（p.162）是位於胃部後方的細長臟器，大部分是分泌消化液的腺泡組織。腺泡之間分布有被稱為**胰島**（蘭氏小島）的細胞。胰島中有 α（A）細胞與 β（B）細胞，這兩種細胞會分泌荷爾蒙。比起胰頭，胰體及胰尾部位的胰島較多。

因為胰島是內分泌腺，所以沒有像腺泡一樣的導管。胰島所分泌的荷爾蒙會直接進入微血管；胰島的微血管是**有孔微血管**（p.121）。

胰島素與升糖素

胰島的 α（A）細胞會分泌**升糖素**，升糖素會從儲存在肝臟的肝醣中釋出葡萄糖，還會從胺基酸製造出葡萄糖，以升高血糖。

β（B）細胞會分泌**胰島素**，胰島素能讓全身的細胞吸收並利用血中的葡萄糖，還會將葡萄糖轉為肝醣儲存起來，以降低血糖。胰島素平時會持續分泌一定的量，而在進食過後，由於血糖值上升，會更加促進胰島素的分泌。

除了升糖素之外，還有其他升高血糖的荷爾蒙，但是降低血糖的荷爾蒙只有胰島素。

胰島分泌的荷爾蒙

	荷爾蒙	主要目標器官	主要作用
α（A）細胞	升糖素	肝臟	促進分解肝醣，並升高血糖
β（B）細胞	胰島素	肝臟、肌肉	• 促進細胞消耗醣分 • 促進合成肝醣，並降低血糖

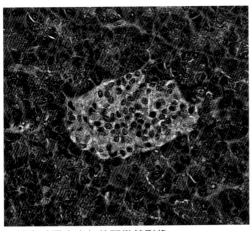

▲胰島（圖中央）的顯微鏡影像

胰臟的胰島會分泌升糖素與胰島素，兩者皆由血糖的上升與下降來刺激分泌。

疾病的形成

糖尿病

糖尿病類型	第一型糖尿病	第二型糖尿病
原因	胰島素的分泌完全停止	• 遺傳 • 生活習慣 • 胰島素的效果變差
發病年齡	多發病於十幾歲時	多發病於四十歲以上
肥胖	與肥胖無關	肥胖或是準肥胖者

▲第一型與第二型糖尿病的不同

因血糖長期過高，傷害全身血管與神經的疾病。分為第一型與第二型：第一型糖尿病的原因不明；第二型糖尿病為生活習慣病，原因是遺傳因素、吃太多及運動不足等。後者在日本占全體糖尿病患者的95%（編按：在臺灣，第二型糖尿病患者比例同樣占整體糖尿病的九成以上）。

症狀　初期幾乎沒有症狀，但持續血糖過高狀態的話，會容易累、多尿及易口渴。如果不管的話，可能併發會導致失明的網膜病變、神經功能低下的神經障礙，以及導致腎衰竭的腎臟病變。

治療　為了減少異常高血糖的時間，除了飲食療法與運動療法之外，還會給予胰島素和降血糖藥。越早控制血糖值對預防併發症越有效果。

內分泌的疾病

內分泌系統的疾病就是荷爾蒙異常造成的疾病，包括荷爾蒙分泌失去平衡及荷爾蒙的作用異常。

甲狀腺機能低下（甲狀腺低能症）

甲狀腺激素分泌減少的狀態。其中，甲狀腺本身發生問題者稱為原發性甲狀腺低下症。最常見的是慢性甲狀腺炎，也稱為橋本氏甲狀腺炎，包括先天性甲狀腺機能低下症的呆小症，以及因治療甲狀腺機能亢進（p.195）而造成的醫療性甲狀腺機能低下。

橋本氏甲狀腺炎多發生於女性，被認為是自體免疫疾病，我們可以在血液中找到針對甲狀腺的自體抗體。大多數人都可以將甲狀腺功能維持在正常範圍，但是有一部分人會出現甲狀腺機能低下症。

因甲狀腺的上位內分泌腺，也就是腦下垂體發生問題，而導致促甲狀腺激素減少，進而使甲狀腺素減少，這稱為續發性甲狀腺機能低下症。

另外還有再發性甲狀腺機能低下症，這是因為更上位的內分泌腺，也就是下視丘發生問題，導致促甲狀腺釋放激素減少，進而使腦下垂體的促甲狀腺激素以及甲狀腺的甲狀腺激素減少。

續發性甲狀腺機能低下症及再發性甲狀腺機能低下症的原因多為腫瘤。

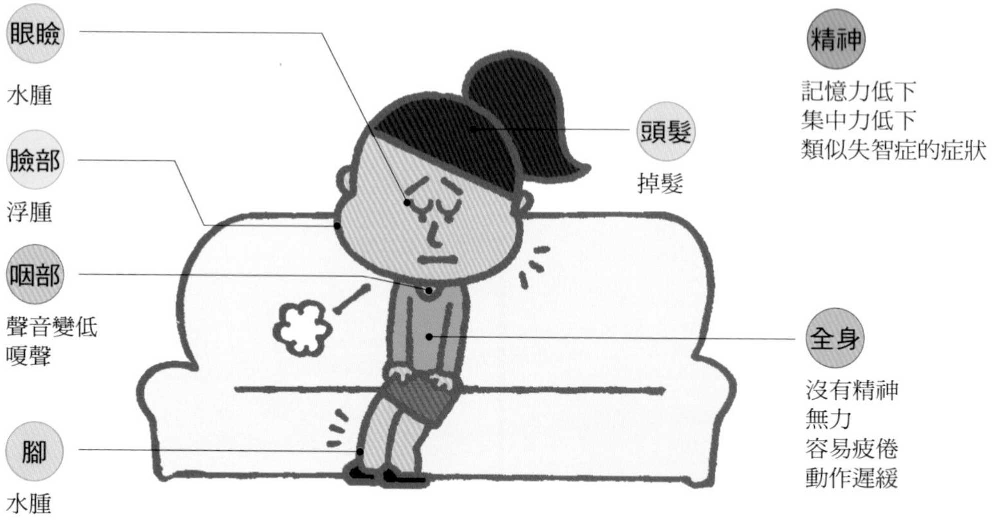

眼瞼
水腫
臉部
浮腫
咽部
聲音變低
嗄聲
腳
水腫
頭髮
掉髮
精神
記憶力低下
集中力低下
類似失智症的症狀
全身
沒有精神
無力
容易疲倦
動作遲緩

▲甲狀腺機能低下症的主要症狀

筆記

甲狀腺激素是促進新陳代謝的荷爾蒙，因此甲狀腺激素減少會造成新陳代謝減緩。會出現強烈倦怠感、沒有精神及活力、常常覺得睏、集中力低下、沒力氣及記憶力低下等症狀。這些症狀會慢慢惡化，特別是高齡者，可能會被認為是老化，而被誤認為是失智症。

怕冷、體溫低、天氣熱也不流汗；皮膚乾燥、毛髮脫落，眉毛外側脫落是其特徵。會出現低血壓、緩脈、心臟肥大、腸道蠕動減緩及便祕。食慾減退，雖然吃得少，卻因水腫而體重上升。眼瞼與下肢的水腫特別明顯，就算用手去壓下肢的水腫也不會凹陷。女性會出現月經異常，男性會出現性慾減退。

此外還有聲音沙啞變低，話速變慢；而且因為動作會變慢，所以有時會被認為是病患在偷懶。

如果原因是腦下垂體及下視丘的腫瘤等非甲狀腺的問題，就治療該處的疾病。

但假如是甲狀腺本身的問題，則會給予人工合成的甲狀腺激素補充劑。基本上，人工合成的甲狀腺激素補充劑需要永久服用，就算服用了一陣子，症狀改善了，也不可擅自停藥。如果症狀輕微，也可能不投藥，而是監控病情的變化。

但是如果長期持續甲狀腺機能低下的狀態，血脂異常和動脈硬化可能會惡化，而造成缺血性心臟病及腦梗塞等，所以定期檢查以防錯失開始治療的時機是很重要的。

因為甲狀腺激素的原料是碘，有人認為多吃富含碘元素的海藻等食品應該很好，但其實會導致反效果；因為身體無法充分利用碘元素，反而會使甲狀腺機能低下的狀況惡化。因此，千萬不要自行判斷飲食內容，必須遵照醫師指示。

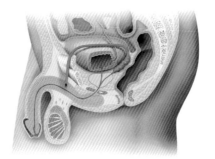

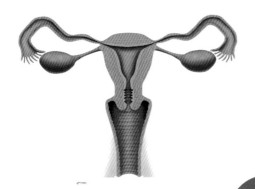

第 9 章

生殖系統與細胞

孕育新生命的生殖系統，是男性與女性差別最大的器官。而我們的人體設計圖，由一個受精卵重複行細胞分裂而成形，全部都寫在細胞核的DNA中。

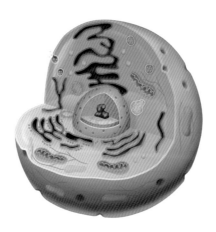

乳房

乳房在女性身上特別發達,它是位於兩邊胸部的肌肉上方半球狀的隆起,乳房的乳腺組織會在生產後製造乳汁。

● DATA

乳腺葉(單側):
15～20 個
乳暈腺(單側):
約 12 個

乳房的構造

乳房剖面圖

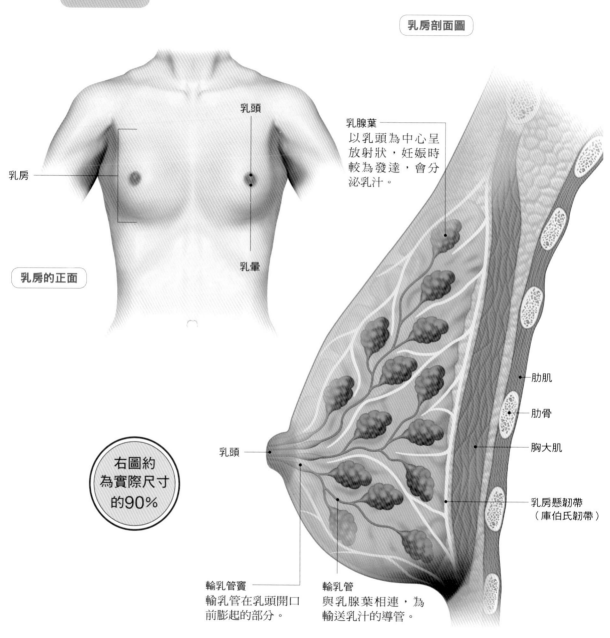

乳頭

乳房

乳房的正面

乳暈

右圖約
為實際尺寸
的90%

乳腺葉
以乳頭為中心呈
放射狀,妊娠時
較為發達,會分
泌乳汁。

肋肌

肋骨

胸大肌

乳頭

乳房懸韌帶
(庫伯氏韌帶)

輸乳管竇
輸乳管在乳頭開口
前膨起的部分。

輸乳管
與乳腺葉相連,為
輸送乳汁的導管。

**實用臨床
小知識**

Q▶ 有時看到腋下有另一個乳房是什麼?

A▶ 稱為副乳。哺乳類動物在腋窩與恥骨上緣具備乳房懸韌帶,有許多乳房,人類也是一樣,在乳房懸韌帶所在之處,有其他乳房存在。

乳房的構造

乳房是位於胸大肌與前鋸肌上方的半球狀組織，中央是富含色素的乳暈與突出的乳頭。乳暈周圍有約12個小小的突起，稱為乳暈腺（蒙哥馬利氏腺）。

乳房是由乳房中的乳房懸韌帶（庫伯氏韌帶）分枝支撐，乳房懸韌帶是結締組織的纖維束。乳房懸韌帶之間有乳腺脂肪墊，其中含有乳腺。乳腺分為15～20個乳腺葉，以乳頭為中心呈放射狀分布。

乳腺葉各自有輸乳管作為輸送乳汁的導管，在乳頭開口。輸乳管在乳頭開口前會稍微膨起，稱為輸乳管竇。

催乳素與催產素的作用

懷孕時，胎盤會分泌雌激素與助孕酮，其作用是促使腦下垂體前葉（p.192）增加分泌催乳素。催乳素是使乳腺發達與促使身體製造乳汁的荷爾蒙，但是懷孕期間雌激素與助孕酮會抑制乳汁產生。

一旦生產並將胎盤排出體外後，雌激素與助孕酮的抑制效果就會消失，身體在催乳素的作用下就會開始製造乳汁；當嬰兒吸吮乳頭時，其刺激會使催乳素的分泌瞬間上升。

此外，腦下垂體後葉（p.192）會分泌催產素，使乳腺收縮以便將乳汁送至輸乳管，引起排乳作用。

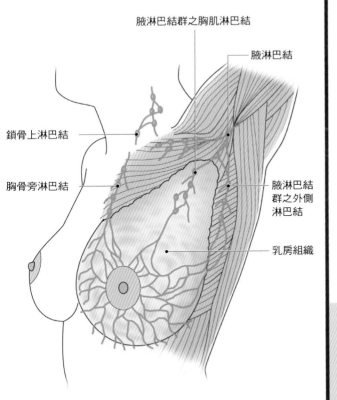

乳房的淋巴結

- 腋淋巴結群之胸肌淋巴結
- 腋淋巴結
- 鎖骨上淋巴結
- 胸骨旁淋巴結
- 腋淋巴結群之外側淋巴結
- 乳房組織

乳房中有許多淋巴管成網狀通過，主要是屬於腋淋巴結群，由許多淋巴結構成。乳房的淋巴管，也會進入胸骨外側的胸骨旁淋巴結。其中，乳癌特別容易轉移至腋淋巴結群。

疾病的形成

乳癌

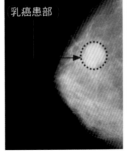

乳癌患部

▶乳癌的乳房X光攝影

乳腺所生的癌症，女性病例壓倒性的多；又以中高年病患較多，但是年輕人也有可能罹患。原因包括遺傳因素、無生產及哺乳的經驗、吸菸、早發性月經、遲發性月經、肥胖及身高較高等。

症狀 會出現無痛性腫塊。出現頻率從高至低為乳房外側上半部、內側上半部、外側下半部、內側下半部、乳暈部位。乳頭出現混合了血的分泌物，有時會出現乳頭糜爛，乳房皮膚出現橘皮樣變化。

治療 基本治療法是摘除腫瘤，若轉移至淋巴組織，則連淋巴組織一起切除。手術方式分為留下乳房、只切除患部的溫和型手術，以及將乳房和胸肌一起廣範圍切除的手術。也會進行化療、放射線療法及荷爾蒙療法。

子宮與卵巢

女性生殖器由子宮、卵巢、輸卵管與陰道構成；子宮是懷孕用的囊袋，卵巢是分泌女性荷爾蒙的性腺。

● DATA
子宮的長度：約 7〜8 公分
子宮的最大寬度：約 4 公分
子宮的重量：約 30〜50 公克
卵巢長軸：約 3 公分
卵巢短軸：約 1〜2 公分

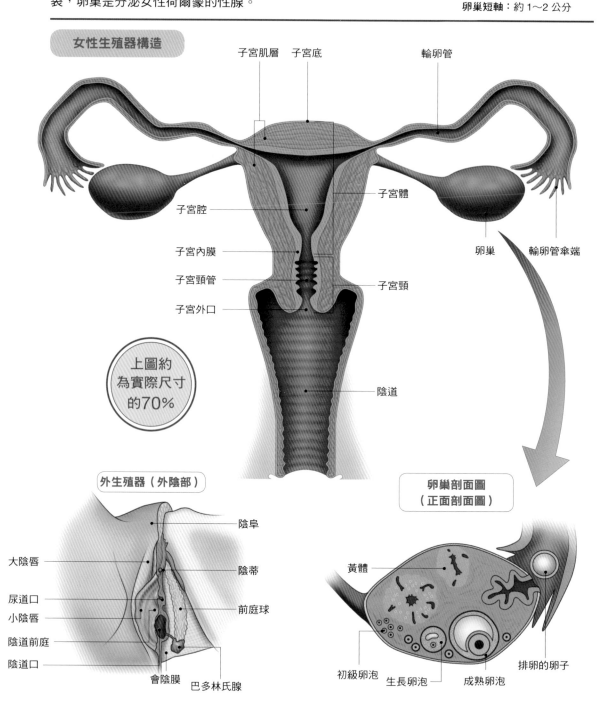

女性生殖器構造

子宮肌層　子宮底　　輸卵管

子宮體

子宮腔

子宮內膜

子宮頸管

子宮外口

子宮頸

卵巢　　輸卵管傘端

上圖約為實際尺寸的70%

陰道

外生殖器（外陰部）

陰阜

大陰唇

陰蒂

尿道口

小陰唇

前庭球

陰道前庭

陰道口

會陰膜　巴多林氏腺

卵巢剖面圖（正面剖面圖）

黃體

初級卵泡　生長卵泡　　成熟卵泡

排卵的卵子

實用臨床 小知識

Q▸ 外生殖器（外陰部）的構造是什麼？

A▸ 生有陰毛的部分是陰阜，陰阜後方、最靠外側的是大陰唇，裡側是小陰唇，小陰唇的起始部位有陰蒂，兩片小陰唇間的陰道前庭，有尿道口與陰道口（p.182）。陰道口後方有巴多林氏腺的導管開口。

子宮與陰道的構造

子宮位於骨盆腔的中央，前有膀胱（p.180），後有直腸（p.160）。子宮呈倒洋梨形，分為**子宮頸**與**子宮體**兩個部分，子宮頸占整個子宮的下方三分之一。子宮上方成圓形屋頂狀的部分是**子宮底**，中空的部分是**子宮腔**，從正面看是倒三角形，上方左右兩個角落各自連結著**輸卵管**。

子宮腔下方連接子宮頸的部分叫**子宮頸管**。從側面看子宮，子宮頸往下從陰道開始幾乎是呈直角向前方傾斜（前傾），而子宮體相對於子宮頸也向前彎了約 10 度（前屈）。連接子宮頸的陰道往前走，開有**陰道前庭**（p.182）。

卵巢與其周圍的構造

子宮上方左右兩邊連結著約7～15公分的輸卵管。輸卵管接近卵巢時會突然變粗，其前端如喇叭狀在腹腔中開口，稱為**輸卵管繖部**。

輸卵管繖端的另一端就是**卵巢**，卵巢是由連接骨盆側壁的卵巢懸韌帶，以及連接卵巢與子宮間的卵巢本韌帶，鬆鬆的固定住，懷孕的時候多少會移動。

子宮、兩邊的輸卵管與卵巢都是前後被腹膜（p.153）包裹住，垂在輸卵管與卵巢下方的腹膜由前後腹膜合起來，所以是兩層。出入卵巢與子宮的血管與神經，是從這兩層腹膜中通過的。

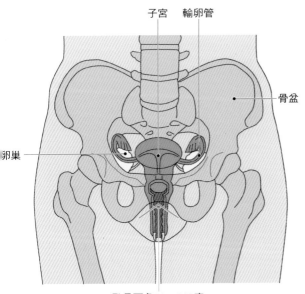

女性生殖器與骨盆

子宮　輸卵管

骨盆

卵巢

恥骨下角90～110度

女性的骨盆呈適合生產的形狀，作為產道的內腔成圓形展開，髂骨向左右展開，使女性的腰部較寬。特徵是恥骨下方的角度（恥骨下角）成90～110度，角度較大。

子宮、輸卵管、卵巢在骨盆腔內。子宮底從恥骨上緣微微冒出頭來。陰道下半部比恥骨下緣與尾骨前端連成的平面還要往下。

懷孕時，子宮體會變大，像是要托在骨盆上方一樣。

疾病的形成

子宮癌

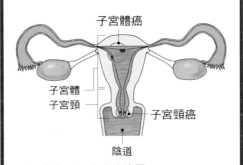

子宮體癌

子宮體
子宮頸

子宮頸癌

陰道

▲子宮會出現癌症的位置

子宮癌又分為出現在子宮體的子宮體癌，以及出現在子宮頸的子宮頸癌。子宮頸癌的主要原因是因性交而感染的人類乳突病毒；子宮體癌則被認為是與女性荷爾蒙有關。

症狀　初期幾乎無症狀。子宮頸癌會出現月經期以外的出血及性交時出血，以及下腹疼痛等；子宮體癌則出現停經後不正常出血及組織掉出等。癌症在腹腔中擴散後，會引起排尿障礙與便祕等。

治療　基本療法是切除癌症患部，若子宮頸癌為初期，則只要將子宮頸以圓錐狀切除即可，可以留下子宮。惡化之後，有可能需切除子宮及其周圍的淋巴結等，另外還有化療、放射線療法及荷爾蒙療法。

女性的性週期

處於生育年齡的女性，因女性荷爾蒙的作用，會以一定的週期重複為妊娠作準備，這就是性週期。

● DATA

正常月經週期：
約 25～38 日
卵泡期：約 7 日
黃體期：約 12～16 日
月經持續天數：約 3～7 日

女性的性週期

排卵前的時期（約1週）：因濾泡激素分泌，卵泡開始成熟；雌激素分泌，子宮內膜慢慢變厚。

排卵後的時期（約2週）：排卵後黃體會分泌黃體激素，使子宮內膜為妊娠作準備而強化。

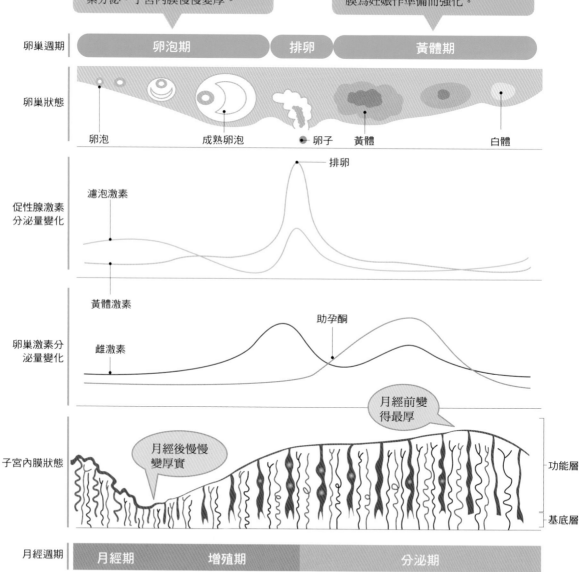

卵巢週期｜卵泡期｜排卵｜黃體期

卵巢狀態｜卵泡｜成熟卵泡｜卵子｜黃體｜白體

促性腺激素分泌量變化｜濾泡激素｜排卵｜黃體激素

卵巢激素分泌量變化｜黃體激素｜雌激素｜助孕酮

子宮內膜狀態｜月經後慢慢變厚實｜月經前變得最厚｜功能層｜基底層

月經週期｜月經期｜增殖期｜分泌期

＋ 實用臨床 小知識

Q▶ 在性週期中，體溫會如何變化？

A▶ 黃體期的體溫比卵泡期高，因為黃體激素會使體溫上升所以只要測量基礎體溫（沒有進行任何活動的狀態下的體溫），就可以推測是否排卵。

到排卵為止——卵泡期

月經開始日至下次月經開始的前一日為**性週期**（月經週期），在此期間會排卵，而排卵前為**卵泡期**，排卵後為**黃體期**。

月經開始後，腦下垂體（p.192）會增加分泌濾泡激素，使卵巢（p.206）開始讓初級卵泡成熟，成熟的過程中，卵泡本身也會分泌**雌激素**。雌激素屬於濾泡荷爾蒙，會讓子宮內膜增殖，以便卵子受精與著床。

雌激素增加分泌後，腦下垂體受到刺激而急速分泌黃體激素，然後卵子就會從成熟卵泡迸出，開始排卵。

月經的機制

① 沒有受孕

子宮

子宮內膜

卵巢

月經

③ 子宮內膜功能層血管變化，血流被截斷，組織壞死並剝落。

② 卵巢內黃體消退，變為白體。造成助孕酮與雌激素的分泌急速下降。

月經是在性週期未受孕時，子宮內膜不需要的部分剝落的現象。

子宮壁由裡層向表層，子宮內膜分為基底層、海綿層和緻密層，海綿層與緻密層是功能層。卵泡期因雌激素的作用，功能層增殖，分化為海綿層與緻密層。排卵後如果沒有受孕，則黃體會消退，助孕酮與雌激素的分泌會急速下降，功能層的血管收縮且血流被截斷，功能層會壞死並剝落，這就是月經。

月經經血中很大一部分，是剝落的子宮內膜溶解後形成的，另外也有從功能層剝落處流出的血液及子宮頸管的黏液等。

排卵後至下次月經為止——黃體期

卵子從卵泡迸出進行排卵後，只剩下空殼的卵泡會變為黃體，繼續發揮功能。黃體會分泌屬於黃體荷爾蒙的**助孕酮**與雌激素，助孕酮會強化卵泡期變厚的子宮內膜。

如果排卵沒有受孕，則黃體會在排卵後12～16日消退，變為白體。助孕酮與雌激素的分泌會急速下降，結果是子宮內膜剝落，引起月經。

若出現受精卵而懷孕，則受精卵會分泌荷爾蒙，使黃體變為妊娠黃體，用來保護子宮內膜維持**妊娠**（p.212）初期階段。

疾病的形成

月經異常

異常	病名	症狀
週期	頻發月經	月經週期在24天以內
	稀發月經	月經週期在39天以上
	原發性無月經症	18歲仍未初經來潮
	次發性無月經症	3個月沒有月經
經血量	過多月經	經血量過多
	過少月經	經血量過少
月經天數	過長月經	月經天數在8天以上
	過短月經	月經天數在2天以下
初經時期	早發性月經	未滿10歲初經來潮
	遲發性月經	14歲以後初經來潮
停經時期	早發性停經	未滿43歲停經
	遲發性停經	55歲以後停經

月經異常的種類分為月經週期異常、經血量異常、月經持續時間異常，另外還有月經不來的無月經症、沒有排卵的無排卵性月經、經痛到會對日常生活造成影響的月經困難（Dysmenorrhea）等。

症狀 月經困難的自覺症狀強烈，不論是本人還是周遭的人都會認知到其異常。但是對於月經週期、經血量、月經持續時間異常，就連患者本身也不容易認為那是異常而忽略了。

治療 治療方法依月經異常的種類而不同。一般的治療方法是給予荷爾蒙劑以控制月經週期，或是暫停月經以停止子宮內膜增殖。此外，減輕壓力也相當重要。

男性生殖器

男性生殖器的一部分兼用為尿道。精子從垂於骨盆下方的睪丸經由輸精管送出，輸精管與尿道複雜的繞行於骨盆內外。

● DATA

睪丸的長度：約 3 公分
重量：約 10 公克
輸精管：40～50 公分
輸精管粗細：約 3 公厘
精子數量：約 2000 萬／毫升

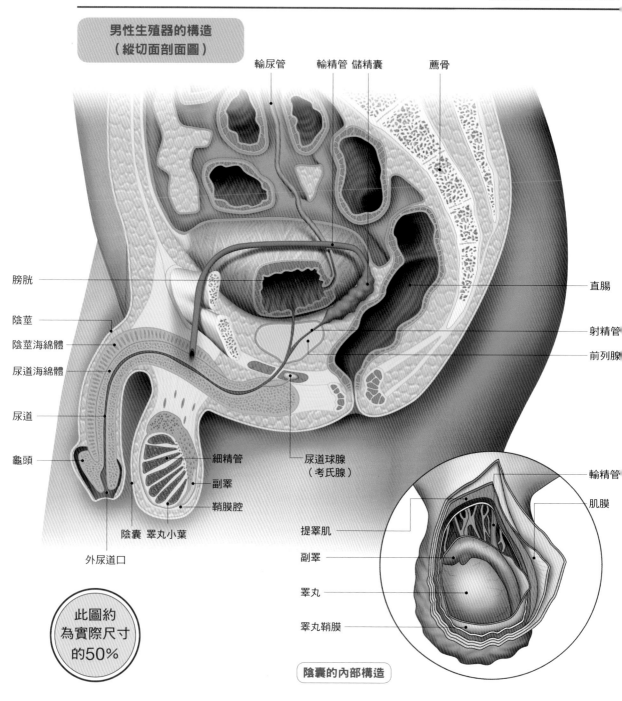

男性生殖器的構造
（縱切面剖面圖）

輸尿管　輸精管 儲精囊　薦骨

膀胱

陰莖

陰莖海綿體

尿道海綿體

尿道

龜頭

細精管

副睪

鞘膜腔

陰囊　睪丸小葉

外尿道口

尿道球腺
（考氏腺）

直腸

射精管

前列腺

此圖約
為實際尺寸
的50%

輸精管

肌膜

提睪肌

副睪

睪丸

睪丸鞘膜

陰囊的內部構造

**實用臨床
小知識**

Q▶ 人體如何製造精液？

A▶ 在副睪停留的精子，在要射精時通過輸精管混合儲精囊液與前列腺液，形成精液。其中，儲精囊液約占精液的 70%，前列腺液約占 20%，而尿道球腺會在射精前開始分泌黏液。

睪丸的構造與作用

睪丸垂吊於恥骨縫下方的陰囊中，睪丸的後上方附有細長形的副睪。

睪丸中由睪丸小隔分為200～300個小房間，房間裡有睪丸小葉。睪丸小葉中收納有曲折的細精管，精子就是由這裡製造的。

細精管會匯集於後方的睪丸網，從睪丸網會伸出15～20根睪丸輸出管連接副睪的副睪管。副睪管以很大的彎曲角度從睪丸後方往下行，與輸精管連接。細精管製造的精子，在通過副睪時會成熟，並在連接輸精管的部分等待射精。

兼任尿道的外生殖器

副睪管在睪丸後下方連接輸精管後往上走，與血管等成束，形成精索，經鼠蹊管進入腹腔。輸精管通過膀胱（p.180）的旁邊，在膀胱的後方與儲精囊導管合流，成為射精管，並在前列腺中與尿道（p.182）合流。在前列腺下方與尿道球腺（考氏腺）導管合流，尿道會在這附近進入尿道海綿體。

尿道海綿體的兩側附有陰莖海綿體，外覆包皮，形成陰莖。尿道尾端是龜頭，龜頭開有外尿道口。性興奮時，陰莖海綿體會充血勃起，當興奮達到頂點時就會射精。

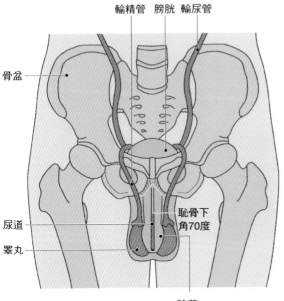

男性生殖器與骨盆

輸精管　膀胱　輸尿管

骨盆

尿道

睪丸

恥骨下角70度

陰莖

男性的骨盆整體來說很堅固，內腔是狹窄的三角形。恥骨下方的角度（恥骨下角）比女性小，約為70度。

男性生殖器的睪丸、副睪及陰莖在骨盆的外面。而它們中間的輸精管、儲精囊及前列腺，則在骨盆的裡面。

睪丸位於骨盆的外面，是因為外面的溫度是較適宜形成精子的較低溫度。包住睪丸的陰囊皮下具有平滑肌，會配合外面的溫度伸縮，以調整睪丸的溫度。

疾病的形成

前列腺癌

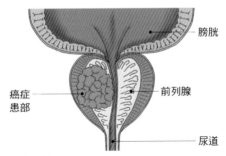

膀胱

癌症
患部

前列腺

尿道

▲前列腺癌發生於外側組織的示意圖

發生於前列腺的癌症，以65歲以上的發病率較高，特徵是惡化緩慢。近年來前列腺癌患者有增加的趨勢，可經由血液檢查檢測出，所以積極接受檢查很重要。

症狀 初期沒有症狀，惡化到一定程度時，會出現血尿，且因腫瘤壓迫到尿道，會出現排尿遲滯或排尿延長等排尿障礙。若轉移至骨骼和淋巴結，則會出現骨骼疼痛及淋巴腫大。

治療 基本治療法是摘除前列腺及採取放射線療法。放射線療法的效果約與手術相同。有時也會進行荷爾蒙療法。因為前列腺癌的惡化緩慢，有時也會不施以積極治療，而只是監控病情的變化。

妊娠的開始與過程

妊娠開始於精子與卵子受精，且受精卵著床於子宮內膜。人類的妊娠期間從受精開始算起，約為266天。

● DATA

妊娠期間：
從受精開始算起，約 26[...]
著床： 受精後約 7 天
正常妊娠期間（足月產
37 週～41 週

妊娠的機制

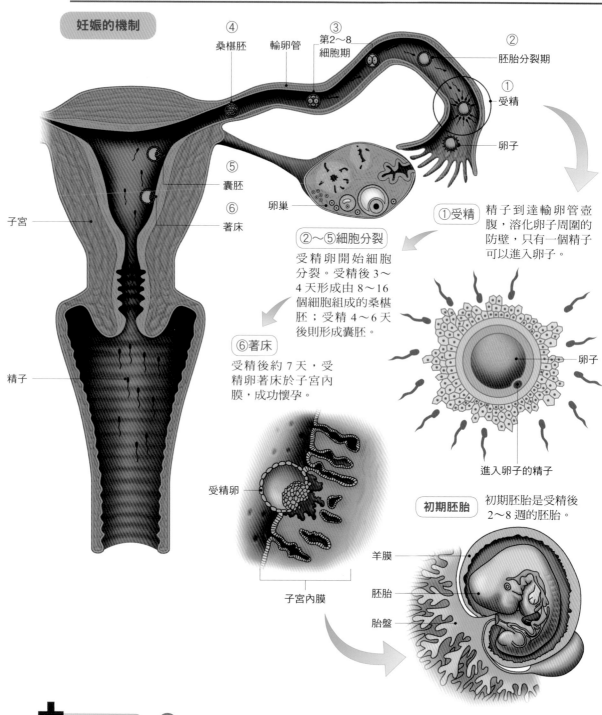

④ 桑椹胚
③ 第2～8細胞期
輪卵管
② 胚胎分裂期
① 受精
卵子
⑤ 囊胚
卵巢
⑥ 著床
子宮
精子

①受精 精子到達輸卵管壺腹，溶化卵子周圍的防壁，只有一個精子可以進入卵子。

卵子

進入卵子的精子

②～⑤細胞分裂 受精卵開始細胞分裂。受精後 3～4 天形成由 8～16 個細胞組成的桑椹胚；受精 4～6 天後則形成囊胚。

⑥著床 受精後約 7 天，受精卵著床於子宮內膜，成功懷孕。

受精卵

子宮內膜

初期胚胎 初期胚胎是受精後 2～8 週的胚胎。

羊膜
胚胎
胎盤

實用臨床 小知識

Q ▶ 俗話說「懷胎十月」是正確的嗎？

A ▶ 正確的妊娠期間並不是十個月，但為何俗話說「懷胎十月」？這有很多種解釋。人類的妊娠期間從受精開始算起約為 266 天，所以實際上大約是 9 個月。一般來說，臨床上從最後一次月經開始算，280 天後為預產期。

從射精到受精

精子被放出至陰道裡後，精子會利用自身的粒線體生成的能量運動尾部向**卵子**遊去。雖說如此，精子並不知道卵子在哪裡，所以大部分的精子會迷路。

被放出至陰道裡的精子約有1億個以上，但可以游到子宮腔的大約是1～2萬隻，而可以到達進行受精的**輸卵管壺腹**的精子約只有數十隻。

到達輸卵管壺腹的精子會從頭部放出酵素溶化卵子周圍的防壁，只要有一個精子進入卵子，就是成功受精了。受精後，受精卵周圍的防壁會起變化，讓其他精子無法進入。

從受精到著床

在輸卵管壺腹出現**受精卵**後，受精卵會馬上開始細胞分裂。重複倍數分裂後，受精後3～4天就會形成8～16個細胞，這叫做**桑椹胚**。細胞分裂再進一步進行，在受精後4～6天形成內部具備積存液體的腔囊的**囊胚**。

受精卵會一邊細胞分裂、一邊向子宮緩緩移動，其移動是由輸卵管上皮的纖毛運動與輸卵管的蠕動來達成。

受精卵在受精後約7天到達子宮腔，並附著於子宮內膜，受精卵會放出酵素溶化並潛入子宮內膜後著床，著床後才算懷孕成功。

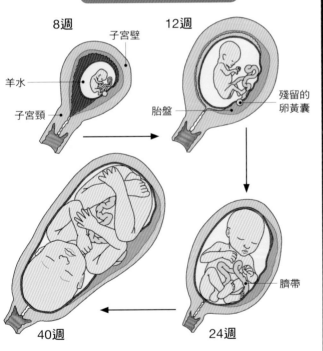

妊娠的過程

8週　子宮壁　12週
羊水
子宮頸　胎盤　殘留的卵黃囊
40週　24週　臍帶

最後一次月經的開始日為第 0 週第 0 天，至第 15 週第 6 天為止是妊娠初期；第 16 週第 0 天至第 27 週第 6 天是中期；第 28 週第 0 天至生產日為後期。預產期為第 40 週第 0 天，而從第 37 週第 0 天至第 41 週第 6 天是正常預產期，也就是所謂的足月產。

妊娠初期時胎兒易受放射線和藥物影響，有流產的危險；中期為安定期，胎兒的活動很活潑；後期時，因為胎兒顯著成長撐大子宮，所以母體會出現各種不舒服的症狀。

疾病的形成

妊娠高血壓

併發症部位	病名
腦部	子癇（其前驅症與子癇症合稱為妊娠毒血症）、腦出血
肺部	肺水腫
肝臟	肝功能障礙、HELLP症候群
腎臟	腎功能障礙
胎兒	胎盤早剝 胎兒發育不全 胎兒功能不全／等

▲妊娠高血壓症候群的各種併發症

妊娠中發生高血壓（140／90mmHg以上）或是高血壓伴隨蛋白尿，嚴重時會引起威脅母體與胎兒生命的併發症。

症狀 輕度時不會有自覺症狀。嚴重時會出現各種併發症，例如胎兒發育不全、母體腎功能障礙、孕婦痙攣（子癇）、腦出血、溶血現象、肝功能低下引起的HELLP症候群（血小板不足、溶血性貧血等），以及胎兒出生前胎盤早剝等。

治療 依據妊娠時期及血壓數值來決定治療方法，輕度時，就以靜養及飲食療法等控制血壓。如果在妊娠初期就出現嚴重的妊娠高血壓，危及母子生命時，可能會考慮中止妊娠。

細胞的構造與作用

由一個受精卵重複行細胞分裂而成形的人體中，約有200種、多達60兆個左右的細胞。

● DATA
細胞的直徑（平均）：
約 10 微米（μm）
細胞膜的厚度（平均）
約 10 奈米（nm）

體細胞的基本構造

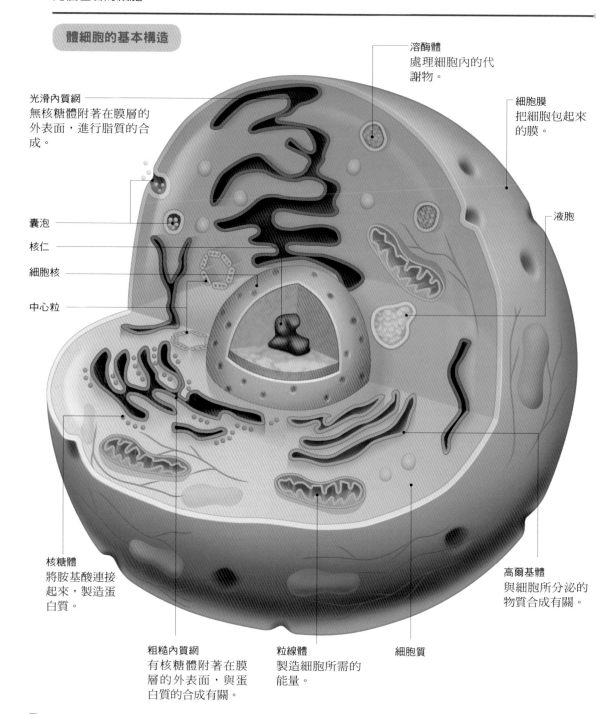

溶酶體
處理細胞內的代謝物。

細胞膜
把細胞包起來的膜。

光滑內質網
無核糖體附著在膜層的外表面，進行脂質的合成。

液胞

囊泡

核仁

細胞核

中心粒

核糖體
將胺基酸連接起來，製造蛋白質。

粗糙內質網
有核糖體附著在膜層的外表面，與蛋白質的合成有關。

粒線體
製造細胞所需的能量。

細胞質

高爾基體
與細胞所分泌的物質合成有關。

**實用臨床
小知識**

Q ▶ 細胞、組織、器官有什麼不同？

A ▶ 同樣形狀與功能的細胞集合在一起，即為組織。人體是由上皮組織、神經組織、肌肉組織、支持組織組合而成。器官則是由數個組織為某個目的的集合而形成。

細胞的基本構造

人體中約有200種細胞，但基本構造是相同的。細胞的構造是由中心的**細胞核**、細胞核周圍的**細胞質**，以及包住細胞質的**細胞膜**所構成，基本上是球形，平均直徑約為10微米。

傳達遺傳資訊的DNA（去氧核糖核酸，p.216）位於細胞核中；細胞質是由細胞溶質與浮在細胞溶質中的各種胞器與顆粒所構成的。細胞溶質是由蛋白質、脂質、醣類、電解質等溶於水所形成的膠質溶液。

細胞膜是由二層磷脂質所構成，分布有膜蛋白作為荷爾蒙等的受體。

胞器的作用

細胞質中，浮有具備各種作用的胞器。成對的**中心粒**的作用，是負責在細胞分裂時，將**染色體**拉往細胞兩極。

如同迷宮一樣的**內質網**，分為**粗糙內質網**與**光滑內質網**：粗糙內質網有核糖體附著在膜層外表面，與蛋白質的合成有關；光滑內質網沒有核糖體附著在膜層的外表面，負責進行脂質的合成。

核糖體是負責將胺基酸連接起來，製造蛋白質的裝置，除了附著在內質網上，也分布在細胞質內。呈現層狀的**高爾基體**與細胞所分泌的物質合成有關；**粒線體**負責製造細胞所需的能量，**溶酶體**負責處理細胞內的代謝物。

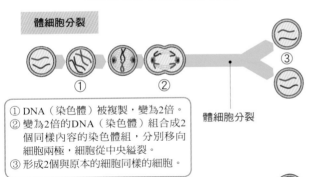

體細胞分裂與減數分裂

體細胞分裂

① DNA（染色體）被複製，變為2倍。
② 變為2倍的DNA（染色體）組合成2個同樣內容的染色體組，分別移向細胞兩極，細胞從中央縊裂。
③ 形成2個與原本的細胞同樣的細胞。

體細胞分裂

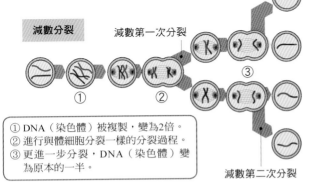

減數分裂

減數第一次分裂

① DNA（染色體）被複製，變為2倍。
② 進行與體細胞分裂一樣的分裂過程。
③ 更進一步分裂，DNA（染色體）變為原本的一半。

減數第二次分裂

通常體細胞分裂會將DNA（染色體）複製成跟原本的細胞一樣，但是為了製造卵子與精子而進行的減數分裂，是要讓卵子與精子受精時形成一個細胞，所以DNA（染色體）會是原本細胞的一半。因為是以同編號的染色體替換一部分的遺傳資訊，所以能製造出 4 個與原本細胞不同遺傳資訊的生殖細胞。

疾病的形成

癌症的生成

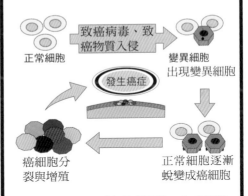

正常細胞

致癌病毒、致癌物質入侵

變異細胞
出現變異細胞

發生癌症

癌細胞分裂與增殖

正常細胞逐漸蛻變成癌細胞

癌症就是自體細胞變異後，無序增殖的疾病。DNA因放射線及化學物質等致癌物質而變異，再加上活化致癌因子，使癌細胞急速增殖形成腫瘤。

症狀 癌細胞會無視於組織本來的功能與形狀，自行誘導新生的血管引入血液，並以強大的增殖能力不斷增殖，最後壓迫侵蝕周圍的正常組織，如野火燎原般擴散並使組織失去原本的功能。

治療 以手術摘除腫瘤，或是用放射線及抗癌劑殺死癌細胞。現在也開發出一些新的治療方法，例如阻塞住供給癌細胞血液的血管、利用癌細胞怕熱的性質殺死癌細胞，或是利用免疫功能打擊癌細胞。

基因與DNA

所謂DNA是一種名為去氧核糖核酸的物質，而記錄在一部分去氧核糖核酸上的遺傳資訊就是基因。基因是蛋白質的設計圖。

● DATA

人類的染色體數目：
46 個
將1個細胞中的DNA連接起來的總長度：
約 2 公厘

DNA的構造與蛋白質的合成

DNA（去氧核糖核酸）是構成染色體的物質，核糖體會以DNA為設計圖，合成蛋白質。

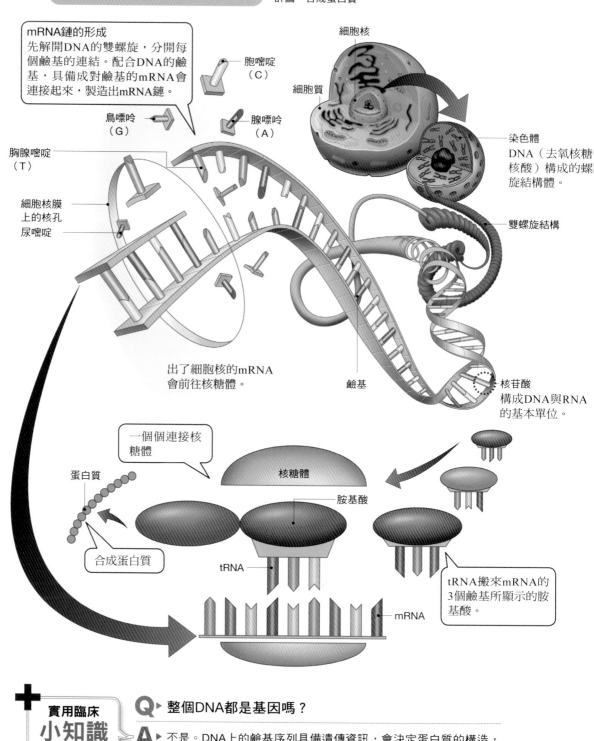

mRNA鏈的形成
先解開DNA的雙螺旋，分開每個鹼基的連結。配合DNA的鹼基，具備成對鹼基的mRNA會連接起來，製造出mRNA鏈。

胞嘧啶（C）

鳥嘌呤（G）

腺嘌呤（A）

胸腺嘧啶（T）

細胞核膜上的核孔

尿嘧啶

細胞核

細胞質

染色體
DNA（去氧核糖核酸）構成的螺旋結構體。

雙螺旋結構

出了細胞核的mRNA會前往核糖體。

鹼基

核苷酸
構成DNA與RNA的基本單位。

一個個連接核糖體

蛋白質

核糖體

胺基酸

合成蛋白質

tRNA

mRNA

tRNA搬來mRNA的3個鹼基所顯示的胺基酸。

實用臨床小知識

Q ▶ 整個DNA都是基因嗎？

A ▶ 不是。DNA上的鹼基序列具備遺傳資訊，會決定蛋白質的構造，但是其他的部分不是基因，而是參與調控遺傳訊息的表現。

DNA、基因、染色體

　　DNA是一種叫做去氧核糖核酸的物質，是由**核苷酸**連成兩條平行長條狀的雙螺旋結構，而核苷酸則是由**去氧核糖**（五碳醣）、磷酸及鹼基所構成。DNA通常是以這種長條形狀被收納在細胞核內，只有在細胞分裂時，會變成類似X與Y字型，這就是**染色體**。

　　DNA的鹼基包括腺嘌呤（A）、鳥嘌呤（G）、胸腺嘧啶（T）、胞嘧啶（C）等4種。DNA長長的鹼基排列中，有一些部分是有意義的，我們稱之為**基因**。基因是細胞為了合成蛋白質所顯示的胺基酸序列設計圖。

DNA與蛋白質的合成

　　細胞在合成蛋白質時，需先解開DNA的雙重鎖，此時mRNA（傳訊RNA）會過來配合DNA的鹼基在對面排出成對鹼基，複寫出DNA的資訊。

　　相對於DNA的鹼基，mRNA會排出以下的鹼基組合：針對腺嘌呤排出**尿嘧啶**；對胸腺嘧啶排出腺嘌呤；對鳥嘌呤排出胞嘧啶；對胞嘧啶排出鳥嘌呤。

　　複寫出DNA的資訊後，mRNA會前往核糖體，然後tRNA（轉送RNA）會搬來mRNA的3個鹼基所顯示的胺基酸，並把它們連接起來。上述流程就是依據DNA遺傳資訊合成蛋白質的程序。

人類的染色體

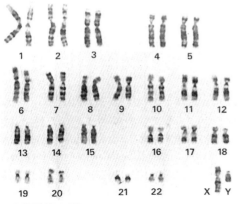

▲人類的染色體

　共有23對，也就是46個染色體。第1～22對是體染色體（普通染色體），右下方的 X 及 Y 是性染色體。

　　染色體是DNA在細胞分裂時的型態。通常DNA是以雙螺旋鎖的結構被收納在細胞核中，但在行細胞分裂時會變成染色體的型態。在上面的照片中，是以染色體的大小及形態來分類排列。

　　人類有22對體染色體和一對性染色體，也就是共有46個染色體，而那一對性染色體是由2個X染色體，或是1個X染色體加1個Y染色體所組成。擁有2個X染色體的是女性，擁有1個X染色體加1個Y染色體的是男性。

　　體染色體是從長到短排出1至22號的號碼（第21號是例外，比第22號還短），而體染色體與性染色體的數量或形態異常，所引起的疾病就是染色體異常（見右欄內容）。

疾病的形成

染色體異常

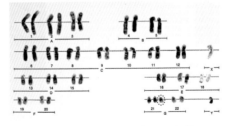

▲唐氏症患者的染色體，多了 1 個第 21 號染色體

　　染色體異常是染色體的數量或形態異常而引起的疾病。原因是卵子及精子在行減數分裂時出現異常，使得某個染色體多了或是少了一部分。

症狀　依疾病不同，症狀也不同。較常見的有特別的外貌長相、兔唇、生長較為遲緩、先天性心臟病及外性器異常等；也有的染色體異常疾病沒有特別明顯的異常，因而沒有被發現。

治療　染色體異常本身是無法治療的，不過可以用手術治療心室中膈缺損等先天性心臟病、兔唇等可治療的外表畸形。若是精神發展較為遲緩的疾病，會進行適當的教育，以守護其成長。

子宮內膜異位症

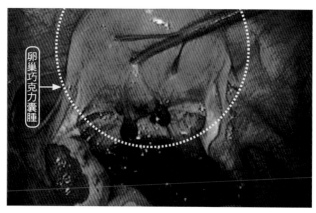

卵巢巧克力囊腫

▲卵巢巧克力囊腫

　　本來應該在子宮腔內的子宮內膜，在子宮腔以外的地方增殖。子宮內膜組織在子宮肌層中、輸卵管、卵巢、腹腔內浸潤散布，使該處受卵巢的雌激素影響而反覆增殖出血。但是因為沒有地方讓血流出來，就會產生血腫或與周圍組織沾黏。只發生於子宮肌層的子宮內膜異位症，叫子宮肌腺症。

　　子宮內膜異位症容易發生於卵巢、直腸子宮陷凹、子宮薦椎韌帶等處。

症狀

　　痛經，且痛經隨著月經週期而加重。非月經時也出現下腹疼痛、腰痛、向薦骨部位的放射性疼痛、性交疼痛等。

　　子宮肌腺症會有經血過多的狀況。血液積在卵巢內者稱為巧克力囊腫（右上照片），卵巢巧克力囊腫若破裂會突然出現激烈腹痛。因子宮內膜異位症而產生的組織沾黏可能造成不孕。

治療

　　如果症狀輕微，會給予止痛藥等對症療法。因為在許多例子中，懷孕可以改善子宮內膜異位症，所以如果可以的話，醫師會建議病患懷孕。

　　可以用荷爾蒙劑等藥物療法縮小子宮內膜，但無法根治；可能會以腹腔鏡手術燒灼或是切除病灶和組織沾黏部位。如果不想懷孕，手術摘除子宮及卵巢可以根治。

筆記

子宮肌瘤

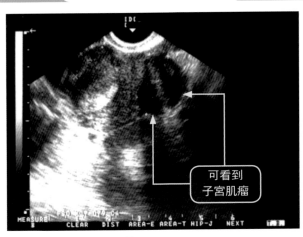

可看到
子宮肌瘤

▲子宮肌瘤的超音波影像

　　子宮肌瘤為生於子宮肌良性腫瘤，是子宮腫瘤中最常見的，分為數種：生長於子宮肌層中的肌壁間肌瘤、生長於子宮肌層與包裹在子宮外的漿膜之間的漿膜下肌瘤、生長於子宮腔黏膜下的黏膜下肌瘤。

　　受雌激素影響，多發生於 35 歲左右至停經為止的婦女。停經之後，子宮肌瘤會有隨著子宮肌一起萎縮的傾向。

　　同時有大小數個子宮肌瘤的患者也不少見，特別是漿膜下肌瘤，如果沒有大到一定的程度，就很少有自覺症狀，也有病例是子宮肌瘤長到嬰兒的頭部大小才發現。

症狀

　　大部分無症狀，特別是子宮肌瘤較小時，完全不會察覺。

　　黏膜下肌瘤會出現經血過多及經期過長，因此會伴隨貧血；也可能出現不正常出血、月經困難，或是成為不孕、流產及早產的原因。

　　子宮肌瘤變大後，可能會因壓迫到膀胱或直腸，而造成頻尿、便祕及腹痛等。

治療

　　因為不會惡化，所以如果沒有症狀就不必治療。症狀輕微且接近停經時，會使用對症療法並監控病況。

　　若有嚴重貧血和壓迫症狀，會以開腹或腹腔鏡手術進行子宮切除術或是子宮肌瘤切除術；子宮肌瘤切除術是只切除子宮肌瘤的部分。對於想懷孕者，會進行荷爾蒙療法等溫和療法或子宮肌瘤切除術，以保留子宮。

筆記

前列腺肥大

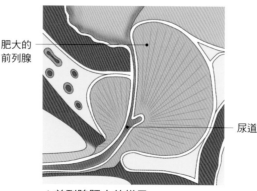

肥大的
前列腺

尿道

▲前列腺肥大的樣子

　　前列腺變大會導致排尿障礙。隨著老化，前列腺會有肥大的傾向，因此高齡者多少都有肥大的狀態。

　　此病原因不明，但一般認為老化與男性荷爾蒙減少應是重要因素。以前日本患者較少，歐美患者較多，但近年來日本患者有增加的趨勢。有一說認為是飲食生活歐美化及環境變化影響所致，但真正的理由不明。

症狀

　　前列腺會一邊壓迫通過其中的尿道、一邊變大，進而導致排尿障礙。初期會因膀胱刺激症狀而出現夜間頻尿、只要起了尿意就無法忍耐的迫切性尿意，或是尿流變細、排尿遲滯（剛開始排尿時，要等上一段時間才尿得出來）、排尿延長（排尿所費時間長）等症狀。

　　惡化後會出現殘尿、膀胱炎。再進一步惡化會引起尿閉症（膀胱內有尿卻排不出來）、因膀胱充滿尿液而尿失禁等症狀。

治療

　　治療方針是依排尿障礙的嚴重程度來決定，而非依照前列腺變大的程度。基本上會先進行藥物療法，給予荷爾蒙劑及放鬆尿道的 α1-腎上腺素阻滯劑。

　　若藥物療法沒有效，且排尿障礙嚴重的話，會進行尿道擴張手術。如經尿道前列腺切除術，是從尿道放入內視鏡，利用電刀將前列腺肥大的部分切除，或是採取用雷射灼燒前列腺的雷射切除法；另外，還有經由開腹手術摘除前列腺的方法。

筆記

子宮外孕

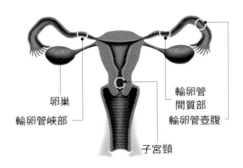

卵巢
輸卵管峽部
輸卵管間質部
輸卵管壺腹
子宮頸

▲子宮外孕的著床部位

受精卵著床在子宮腔內以外的地方。依著床的位置分為輸卵管妊娠、卵巢妊娠、腹腔妊娠、子宮頸妊娠。

原因包括子宮內膜異位症及感染等，而造成輸卵管中產生沾黏，使受精卵無法被順利運抵子宮腔；受精卵從輸卵管繖部掉入腹腔；因子宮內發炎或人工流產導致子宮內環境惡化，使受精卵無法順利著床等。另外，在進行體外人工受精、要把受精卵放回子宮時，受精卵卻誤入卵巢也是可能的原因。

症狀

因為懷孕了，所以月經會停止。

大部分是輸卵管妊娠。輸卵管壺腹妊娠在最初期沒有症狀，隨著受精卵長大會出現間歇性的腹痛及少量性器出血。輸卵管內與腹腔內可能出血，造成血腫。

如果是在輸卵管峽部的妊娠，則輸卵管很快就會破裂，並且突然出現激烈腹痛、因為腹腔內大量出血引起休克。

治療

引起休克時，會先進行急救措施，給予輸液及升血壓藥等，並緊急手術。就算沒有引起休克，在判斷為子宮外孕時，就必須拿掉含有受精卵（或是胚胎）的胎囊。

如果以後還想懷孕，就盡量只去除胎囊，或只切除患部的輸卵管。如果不想懷孕，則切除單邊的輸卵管，此時若是妊娠處接近子宮腔，有可能將子宮全部摘除。

筆記

國家圖書館出版品預行編目(CIP)資料

人體結構與疾病透視聖經 ： 看不到的身體構造與疾病，3D立
體完整呈現，比X光片更真實、比醫生解說更詳實
（內附日本獨家授權3D立體動畫）
／奈良信雄監修、菅本一臣（影片監修）；程永佳譯. -- 二版.
-- 臺北市：大是文化有限公司，2021.02
224面：19×26公分. -- （EASY ; 97）
ISBN 978-986-5548-33-9(平裝)

1.人體解剖學 2.病理學

394   109020194

EASY 097
人體結構與疾病透視聖經

看不到的身體構造與疾病，3D立體完整呈現，比X光片更真實、比醫生解說更詳實
（內附日本獨家授權3D立體動畫）

監 修 者／奈良信雄
影片監修／菅本一臣
審　　定／林貴福
譯　　者／程永佳
校對編輯／馬祥芬
美術編輯／張皓婷
副 主 編／劉宗德
副總編輯／顏惠君
總 編 輯／吳依瑋
發 行 人／徐仲秋
會　　計／許鳳雪、陳嬅娟
版權經理／郝麗珍
行銷企劃／徐千晴、周以婷
業務助理／王德渝
業務專員／馬絮盈、留婉茹
業務經理／林裕安
總 經 理／陳絜吾

STAFF
動畫影像製作／TEAM LAB BODY 株式会社
插圖／野林賢太郎　有限会社メディカル愛　カワチ・レン
設計・DTP／株式会社ジェイヴイコミュニケーションズ
編輯協力／株式会社キャデック
執筆協力／鈴木泰子

出 版 者／大是文化有限公司
　　　　　臺北市衡陽路 7 號 8 樓
　　　　　編輯部電話：（02）2375-7911
　　　　　購書相關資訊請洽：（02）2375-7911 分機122
　　　　　24小時讀者服務傳真：（02）2375-6999
　　　　　讀者服務E-mail：haom@ms28.hinet.net
　　　　　郵政劃撥帳號 19983366　戶名／大是文化有限公司

法律顧問／永然聯合法律事務所
香港發行／豐達出版發行有限公司
　　　　　Rich Publishing & Distribution Ltd
　　　　　地址：香港柴灣永泰道70號柴灣工業城第2期1805室
　　　　　Unit 1805, Ph.2, Chai Wan Ind City, 70 Wing Tai Rd, Chai Wan, Hong Kong
　　　　　Tel: 2172-6513　Fax: 2172-4355
　　　　　E-mail: cary@subseasy.com.hk

封面設計／林雯瑛　　內頁設計、排版／思思　　印刷／鴻霖印刷傳媒股份有限公司

出版日期／2016 年 4 月初版
　　　　　2021 年 2 月二版一刷
ISBN　978-986-5548-33-9（平裝）

Printed in Taiwan
定價／新臺幣 599 元